云计算与虚拟化技术丛书

Frontend Development in a Serverless Architecture

Introduction, Practice, and Advancement

Serverless 架构下的前端开发

入门、实战与进阶

刘宇 王庆 袁坤 罗松 徐小春 著

机械工业出版社
CHINA MACHINE PRESS

图书在版编目（CIP）数据

Serverless 架构下的前端开发：入门、实战与进阶 / 刘宇等著 . -- 北京：机械工业出版社，2024. 10. （云计算与虚拟化技术丛书）. -- ISBN 978-7-111 -76429-8

Ⅰ . TN929.53

中国国家版本馆 CIP 数据核字第 20246K2E92 号

机械工业出版社（北京市百万庄大街 22 号　邮政编码 100037）
策划编辑：杨福川　　　　　责任编辑：杨福川
责任校对：曹若菲　李　杉　责任印制：常天培
北京铭成印刷有限公司印刷
2024 年 10 月第 1 版第 1 次印刷
186mm×240mm・21 印张・440 千字
标准书号：ISBN 978-7-111-76429-8
定价：99.00 元

电话服务　　　　　　　　　　网络服务
客服电话：010-88361066　　　机 工 官 网：www.cmpbook.com
　　　　　010-88379833　　　机 工 官 博：weibo.com/cmp1952
　　　　　010-68326294　　　金 书 网：www.golden-book.com
封底无防伪标均为盗版　　　　机工教育服务网：www.cmpedu.com

Foreword 序1

在当今快速变化的技术世界，Serverless 架构已经成为一个热门话题。它代表了一种新的编程范式，可以让开发者专注于代码而非服务器的管理和运维。这种架构的优势在于能够提供灵活性、降低成本和加速开发流程。这些优势使 Serverless 架构在前端领域得到了快速的发展和广泛的应用。

本书作者对 Serverless 架构的理解深刻且全面，这从他们对 Serverless 的历史、概念，以及与前端技术结合的讨论中就可以看出。本书不仅介绍了 Serverless 架构的基础知识，还通过具体的开源项目和云产品案例，为读者展示了如何在实际项目中应用 Serverless 架构。从小程序、RESTful API、WebAssembly 到 Jamstack 的探索，每一个话题都紧密贴合当前前端开发的最新趋势。

尤其值得一提的是，本书通过一系列实战案例，如传统内容管理系统的 Serverless 化、基于 Serverless 的人工智能相册系统、企业宣传小程序等，为读者提供了丰富的实践操作指南。这些案例不仅展示了 Serverless 架构在不同场景下的应用，也反映了作者丰富的行业经验和对前沿技术的敏锐洞察。

此外，作者还探讨了 Serverless 架构的应用优化技巧，以及在 CI/CD 和可观测性方面的应用，这些都是在实际开发中极为重要的话题。通过阅读本书，开发者不仅能够理解 Serverless 架构的概念和优势，更能学会如何在实际项目中有效地应用这些技术。

总的来说，本书适合所有希望在前端领域应用 Serverless 架构的开发者阅读。无论你是 Serverless 架构的初学者，还是希望深化自己在这一领域知识的资深开发者，这本书都能使你得到一些启发。通过本书，读者将能够更好地理解 Serverless 架构的潜力，学习如何将这些概念转化为实际的技术成果，并最终实现技术上的创新和突破。

杨浩然　阿里云 Serverless 研发负责人

序2 Foreword

在云计算技术浪潮中，Serverless 架构正以其变革性的力量重塑现代软件的构建方式和应用形态。本书作者立足于前端开发的前沿阵地，以深邃的技术洞察力和广阔的行业视野，为我们揭示了 Serverless 架构在前端领域的无限可能。

本书并没有局限于罗列 Serverless 的概念和技术细节，而是从前端工程师的真实需求出发，以一种系统性的视角，探讨了 Serverless 架构在前端生态中的战略布局和实践路径。这种视角的转变，昭示着 Serverless 正在成为驱动前端技术变革的核心引擎，重塑开发者的思维模式和工作方式。书中的案例，如 Serverless 化的内容管理系统、智能相册应用等，正是这一变革的缩影。它们不仅展示了 Serverless 架构在现实场景中的应用效果，更启发我们以创新的思路重新审视和设计前端应用的架构模式。

当然，Serverless 前端开发绝非简单的技术堆砌，而是需要开发者在技术、工程、管理等多个维度进行系统性的思考和实践。本书作者以敏锐的技术嗅觉，就前端架构设计、性能优化、团队协作、工程效率等问题提出了自己的真知灼见，不仅为前端开发者提供了一套实践 Serverless 架构的完整方法论，更塑造了一种与时俱进、勇于开拓的前端工程师精神。

放眼未来，Serverless 架构必将与前端技术碰撞出更加耀眼的火花，人工智能、大数据、物联网等技术必将为 Serverless 前端开发开辟更加广阔的应用空间。在 Serverless 的世界中，每一位前端开发者都是革新的弄潮儿、变革的践行者。让我们以本书为起点，开启一段标新立异、不断超越的 Serverless 前端开发征程吧！未来，无限可期。

姚军勇　观远数据技术合伙人

前言

Serverless 架构曾被翻译为无服务器架构，而在中国信息通信研究院（以下简称中国信通院）的最新材料中，它被表述为服务器无感知架构，这充分说明 Serverless 架构所强调的核心理念是"让开发者把更多的精力放到自身的业务逻辑上，花更少的精力在服务器等底层资源上"。随着时间的推移，Serverless 架构逐渐被更多的开发者所关注，被更多的业务团队所接受。利用 Serverless 在降本增效方面的价值，用户可以在享受云计算时代带来的便利的同时，进一步感受 Serverless 时代带来的极致弹性、按量付费、低/免运维的技术红利。时至今日，Serverless 架构已经在技术领域掀起了一股新潮流，阿里云等云厂商更是坚信 Serverless 奇点已来。

为何写作本书

如今，Serverless 架构已经在众多领域取得了重大突破，尤其是近些年，前端技术与 Serverless 架构的融合，让前端技术插上了探索的翅膀，快速地演进。有人认为，在过去的数十年中，前端技术曾有三次重大的革新，分别是 Ajax 的诞生、Node.js 对前端规范化和工程化的促进，以及 React 的组件化和 VDOM 理念的出现，而如今，前端技术的第四次重大革新已然到来，那就是 Serverless 架构与前端技术的融合。

在过去的几年中，无论是 Jamstack 技术的飞速发展、小程序/快应用开发生态的日益完善，还是 GraphQL 的逐渐风靡、WebAssembly 带动前端性能的不断突破，它们的背后总有 Serverless 架构的理念或者身影。尽管如此，相比其他生态，Serverless 架构与前端技术结合方面的学习资料依旧是比较匮乏的，在与很多前端工程师交流的过程中，我也可以感受到大家非常渴望有一本介绍 Serverless 架构与前端技术的实战类著作。本书旨在通过简洁明了的语言、真实的案例以及开放的源代码介绍 Serverless 架构的方方面面，和读者一同探索前端技术与 Serverless 架构。希望本书可以抛砖引玉，为读者打开 Serverless 架构与前端领域结合的大门：不仅可以知道什么是 Serverless 架构，更可以通过不同领域的实战案例去探索 Serverless 架构与前端结合后的新世界；不仅可以上手开发 Serverless 应用，更可以通过本书分享的各类经验，让应用得以优化、性能得以突破，让技术服务于社会，让云计算、Serverless 架构推动行业的发展。

本书主要内容

本书是一本介绍 Serverless 架构与前端技术的实战类著作，通过对 Serverless 架构发展史的解读，带领读者纵览 Serverless 架构的诞生、发展、自我革新、逐渐繁荣。本书共 10 章，通过多个开源项目（包括 Knative、OpenWhisk、Kubeless 等）、多个云厂商的多款云产品（包括阿里云函数计算、AWS Lambda 等），阐述 Serverless 架构与前端技术的最佳实践，包括小程序/快应用与 Serverless 架构的结合，Serverless 架构下 RESTful API、GraphQL 的实战，对 WebAssembly、Jamstack 的探索等，并提供真实的实战案例。希望读者通过阅读本书，可以对 Serverless 架构有更加全面、直观的了解，进而将 Serverless 项目真正落地，融入自己所在的领域，充分享受 Serverless 架构带来的技术红利。

第 1 章介绍了 Serverless 架构的概念定义、工作原理等，探索了 Serverless 架构的特性与挑战、Serverless 架构的应用场景等。

第 2 章通过不同云厂商的 Serverless 产品以及不同的开源项目，带领读者初步了解 Serverless 架构，真真切切地感受 Serverless 应用的创建、开发、迁移/部署等流程。

第 3 章从前端视角对 Serverless 架构进行探索，带领读者深入了解 Serverless 架构，包括对 Serverless 架构开发流程，应用开发、构建与调试，CI/CD，可观测性，应用优化等内容的探索等。

第 4 章分享了一些前端热门技术，包括 SSR、WebSocket、RESTful API、GraphQL、前后端一体化、小程序/快应用、WebAssembly 等，并对这些热门技术与 Serverless 架构的结合进行了探索，帮助读者全面认识 Serverless 架构与前端领域的结合。

第 5 章通过 5 个 Serverless 架构下的前端生产实战案例，带领读者感受 Serverless 架构下的前端应用开发流程，以启发读者对 Serverless 架构下的前端应用实战有更多的感悟。

第 6 章通过传统内容管理系统 Serverless 化实战，向读者介绍将传统框架部署到 Serverless 架构的流程和思路，以及将传统应用迁移到 Serverless 架构的方法和注意事项等。

第 7 章通过将 Serverless 架构与人工智能、小程序开发相结合，让读者深入了解 Serverless 应用从需求明确到技术选型、项目设计、开发实现全流程的工作内容，助力读者拓展思路，举一反三。

第 8 章通过真实的中长尾企业需求，用 Serverless 架构赋能企业快速上线企业宣传小程序，为读者如何使用 Serverless 架构、如何用好 Serverless 架构提供了思路和经验。

第 9 章通过分享阿里云企业级解决方案实战，帮助读者了解新一代 UI 测试流程与 Serverless 架构的结合，助力开发者将更多场景内容与 Serverless 架构结合。

第 10 章通过阿里云函数计算团队真实的产品功能建设过程，为开发者提供基于 Serverless 架构的轻量 WebIDE 建设实战，帮助开发者快速拥有自己的云上开发平台，进一步了解 Serverless 应用的开发流程、优化方案、使用技巧等。

如何阅读本书

在阅读本书前，读者应当具有一定的编程基础（例如了解 JavaScript、Node.js、Python 等语言）或具有一定的前端技术基础，同时需要对云计算有初步的了解。本书采用循序渐进的方式，从什么是 Serverless 架构开始讲起，除了介绍基本概念外，重点对 Serverless 架构与前端技术的融合进行了深入探索，以帮助读者快速入门，并通过领域实战、应用案例帮助读者拓展思路。建议读者按以下方式阅读本书：

- ❏ 第一遍通读全书，先弄清楚概念，并建立对 Serverless 架构与前端技术结合的基本认识，以及对如何完整地开发一个前端领域的 Serverless 应用的基本了解。
- ❏ 第二遍通过阅读领域实战提供的源代码，深入了解 Serverless 架构的运行原理、开发技巧等。
- ❏ 第三遍深入阅读本书的最后一章，以加深对 Serverless 架构的概念的理解，同时，从零开发一款 Serverless 应用，并将其部署上线。

只有反复研读，才能更加深入地理解 Serverless 架构。

致谢

在写作本书的过程中，我曾遇到过很多困难和挑战，在此特别感谢阿里云云原生团队的小伙伴们，是他们的支持让本书得以顺利完成。

感谢本书的其他几位作者——王庆、袁坤、罗松、徐小春，有了大家的共同努力，本书才得以保质保量地完成。

感谢杨秋弟（曼红）、杨浩然（不瞑）等前辈，他们在本书的整个写作过程中不断给予鼓励和支持。感谢国防科技大学的窦勇教授、浙江大学的卜佳俊教授等，他们为本书提出了极具建设性的意见。感谢姜曦（筱姜）在本书写作、出版过程中提供的帮助。感谢阿里云 ATA 团队提供的 ATA 平台，我们在 ATA 平台中获得了巨大的灵感。感谢在 ATA 平台中分享相关技术文章的工程师们。此外，感谢家人对我的支持和信任。

由于水平有限，书中难免存在不足及错误之处，敬请专家和读者批评指正。

江昱（刘宇）

目 录

序 1
序 2
前言

第 1 章 Serverless 架构简介 ………… 1

- 1.1 Serverless 架构入门 …………………… 1
  - 1.1.1 发展历程 …………………………… 1
  - 1.1.2 定义 ………………………………… 4
  - 1.1.3 工作原理 …………………………… 6
  - 1.1.4 生态发展 ………………………… 11
- 1.2 Serverless 架构特性与挑战 …………… 20
  - 1.2.1 价值与优势 ……………………… 20
  - 1.2.2 风险与挑战 ……………………… 26
- 1.3 Serverless 架构应用场景 ……………… 33
  - 1.3.1 Web/ 移动应用后端场景 ………… 33
  - 1.3.2 实时文件 / 数据处理 …………… 34
  - 1.3.3 离线数据处理 …………………… 35
  - 1.3.4 人工智能领域 …………………… 35
  - 1.3.5 IoT 等领域 ……………………… 36
  - 1.3.6 监控与自动化运维 ……………… 36

第 2 章 零基础上手 Serverless 架构 … 38

- 2.1 工业 Serverless 产品 …………………… 38
  - 2.1.1 阿里云 Serverless 产品 …………… 38
  - 2.1.2 AWS Serverless 产品 ……………… 45
- 2.2 开源 Serverless 项目 …………………… 51
  - 2.2.1 OpenWhisk 项目 ………………… 51
  - 2.2.2 Knative 项目 ……………………… 56
  - 2.2.3 Kubeless 项目 …………………… 62

第 3 章 Serverless 架构应用开发和优化探索 ………………………………… 66

- 3.1 Serverless 架构与前端技术 …………… 66
- 3.2 Serverless 开发流程探索 ……………… 69
- 3.3 应用开发、构建与调试 ………………… 74
  - 3.3.1 应用开发 ………………………… 74
  - 3.3.2 应用构建 ………………………… 77
  - 3.3.3 应用调试 ………………………… 79
  - 3.3.4 函数编排 ………………………… 86
- 3.4 CI/CD ………………………………… 88
  - 3.4.1 与 GitHub Action 的集成 ………… 88
  - 3.4.2 与 Gitee Go 的集成 ……………… 90
  - 3.4.3 与 Jenkins 的集成 ………………… 92
  - 3.4.4 与云效的集成 …………………… 94
- 3.5 Serverless 与可观测性 ………………… 95
- 3.6 应用优化 ……………………………… 97
  - 3.6.1 冷启动优化 ……………………… 98
  - 3.6.2 文件上传方案 …………………… 106

3.6.3 文件持久化方案 ………… 107
3.6.4 慎用 Web 框架特性 ………… 107
3.6.5 项目结构策略 ………… 108

第 4 章 前端技术视角下的 Serverless 架构 110

4.1 SSR：前端技术突破性能壁垒 …… 110
    4.1.1 背景 ………… 110
    4.1.2 SSR 简介 ………… 111
    4.1.3 Serverless 架构下的 SSR 实战 … 111
    4.1.4 总结 ………… 113
4.2 WebSocket 技术在 Serverless 架构下的新面貌 ………… 114
    4.2.1 背景 ………… 114
    4.2.2 API 网关中的 WebSocket 原理解析 ………… 114
    4.2.3 Serverless 架构下的 WebSocket 实战 ………… 117
    4.2.4 总结 ………… 127
4.3 RESTful API 与 Serverless 架构的融合 ………… 127
    4.3.1 背景 ………… 127
    4.3.2 RESTful API 简介 ………… 128
    4.3.3 Serverless 架构下的 RESTful API ………… 130
    4.3.4 总结 ………… 135
4.4 Serverless 架构下的 GraphQL 实现 ………… 135
    4.4.1 背景 ………… 135
    4.4.2 GraphQL 简介 ………… 136
    4.4.3 Serverless 架构下的 GraphQL 实战 ………… 137
    4.4.4 总结 ………… 149
4.5 前后端一体化：前端技术的风向标 ………… 149
    4.5.1 背景 ………… 149
    4.5.2 前后端一体化发展历史 …… 149
    4.5.3 Serverless 架构下的前后端一体化实战 ………… 151
    4.5.4 总结 ………… 154
4.6 小程序 / 快应用：前端技术赋能移动端开发 ………… 154
    4.6.1 背景 ………… 154
    4.6.2 Serverless 架构下的天气查询小程序实战 ………… 154
    4.6.3 总结 ………… 161
4.7 WebAssembly：前端技术新篇章 … 162
    4.7.1 背景 ………… 162
    4.7.2 WebAssembly 简介 ………… 162
    4.7.3 WebAssembly 实战案例：HoloWeb 代码格式化 ……… 167
    4.7.4 总结 ………… 170
4.8 传统框架的 Serverless 化与 Serverless 框架 ………… 170
    4.8.1 背景 ………… 170
    4.8.2 传统框架 Serverless 化 ……… 171
    4.8.3 Serverless First 框架：Midway ………… 174

第 5 章 Serverless 架构下的前端生产实战案例 177

5.1 网页全景录制及 Puppeteer 功能设计与实现 ………… 177
    5.1.1 背景 ………… 177

		5.1.2	Puppeteer 简介	178

5.1.2 Puppeteer 简介 …………… 178
5.1.3 Serverless 架构下的网页截屏功能 …………………… 179
5.1.4 二次开发方案 …………… 182
5.1.5 总结 ……………………… 183
5.2 盲盒抽奖活动系统设计及实现 … 184
5.2.1 背景 ……………………… 184
5.2.2 技术架构 ………………… 184
5.2.3 技术实现 ………………… 186
5.2.4 效果预览 ………………… 191
5.2.5 总结 ……………………… 192
5.3 基于 Serverless 架构的头像漫画风处理小程序 ………………… 192
5.3.1 背景 ……………………… 192
5.3.2 技术实现 ………………… 193
5.3.3 效果预览 ………………… 202
5.3.4 总结 ……………………… 203
5.4 Serverless WebSocket：弹幕应用系统设计及实现 ……………… 204
5.4.1 背景 ……………………… 204
5.4.2 技术架构 ………………… 204
5.4.3 技术实现 ………………… 205
5.4.4 效果预览 ………………… 210
5.4.5 总结 ……………………… 212
5.5 HTML 与快应用实战：简易用户反馈功能实践 ………………… 212
5.5.1 背景 ……………………… 212
5.5.2 技术架构 ………………… 213
5.5.3 技术实现 ………………… 213
5.5.4 效果预览 ………………… 217
5.5.5 总结 ……………………… 218

第 6 章 传统内容管理系统 Serverless 化升级实战 …………………… 219
6.1 背景 …………………………… 219
6.2 需求明确 ……………………… 220
6.3 技术选型 ……………………… 220
6.4 项目设计 ……………………… 221
  6.4.1 基础架构设计 …………… 221
  6.4.2 Jamstack 与性能提升设计 … 223
6.5 开发实现 ……………………… 225
  6.5.1 模块 Serverless 化升级 …… 225
  6.5.2 API 网关配置与优化 …… 227
  6.5.3 可观测能力完善 ………… 231
6.6 项目预览 ……………………… 235
6.7 总结 …………………………… 236

第 7 章 基于 Serverless 架构的人工智能相册系统 …………… 238
7.1 背景 …………………………… 238
7.2 需求明确 ……………………… 239
7.3 技术选型 ……………………… 240
7.4 项目设计 ……………………… 241
  7.4.1 基础架构设计 …………… 241
  7.4.2 小程序 UI 设计 ………… 242
  7.4.3 数据库设计 ……………… 243
7.5 开发实现 ……………………… 247
  7.5.1 数据库相关 ……………… 247
  7.5.2 后端代码 ………………… 249
  7.5.3 小程序相关 ……………… 257
7.6 项目预览 ……………………… 262
7.7 总结 …………………………… 264

第 8 章　基于 Serverless 架构的企业宣传小程序　265

- 8.1　背景　265
- 8.2　需求明确　265
  - 8.2.1　小程序功能　266
  - 8.2.2　管理平台功能　266
  - 8.2.3　其他需求点　266
- 8.3　技术选型　266
- 8.4　项目设计　267
  - 8.4.1　基础架构设计　267
  - 8.4.2　小程序 UI 设计　268
  - 8.4.3　数据库设计　269
- 8.5　开发实现　271
  - 8.5.1　数据库相关　271
  - 8.5.2　后端代码　272
  - 8.5.3　小程序相关　277
  - 8.5.4　管理页面　283
- 8.6　项目预览　286
  - 8.6.1　小程序端　286
  - 8.6.2　管理端　287
- 8.7　总结　290

第 9 章　新一代 UI 云端录制回放解决方案　291

- 9.1　背景　291
- 9.2　需求明确　292
- 9.3　技术选型　293
- 9.4　项目设计　294
- 9.5　开发实现　296
  - 9.5.1　接口测试支持　296
  - 9.5.2　本地调试　296
  - 9.5.3　Cypress 测试用例实现示例　297
  - 9.5.4　函数计算实现方案　298
- 9.6　技术特点　299
- 9.7　项目优势　301
- 9.8　核心功能体验　303
  - 9.8.1　图片一致性对比　303
  - 9.8.2　一键切换浏览器执行用例　304
- 9.9　总结　306

第 10 章　基于 Serverless 架构的轻量 WebIDE 服务　307

- 10.1　背景　307
- 10.2　需求明确　307
- 10.3　技术选型　308
- 10.4　项目设计　310
  - 10.4.1　基础架构设计　310
  - 10.4.2　API 设计　311
  - 10.4.3　数据库设计　316
- 10.5　开发实现　317
  - 10.5.1　Reverse Proxy 模块　317
  - 10.5.2　服务安全加固　319
- 10.6　项目预览　320
- 10.7　总结　323

第 1 章　Chapter 1

Serverless 架构简介

从 IaaS 到 FaaS、SaaS，再到 Serverless，近十余年来云计算技术发生了翻天覆地的变化。从虚拟空间到云主机，从自建数据库等业务到云数据库等服务，云计算的发展是十分迅速的。Serverless 架构也备受期待，它已经开启了从概念到实践的大规模落地之路。正如 Gartner 报告所示，到 2025 年，全球一半的企业将采用 FaaS 部署。或许 Serverless 架构不是最终形态，或许 Serverless 的精神需要进一步建设和完善，但不可否认的是，Serverless 架构正在变得越来越有活力、越来越快捷和强大。

1.1　Serverless 架构入门

随着 Serverless 架构的快速发展，云计算领域的发展方向也在逐步清晰。本节通过介绍 Serverless 架构的发展历程、定义、工作原理、生态发展，帮助读者了解 Serverless 架构的基础知识。

1.1.1　发展历程

1961 年，John McCarthy（约翰·麦卡锡）（1971 年图灵奖获得者）在麻省理工学院一百周年纪念典礼上首次提出了 Utility Computing 的概念："计算机在未来将变成一种公共资源，像生活中的水、电、煤气一样，被每一个人使用。"云计算最初的、超前的遐想模型由此诞生。1984年，Sun公司联合创始人John Gage（约翰·盖奇）提出"网络就是计算机"（The Network is the Computer）的重要猜想，用于描述分布式计算技术带来的新世界。1996年，康柏公司的一群技术主管在讨论计算业务的发展时，首次使用了云计算（Cloud Computing）这个词，并认为商业计算会向云计算的方向转移。这就是"云计算"从雏形到正式被提出的基本过程。

伴随着云计算的概念逐渐完善，云计算的技术也逐渐完善起来。在2003年到2006年间，谷歌先后发表了"The Google File System""MapReduce: Simplified Data Processing on Large Clusters""Bigtable: A Distributed Storage System for Structured Data"等论文，这些论文指明了分布式文件系统（如Hadoop Distributed File System，HDFS）、并行计算框架（如MapReduce）和分布式数据库（如HBase）的技术基础以及未来机会，奠定了云计算的发展方向。

随着云计算的飞速发展，应运而生的产品和技术越来越多。Pivotal公司的Matt Stine在2013年首次提出了云原生（Cloud Native）的概念。随后，在2015年，云原生计算基金会（Cloud Native Computing Foundation，CNCF）成立，为最初的云原生定义了范围：容器化封装、自动化管理、面向微服务。

2018年，CNCF更新了云原生的定义，把服务网格（Service Mesh）和声明式API加了进来。如今，云原生的战略版图越来越宏伟，覆盖的产品越来越多，覆盖的领域也越来越广。有人说，因"云"而生的软件、硬件、架构就是真正的云原生，因"云"而生的技术就是云原生技术。确实如此，出生于云，成长在云，因云而生，或许就是真正意义上的云原生。

在云原生技术发展的同时，云计算领域又有一个新的概念诞生，那就是Serverless架构。它是一个主张降本增效的技术范式，主张业务聚焦，把更专业的事情交给更专业的人，让开发者可以付出更多精力在自身的业务逻辑上。

2012年，Iron.io的副总裁Ken Form在文章"Why The Future of Software and Apps is Serverless"中提出了一个新的观点，并首次将Serverless这个词带入大众的视野："即使云计算已经逐渐地兴起，但大家仍然在围绕着服务器转。不过，这不会持续太久，云应用正在朝着无服务器方向发展，这将对应用程序的创建和分发产生重大影响。"

2014年，Amazon发布了AWS Lambda，将Serverless架构提高到一个全新的层面，为云中运行的应用程序提供了一种全新的系统体系结构。现在，我们不需要在服务器上持续运行进程以等待HTTP请求或API调用，而是可以通过某种事件机制触发代码执行，如在AWS的某台服务器上配置一个简单的功能。

2015年，在AWS的re:Invent大会上，Serverless这个概念反复出现。Ant Stanley在2015年7月发表的文章围绕AWS Lambda及刚刚发布的AWS API Gateway解释了他心目中的Serverless。

2016年10月，第一届ServerlessConf在伦敦举办。在两天时间里，来自世界各地的40多位演讲嘉宾分享了他们对这个领域的看法，包括Serverless的发展机会、所面临的挑战，以及对未来的展望。这是第一场针对 Serverless 领域的具有较大规模的会议，是 Serverless 发展史上的一个重要里程碑。

2017 年，各大云厂商都对 Serverless 进行了基础的布局，尤其是国内的几大云厂商，都先后在这一年迈入 "Serverless 时代"。同年，CNCF Serverless WG（Working Group）成立，并开始以社区的力量推动 Serverless 快速前行。2017 年年末，eWeek 的 Chris J. Preimesberger 发表文章 "Predictions 2018: Why Serverless Processing May Be Wave of the Future"，分享了在全新的阶段下，大家对 Serverless 的看法和期盼。

2018 年，Serverless 的发展速度要比想象中的更快。在这一年，Google 发布了 Knative——一个基于 Kubernetes 的开源 Serverless 框架，具备构建容器、流量调配、弹性伸缩、零实例、函数事件等功能。AWS 发布了 Firecracker——一个开源的虚拟化技术，面向基于函数的服务，创建和管控安全的、多租户的容器。Firecracker 的目标是把传统虚拟机的安全性和隔离性与容器的诉求、资源效率结合起来。CNCF 正式发布了 Serverless 领域的白皮书，阐明 Serverless 技术概况、生态系统状态，为下一步动作做指导。同时，CloudEvents 规范进入 CNCF Sandbox。同年，全球知名 IT 咨询调研机构 Gartner 发布报告，将 Serverless Computing 列为十大将影响基础设施和运维的技术趋势之一。

2019 年开始，Serverless 进入一个真正意义上的生产应用、最佳实践快速发展阶段。2019 年是对 Serverless 而言非常关键的一年，也是 Serverless 里程碑式发展的一年，所以它也被很多人定义为 Serverless 正式发展的元年。在这一年，有 KubeCon 在上海 CloudNativeCon 中关于 Serverless 的海量主题演讲；有 UC Berkeley 在论文 "Cloud Programming Simplified: A Berkeley View on Serverless Computing" 中表示 "Serverless 计算将成为云时代默认的计算范式"。

2021 年，CNCF 发布了《2020 年 CNCF 中国云原生调查》，明确表示 Serverless 的使用者正在持续增长，31% 的企业在生产中使用无服务器，41% 的企业在评估无服务器，12% 的企业计划在未来 12 个月内使用无服务器。《Flexera 2020 年云状况报告》称，Serverless 是 2020 年增长最快的五项 PaaS 云服务之一。与此同时，权威咨询机构 Forrester 认为，Serverless 计算的兴起，让 FaaS 成为继 IaaS、PaaS、SaaS 之后一种新的云计算能力提供方式。2021 年年初，Forrester 发布了 "The Forrester Wave: Function-As-A-Service Platforms, Q1 2021" 报告，认为 Serverless 架构开始了新一年的蓬勃发展。这个报告不仅对全球主流的 Serverless 平台进行了评测，而且对过去的技术发展进行了更为科学的总结，同时还对未来的规划、产品的发展进行了展望和探索。作为未来十年云计算的重要趋势之一，Serverless 架构已经展示出不俗的潜力。

至此，云计算的发展逐渐从 IaaS、PaaS 向 Serverless 架构升级。同时，Serverless 架构也逐渐从鲜为人知到开始走进寻常百姓家，并朝着更完整、更清晰的方向发展。2012 年，

Serverless 概念被正式提出；2014 年，AWS 带领 Lambda 开启了 Serverless 的商业化；2017 年，各大厂商纷纷布局 Serverless 领域；2019 年，Serverless 成为热点议题在 KubeCon 中被众多人探讨，UC Berkeley 也发文断言 Serverless 将引领云计算的下一个十年。随着 5G 时代的到来，Serverless 会在更多领域发挥至关重要的作用。

1.1.2 定义

随着云计算的快速发展，互联网行业也发生了翻天覆地的变化。Serverless 架构被许多开发者认为"实现了云计算最初的梦想"。那么，什么是 Serverless 架构呢？实际上，与云计算和云原生的情况类似，不同的人对 Serverless 架构有着不同的理解。

如图 1-1 所示，可以从狭义和广义两个角度对 Serverless 架构进行探索和分析。从狭义的角度来看，Serverless 架构是 FaaS 和 BaaS 的组合；从广义的角度来看，Serverless 架构表示的是服务端免运维的一种形式，一种思想。

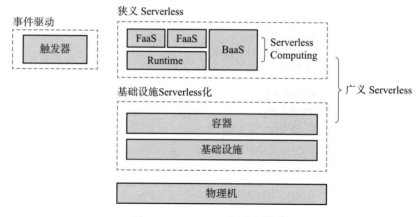

图 1-1 Serverless 架构原理图

1. 狭义定义

Martin Fowler 在 "Serverless Architectures" 一文中提出，Serverless 架构实际上是 BaaS 与 FaaS 的组合，这也是一种被广泛认可的说法。

BaaS（Backend as a Service，后端即服务）是指服务商为客户（开发者）提供整合云后端的服务，如提供文件存储、数据存储、推送服务、身份验证服务等功能，以帮助开发者快速开发应用。

除此之外，CNCF 在《CNCF WG Serverless 白皮书 1.0》中也对 Serverless 架构的定义做了进一步的描述："Serverless 是指构建和运行不需要服务器管理的应用程序。它描述了一种更细粒度的部署模型，将应用程序打包为一个或多个功能，上传到平台，然后执行、扩展和计费,以响应当时确切的需求。"同时,CNCF 在该白皮书中还强调,Serverless 所谓的"无服务器"并不是"没有服务器",而是说 Serverless 的用户不再需要在服务器配置、维护、更新、扩展和容量规划上花费时间和资源,从而可以将更多的精力放在业务逻辑本身上。至于服务器,则是把更专业的事情交给更专业的人去做,即由云厂商来提供统一的运维服务。

在 2019 年 UC Berkeley 的文章"Cloud Programming Simplified: A Berkeley View on Serverless Computing"中,作者对 Serverless 架构的定义进行了完善。他首先肯定了 Serverless 架构是 FaaS 与 BaaS 的组合,如图 1-2 所示,然后提出 Serverless 的服务必须具备按量付费、弹性伸缩等特点。

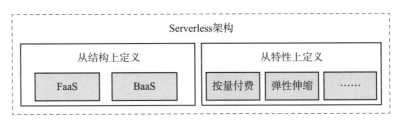

图 1-2　Serverless 组成结构示意图

2. 广义定义

云计算的发展非常迅速,Serverless 架构也在不断迭代升级和演进。随着时间的推移,越来越多的人开始意识到,Serverless 架构不应该被狭义地认为是 FaaS 和 BaaS 的组合,而应该进一步泛化,即符合服务端免运维的架构就可以称为 Serverless 架构。

中国信通院云原生产业联盟在《云原生发展白皮书(2020 年)》中对 Serverless 的描述如下:无服务器(即 Serverless)是一种架构理念,其核心思想是将提供服务资源的基础设施抽象成各种服务,以 API 的方式供用户按需调用,真正做到按需伸缩、按使用收费。这种架构消除了对传统的海量持续在线服务器组件的需求,降低了开发和运维的复杂性,减少了运营成本并缩短了业务系统的交付周期,使用户能够聚焦价值密度更高的业务逻辑开发工作。

由此可见,Serverless 架构一方面可以被狭义地定义为 FaaS 和 BaaS 的组合,另一方面可以被广义地看作一种具有弹性伸缩和按量付费特性的架构思想,或一种服务端免运维或低运维的思想。目前,广义的 Serverless 产品有很多,例如应用托管的 Serverless 产品或服务,如阿里云的 Serverless 应用引擎、Google 的 Cloud Run 等。

在 2019 年,UC Berkeley 的文章可能认为某些形态的 Serverless 产品或服务"违背了 Serverless 精神",但事实上,随着技术的不断迭代和用户需求的不断驱动,技术的发展会变得更为泛化。如今广义的 Serverless 架构已经被更多人和更多厂商所接受,Serverless 架构的形态和未来机会也在不断改变。

1.1.3 工作原理

作为云时代新的计算范式，Serverless 架构本身属于一种天然的分布式架构，其工作原理与传统架构并没有翻天覆地的变化，只有细微的不同。

如图 1-3 所示，在传统架构下，开发者开发完应用之后，还需要购买虚拟机服务、初始化运行环境、安装软件（例如 MySQL 等数据库软件、Nginx 等服务器软件）。完成环境的准备工作之后，还需要上传开发好的业务代码，启动该应用，只有这样用户才可以通过网络请求访问目标应用。此时，如果应用的请求量过大或者过小，那么开发者或运维人员还需要针对实际的请求数量进行相关资源的扩容或缩容，并在负载均衡与反向代理模块中增加相应的策略，以确保扩缩容操作的及时生效。当然，在做这些操作的时候还要保证线上用户不会受到影响。

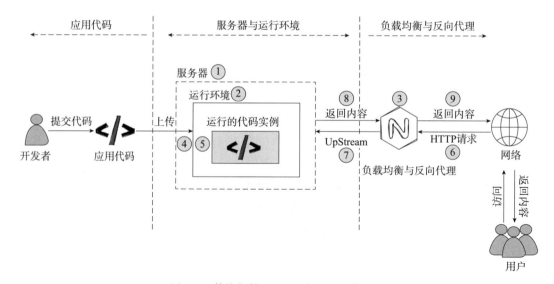

图 1-3　传统架构下 Web 应用的工作原理

而在 Serverless 架构下，整个应用的发布过程和工作原理将发生一定的变化。如图 1-4 所示，开发者开发完业务代码之后，只需要将业务代码部署或更新到对应的 FaaS 平台上，然后根据真实的业务需求进行相关的触发器配置即可。例如为了对外提供 Web 应用服务，配置 HTTP 触发器等，然后用户就可以通过网络访问开发者发布的应用了。

在这个过程中，开发者不需要额外关注服务器的采购、运维等操作，只需要关注自身的业务逻辑，而那些在传统架构下需要安装的各种服务器软件则变成配置项交给云厂商来管理。同样，传统架构下根据服务器的请求量进行资源扩缩容的行为也都交给云厂商来实现。

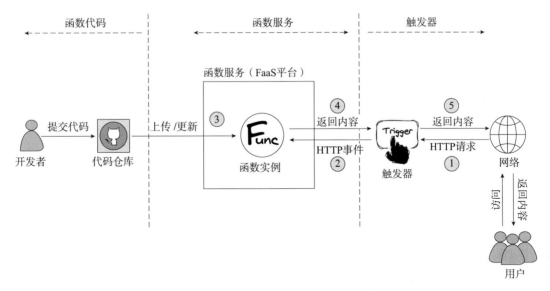

图 1-4 Serverless 架构下 Web 应用的工作原理

在整个 Serverless 工作流程中，我们不难发现 FaaS 平台实际上会作为计算资源承载诸多核心能力，包括执行开发者的业务代码、自动进行资源的扩缩容等操作。那么，Serverless 架构中的 FaaS 平台是什么样子的呢？如图 1-5 所示，通常情况下一个简化的 FaaS 系统包含 5 类组件：APIServer、Scheduler、ResourceManager、NodeService、ContainerService。

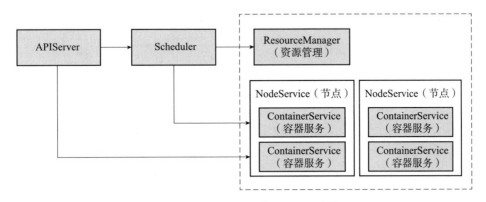

图 1-5 Serverless 架构下 FaaS 系统

- APIServer 是对外暴露整体能力的 API 服务。
- Scheduler 用于管理系统的容器，例如 APIServer 通过 Scheduler 获得可以执行函数的容器。
- ResourceManager 用于管理系统里的节点，负责节点的申请和释放。Scheduler 的目标之一就是最大化利用节点,比如尽量创建足够多的容器,尽快释放不用的节点。当然申请和释放节点又需要一定的时间,会造成一定延迟,所以需要 Scheduler 平衡延迟和资源使用时间。

- NodeService 用于管理单个节点上创建和销毁的容器。可以将一个节点看作一个虚拟机,Scheduler 可以在节点上创建用于执行函数的容器。
- ContainerService 用于执行函数。

这些组件或者模块的联动让 FaaS 平台为应用提供了更为稳定、安全,性能更高的技术支持。对 FaaS 平台的组成结构有了初步了解之后,接下来我们进一步探索 FaaS 平台的工作流程。

如图 1-6 所示,当开发者把代码和配置交付到 FaaS 平台之后,FaaS 平台并不会按照用户的预定配置进行资源的分配,而是会将这一部分的内容进行持久化。只有请求到来时,FaaS 平台才会根据真实流量进行资源的分配。

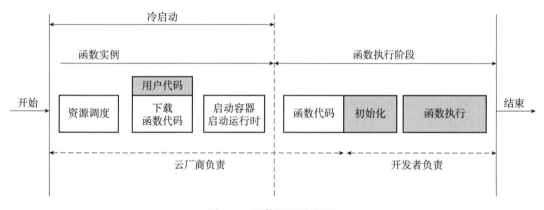

图 1-6 函数调用流程图

从 FaaS 平台收到函数调用或者被触发的请求,到函数正式执行并反馈最终结果的流程,可以归纳为两个阶段。

1)容器或运行时准备阶段:这个阶段主要进行相关的资源准备工作,例如准备某些计算资源、网络资源等。准备好这些资源之后,系统会根据用户的函数下载相应的代码,然后启动实例。这个过程通常也可以认为是冷启动的过程。

2)函数执行阶段:实例启动之后,对函数代码进行初始化并确定函数执行的方法。在某些开发者和某些平台的定义中,代码初始化的过程也被看作资源准备阶段。

函数执行完成,就意味着本次触发已经完成。此时对于函数启动的实例通常有 3 种处理方案。

- 实例会被搁置一段时间，如果在搁置的这段时间内没有被分配处理新的触发请求，实例会被释放掉。
- 实例会被搁置一段时间，如果在搁置的这段时间内被分配处理新的触发请求，则实例会处理新的触发请求。
- 实例由于一些特殊的配置，被标记为长期活跃实例，即使被搁置很久（超过释放的时间阈值）也不会被释放。

分析上面 3 种处理方案，不难发现实例可能存在被复用的情况，所以函数在被触发的时候，通常也会有两种可能。

- 当前阶段并没有已经准备好且可以被利用的实例（例如函数的首次调用/触发），此时 FaaS 平台会启动全新的实例，包括容器或运行时准备阶段和函数执行阶段。
- 当前阶段有已经准备好且可以被利用的实例，此时 FaaS 平台会优先复用已存在的实例，以避免再次进入容器或运行时准备阶段而浪费时间。

由此可见，Serverless 架构之所以被认为是天然分布式架构，是因为 Serverless 架构的模型实现的是请求级别的隔离，可以认为每次请求都可能出现一个实例（部分厂商提供的单实例多并发的情况除外）。

值得注意的是，Serverless 应用是由事件驱动的，即 FaaS 平台中的函数是由事件触发的，事件的产生者按照某些规范描述不同的事件，并以参数的形式在调用函数指定方法时传递给函数。事件也是影响 Serverless 架构应用领域、应用场景的重要因素。

如图 1-7 所示，按照《CNCF WG Serverless 白皮书》，FaaS 平台可以根据不同的用例从不同的事件源调用函数。

- 同步请求（Req/Resp）：客户发出请求并等待立即响应，例如 HTTP 请求、gRPC 调用。
- 异步消息队列请求（发布/订阅）：消息发布到交换机并分发给订阅者，没有严格的消息排序，以单次处理为粒度。例如 RabbitMQ、AWS SNS、MQTT、电子邮件、对象（S3）更改、计划事件（如 CRON 作业）。
- 消息/记录流：通常，每个分片使用单个工作程序（分片消费者）将流分为多个分区/分片；可以从消息、数据库更新（日志）或文件（例如 CSV、JSON、Parquet）生成流；事件可以推送到函数运行时或由函数运行时拉动。例如 Kafka、AWS Kinesis、AWS DynamoDB Streams、数据库捕获一组有序的消息/记录（必须按顺序处理）。
- 批量作业：作业被调度或提交到队列，并在运行时使用并行的多个函数实例进行处理,每个函数实例处理工作集的一个或多个部分(任务);当所有并行工作程序完成所有计算任务时,作业完成。例如 ETL 作业、分布式机器学习、HPC 模拟。

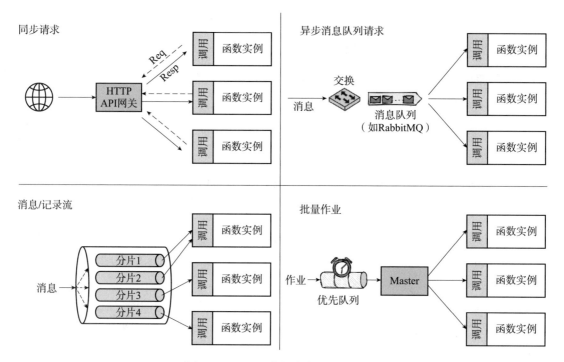

图 1-7 FaaS 平台与事件类型的关系

综上所述,Serverless 应用发布与工作原理如图 1-8 所示。

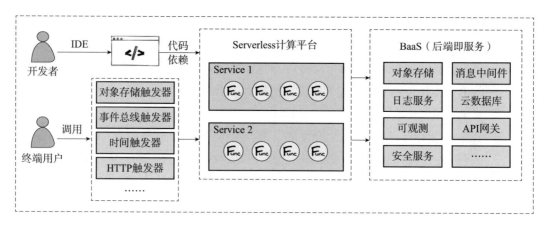

图 1-8 Serverless 应用发布与工作原理

1.1.4 生态发展

Serverless 架构的发展离不开云厂商的推动，也离不开各个机构对 Serverless 架构的学术探索以及开源社区的大力支持。

1. 学术建设

Serverless 架构自诞生以来，引起越来越多人的关注，学术界也在逐渐向 Serverless 架构投入更多的关注和研究力量，助力 Serverless 领域的快速发展。

2018 年，UC Berkeley 发表了 "Serverless Computing: One Step Forward, Two Steps Back" 一文，提出对 Serverless 架构的担忧和 Serverless 将面临的挑战。该文作者认为："通过自动缩放功能，今天的 FaaS 产品在云编程方面迈出了一大步，它提供了一种实际上可管理的、看似无限的计算平台。但是，它们忽略了高效数据处理的重要性，也阻碍了分布式系统的开发。"任何一项新技术或新概念的出现都会面临一定的挑战，就像当年的云计算一样，Serverless 也被一些人（如 Oracle 公司总裁 Larry Ellison、GNU 发起人 Richard Stallman）认为只是商业炒作的概念，毫无新意，甚至愚不可及。当然，事实证明，任何一项新事物都只有在经历各种挑战和质疑之后，才能更加茁壮成长，Serverless 也不例外。

2019 年，UC Berkeley 再次发表了针对 Serverless 架构的文章 "Cloud Programming Simplified: A Berkeley View on Serverless Computing"。在这篇文章中，作者认为 Serverless 将在接下来的十年内迅速被采用，并获得飞速发展。他还对 Serverless 架构进行了更为激进的断言："Serverless 将成为云时代默认的计算范式，并取代 Serverful 计算，这意味着服务器/客户端模式的终结，Serverless 架构将引领云计算的下一个十年。"

不仅 UC Berkeley 发表了多篇关于 Serverless 的文章，许多其他高校也在 Serverless 领域投入了大量的精力进行科研探索。目前看来，Serverless 已经成为学术界的研究热点，每年与 Serverless 架构相关的论文数量都有比较明显的增长。

2021 年，学术界关于 Serverless 架构的论文数量再次上升，研究内容和方向也越来越完善和全面，其中包括冷启动优化、镜像加速、调度策略、缓存机制等诸多热点问题。例如，阿里云函数计算团队和美国乔治梅森大学 LEAP 实验室合作发表在 USENIX ATC（USENIX Annual Technical Conference）上的论文 "FaaSNet: Scalable and Fast Provisioning of Custom Serverless Container Runtimes at Alibaba Cloud Function Compute" 就深入探讨了容器镜像生态与 Serverless 架构结合后的问题，即镜像拉取与冷启动优化问题。

在加速镜像的分发速度方面，业界成熟的 P2P 方案并没有达到函数级别的感知（Function-Awareness），而集群内的拓扑逻辑大多为全连接的网络模式，对机器的性能有一定要求，这些前置设定不适用于函数计算、云服务器的系统实现。为此，一个具有高伸缩性的轻量级系统中间件——FaaSNet应运而生，它利用镜像加速格式进行容器分发，目标作用场景是FaaS中突发流量下的大规模容器镜像启动（函数冷启动）。FaaSNet的核心组件是功能树，（Function Tree，FT），功能树是一个去中心化、自平衡的二叉树状拓扑结构，树状拓扑结构中的所有节点全部等价。FaaSNet可以根据工作负载的动态性实现实时组网以达到函数级别的感知，而不需要做预先的工作负载分析与处理，帮助Serverless平台突破高伸缩性和快速镜像分发速度的技术瓶颈，赋能自定义容器镜像场景更深入和广泛的应用。

此外，我们从云计算领域的顶级会议ACM SoCC（Symposium on Cloud Computing）在2021年接收的论文中也可以看到许多Serverless架构的影子。例如，以Microsoft Azure Functions作为实验平台的论文"FaaT: A Transparent Auto-Scaling Cache for Serverless Applications"针对Serverless架构中函数有状态的特点以及FaaS平台的缓存问题，提出了一种用于Serverless应用程序的自动伸缩分布式缓存FaaT，FaaT可以大幅提升Serverless函数的性能。与已有的以外部存储作为缓存系统的方法相比，FaaT可以降低大多数的开销。

另一篇文章"ServerMore: Opportunistic Execution of Serverless Functions in the Cloud"针对Serverless函数执行时间短与资源需求低的特点，介绍了一种服务器级资源管理器ServerMore，它可以让Serverless函数与Serverful的虚拟机在同一台物理机上执行任务。ServerMore可以动态调节服务器上的CPU、内存带宽和LLC（Last Level Cache，最后一级缓存）资源，以确保Serverful和Serverless工作负载之间的托管不会影响应用程序，造成尾部延迟。通过选择性地使用Serverless架构并推断相对黑盒的Serverful工作负载的性能，与之前的模式相比，ServerMore的资源利用率平均提高了35.9%到245%。同时，ServerMore对Serverful应用程序和Serverless架构的延迟影响最小。

在对Serverless架构的学术研究日渐火热的同时，各领域的顶级会议中也出现了许多优秀的Serverless架构论文。这不仅有助于Serverless学术生态的繁荣，也有助于突破Serverless架构的技术瓶颈，实现云计算领域技术架构的升级。此外，近年来国内关于Serverless的图书也逐渐增多，丰富了国内Serverless培训和教育资料生态。

2. 工具链建设

虽然Serverless正在改变软件开发的模式和流程，但是开发者在选择使用Serverless时仍有诸多担忧，其中最受关注的无疑是工具链匮乏。

所谓的工具链匮乏，一方面表现在市面上工具链不完善，导致开发和部署难度大，成本增加；另一方面表现在体验层缺乏对Serverless的进一步规范，导致本来就担心被厂商绑定的Serverless开发者更难与厂商解绑。

2020年10月，中国信通院发布国内首个《云原生用户调查报告》，明确指出在使用

Serverless 架构之前，49% 的用户关注部署成本，26% 的用户关注厂商绑定情况，24% 的用户关注相关工具集完善程度，这些数据背后是开发者对完善工具链的强烈需求。

尽管有一些开发者认为白屏化操作（即图形界面可视化操作）会更容易入门，通过各个云厂商的控制台进行函数的创建、更新也会更方便，但不可否认的是，Serverless 开发者工具在一定程度上有着更为重要的价值和作用。

- 通过脚手架，可以快速创建 Serverless 架构的应用。
- 在开发过程中，可以通过开发者工具进行应用的调试。
- 在开发完成之后，可以通过开发者工具将应用（可能包括多个函数以及相对应的 BaaS 类产品）一键部署到线上。
- 在项目运维阶段，可以通过开发者工具进行项目观测以及问题定位。
- 若需要实现科学部署，可以通过某些 CI/CD 平台或工具发布 Serverless 架构的应用。

目前 Serverless 领域的开发者工具分为两类：

- 云厂商基于 Serverless 所提供的开发者工具。
- 由第三方提供的多云开发者框架（包括但不限于开源社区驱动的框架）。

通过 Serverless 开发者工具，开发者可以学习和使用 Serverless 架构，也可以在生产的过程中快速使用这些工具以提升开发效能。以 Serverless Framework 为例，作为拥有近 4 万 Star 的 Serverless 工具链开源项目，目前 Serverless 官方网站支持 11 个常见的 Serverless 平台产品。

下面通过几行命令快速体验 AWS Lambda。

```
# 安装
npm install -g serverless
# 配置密钥
serverless config credentials --provider aws --key key--secret secret
# 创建一个项目
serverless create --template aws-python3 --path my-service
# 进入项目
cd my-service
# 部署项目
serverless deploy -v
```

除了支持对项目的部署和发布操作之外，Serverless Framework 还支持项目的删除、回滚等操作。以常见的云厂商和开源项目为例（第一行所示），Serverless Framework 的常见能力（第一列所示）如表 1-1 所示。

表 1-1 Serverless Framework 的常见能力

操作	AWS	Azure	OpenWhisk	Google	Kubeless	Spotinst	Fn	CloudFlare
配置	√		√			√		
创建	√	√	√	√	√	√	√	√
安装	√	√	√	√				
封装	√			√				
部署	√	√	√	√	√	√		√
调用	√	√	√	√	√	√		√
日志	√	√	√	√				
登录	√	√	√	√				
指标	√							
信息	√		√		√			
回滚	√							
删除	√	√	√	√	√	√	√	
打印	√	√	√					

　　Serverless Devs 也是一款无厂商锁定的多云开发者工具。Serverless Devs 的官方仓库显示，它支持 AWS Lambda、阿里云函数计算、腾讯云云函数、华为云 Serverless 工作流以及百度智能云函数计算等产品。与 Serverless Framework 不同，Serverless Devs 的重点是 Serverless 应用全生命周期管理工具。以阿里云函数计算为例，Serverless Devs 支持包括脚手架、调试、发布、运维等多个流程的多种功能。

　　值得一提的是，除了拥有完善的工具链产品之外，Serverless Devs 还在 2021 年正式发布了 Serverless 开发者工具链模型（Serverless Devs Model，SDM）。Serverless Devs 的模块组成如图 1-9 所示。

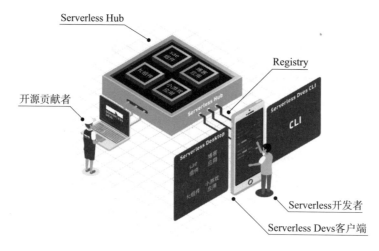

图 1-9 Serverless Devs 模块组成

通过 Serverless Devs，开发者可以快速使用各个厂商或平台的 Serverless 产品，以阿里云函数计算为例，代码如下。

```
# 安装
npm install -g @serverless-devs/s
# 配置密钥
s config add --AccessKeyID AccessKeyID --AccessKeySecret AccessKeySecret
# 创建一个项目
s init node.js12-http -d fc-hello-world-demo
# 进入项目
cd fc-hello-world-demo
# 部署项目
s deploy
```

3. 开发框架

在传统架构下，开发者有许多框架可选择。以 Web 框架为例，Node.js 类框架有 Expree.js、Nuxt.js、Egg.js 等，Python 类框架有 Django、Flask 等，Java 类框架有 Spring Boot 等。随着 Serverless 架构的不断发展，将传统框架迁移到 Serverless 架构是解决 Serverless 应用开发者框架匮乏的方案之一。实际上，这些框架并不是针对 Serverless 架构设计的，很有可能会丧失诸多优秀特性，例如某些框架的异步处理能力。尽管 Serverless 平台已经提供了异步触发能力，但框架本身的异步处理能力在 Serverless 架构下很难被利用起来。因此，针对 Serverless 架构所设计的 Serverless First 框架就显得尤为重要。

目前，在社区生态中，有许多优秀的 Serverless 应用层面的开发者框架，例如：基于原有 Midway 的 IaC（Infrastructure as Code，基础设施即代码）体系设计，复用原有的装饰器和解耦能力，将代码分解到不同的函数中，并发布到各个 Serverless 平台的 Midway Serverless 框架；基于 TypeScript 语言，主张 Serverless First 的组件化、平台无关的渐进式应用框架 Malagu 等。

Midway Serverless 框架是用于构建 Node.js 应用的 Serverless 框架，可以帮助开发者在云原生时代大幅降低维护成本，更专注于产品研发。Midway Serverless 拥有如下优点。

- 跨云厂商：一份代码可在多个云平台之间快速部署，不用担心产品会被云厂商所绑定。
- 云端一体化：提供了多套和社区前端 React、Vue 等融合一体化开发的方案。
- 代码复用：通过框架的依赖注入能力，让每一部分逻辑单元都天然可复用，可以快速方便地组合以生成复杂的应用。
- 传统迁移：通过框架的运行时扩展能力，将传统的 JavaScript、Koa、Express.js 应用无缝迁移到各云厂商。

通过该框架，开发者可以快速构建全栈应用、发布函数服务、提供 RESTful 接口等，也可以结合前端（React、Vue）代码构建中后台项目，还可以使用 Midway 提供的方案将传统的 Egg.js/Koa/Express.js 应用迁移到弹性容器等。以全栈应用为例，代码如下。

```
# 安装
npm i @midwayjs/faas-cli -g
# 创建一个项目
f create --template-package=@midwayjs-examples/midway-hooks-react
# 部署项目
f deploy
```

Malagu 是一款社区驱动的 Serverless First 框架。它是基于 TypeScript 的渐进式应用框架，采用 Serverless First、组件化、平台无关的设计思想。该框架采用与 Midway Serverless 相同的编程语言和 IaC 设计，可用于开发前端、后端和前后端一体化应用。同时，它还结合了 OOP（Object Oriented Programming，面向对象编程）和 AOP（Aspect Oriented Programming，面向切面编程）等编程元素，借鉴了许多 Spring Boot 的设计思想。

在后端方面，Malagu 提供了一套抽象接口，以便适配任意平台和基础框架。作为一个平台或基础框架无关的上层框架，Malagu 可以与 Express.js、Koa、Fastify 等基础框架，以及阿里云函数计算、腾讯云云函数、AWS Lambda、Vercel 等平台兼容。

与大多数传统开发框架不同，Malagu 是一个全栈应用开发框架。如果只看后端部分，Malagu 与 Spring Boot 属于同一层次。如果只看前端部分，Malagu 是 React、Vue 等前端框架之上的抽象，因此 Malagu 是前端框架无关的。

相比传统框架，Malagu 提供了前后端渐进式一体化方案，在前后端之上做了一层抽象，让前后端在开发、测试、部署中拥有一致的体验。它利用 Serverless 的技术优势，让部署变得流畅且成本更低。该框架也是一个 Serverless First 框架，屏蔽了 Serverless 底层的细节，用户可以直接使用。此外，Malagu 还针对 Serverless 场景做了许多优化，如冷启动和数据库操作等，并提供了许多开箱即用的功能，如安全、认证与授权、OAuth 2.0、OIDC（OpenID Connect）、数据库操作、缓存、前端框架集成、依赖注入、AOP、微服务等。

4. Serverless 框架

Serverless 架构领域有很多优秀的框架。通过这些框架，开发者可以根据需要建设私有化的 Serverless 平台，也可以对 Serverless 架构的组成和结构进行进一步的学习和探索。

以 OpenWhisk 项目为例，它的组成结构如图 1-10 所示。

1）Nginx：接收 HTTP/HTTPS 请求，并将处理后的 HTTP/HTTPS 请求直接转发给 Controller（控制模块）。

2）Controller：开始处理请求的地方。Controller 使用 Scala 语言实现，提供了对应的 RESTful API，它接收 Nginx 转发的请求，分析请求的内容，再进行下一步操作。

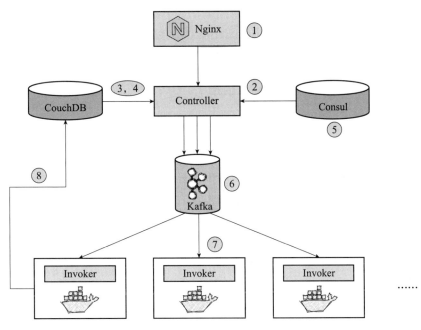

图 1-10　OpenWhisk 的组成结构

3）CouchDB- 身份验证和鉴权：在当用户发出 POST 请求后，Controller 首先需要验证用户的身份和权限。用户的信息保存在 CouchDB 的用户身份数据库中。待信息验证无误后，Controller 将进行下一步操作。

4）CouchDB- 得到对应的 Action 的代码及配置：在用户信息验证通过后，Controller 需要从 CouchDB 中加载此操作。记录要执行的代码和要传递的默认参数，并与实际调用请求中包含的参数合并。除此之外，还包含执行时施加的资源限制，例如允许使用的内存等。

5）Consul 和负载均衡：此时 Controller 已经有了触发函数所需要的全部信息，在将数据发送给 Invoker（触发器）之前，Controller 需要和 Consul 确认，从 Consul 中获取处于空闲状态的 Invoker 的地址。

6）考虑异步情况：Controller 在得到 Kafka 收到请求消息的确认后，会直接向发出请求的用户返回一个 ActivationId。当用户收到确认的 ActivationId 时，即可认为请求已经成功存入 Kafka 队列中。用户可以稍后通过 ActivationId 获取函数运行的结果。

7）Invoker 从对应的 Kafka Topic 中接收 Controller 传来的请求，生成一个 Docker 容器，注入动作代码，并使用传递给它的参数执行动作代码，获取结果，最后销毁容器。

8）Invoker 的执行结果最终会被保存在 CouchDB 的 whisk 数据库中。

再以 Fission 项目为例，它的组成结构如图 1-11 所示。

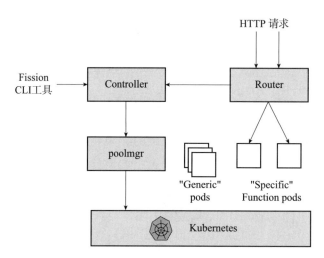

图 1-11　Fission 的组成结构

Fission 项目基于 Kubernetes 构建，拥有几个核心模块。

- Controller：提供针对 Fission 资源的增、删、改、查操作接口，包括 Functions、Triggers、Environments、Kubernetes Event Watches 等。它是 Fission CLI 的主要交互对象。
- Router：函数访问入口，同时也实现了 HTTP 触发器，负责将用户请求以及各种事件源产生的事件转发至目标函数。
- Executor：Fission 包含 PoolManager（如图 1-11 中的 poolmgr 模块）和 NewDeploy（该执行器并未在图 1-11 中体现，需要特殊制定才可生效）两类执行器，它们控制着 Fission 函数的生命周期。

通过对 Serverless 架构工作原理的学习，以及对开源 Serverless 框架的探索，我们不难发现 Serverless 架构的核心组件以及不同组件之间的关系和调用顺序。例如，HTTP 请求通常会触发网关模块（例如 Fission 项目中的 Router 模块，OpenWhisk 中的 Nginx 软件等），API 网关模块会调用下游的 Controller 模块进行相关的调度或者分配操作，节点管理模块或者集群管理模块用来管理整个集群 / 部分节点，最后通常还会有一个组件用来执行或触发函数。

优秀的 Serverless 架构通常会在这些模块的基础上做更多的优化。例如，针对冷启动，不同架构采用的优化方案是不同的。OpenWhisk 的冷启动表现一般，它定义的自动伸缩能力是指首次启动一定是冷启动，之后会进行类似维护资源池的操作。虽然这种方案降低了冷启动率，但它更应该被称为池化策略。Fission 采用了资源池与 AS（Auto Scaling，弹性伸缩）相结合的策略，但是 Fission 的 AS 策略完全依赖 HPA（Horizontal Pod Autoscaler，Pod 水平自动伸缩）API V1。也就是说，它只能通过 CPU 使用率这个维度来实现自动伸缩。Kubeless

同样利用了 Kubernetes 的 HPA，但不同的是，Kubeless 支持基于 CPU 和 QPS（Queries Per Second，每秒查询次数）两种指标进行自动伸缩。可以说，在降低冷启动率（此处包括池化和自动伸缩两部分）方面，OpenWhisk、Fission、Kubeless 这三个项目采用的冷启动优化方案是不同的，如表 1-2 所示。

表 1-2 OpenWhisk、Fission、Kubeless 项目冷启动优化方案对比

	OpenWhisk	Fission	Kubeless
池化	√（类似资源池）	√	
自动伸缩		√（CPU）	√（CPU+QPS）

除了对基础架构的学习，以及对不同框架冷启动优化方案的探索之外，我们还可以对更多信息进行分析，如表 1-3 所示。

表 1-3 开源 Serverless 框架对比

	OpenWhisk	FnProject	Fission	Kubeless	OpenFaaS
开发语言	Scala	Go	Go	Go	Go
创建时间	2016-02	2012-12	2016-08	2016-11	2016-11
支持厂商	Apache/IBM	Oracle	Platform9	Bitnami	Alex Ellis
运行平台	Docker/Kubernetes	Docker	Kubernetes	Kubernetes	Docker/Kubernetes
执行机制	Runtime	Exec	Runtime	Runtime	Exec
图形后台	—	支持	支持	支持	支持
生产工具	OpenWhisk-Debugger	—	Istio/Fission WorkFlows	—	FaaS-Netes
HTTP	Nginx	ApiGateway	ApiGateway		Watchdog
定时	Cornjob		Cornjob	Cornjob	Cornjob
对象存储		Fluentd		etcd	CloudEvent
消息队列	Kafka	Bolt	Nats/Azure/Kafka	Kafka/Nats	Kafka/Sns/RabbitMQ
数据库		Redis	Redis		Redis
CLI	Ask				
启动时间	无优化（容器池）	Docker 交付	冷启动损耗 100ms	无优化	无优化
负载均衡	Consul		HPA	HPA	HPA
部署方法	Ansible/HelmK8S/Mesos		Helm	Yaml	Swarm/Helm/Yaml

建议多参与不同项目，这样一方面可以快速学会搭建私有化 Serverless 架构，另一方面可以从技术架构、优化方案等多个层面进行更深入的了解。例如在上述项目中，使用 Go 语

言的项目占比达 80%。事实上，在云原生技术领域，Go 语言是备受欢迎的语言，许多工业级 Serverless 项目采用 Go 语言进行开发和建设。此外，这些开源项目基本都依赖于 Docker 或 Kubernetes 等项目，这也充分说明了 Serverless 架构本身就是已有技术架构的进一步封装，或者是更高层次的升级迭代。

1.2 Serverless 架构特性与挑战

事物的发展往往具有两面性，Serverless 架构也不例外。它一方面正在被更多开发者、业务所接受，另一方面也在面临着厂商锁定严重、过分依赖第三方的问题；一方面在向用户交付按量付费与弹性伸缩的技术红利，另一方面也受到难以消灭的冷启动带来的负面影响；一方面在向用户传递降本增效的技术思想，另一方面也面临着开发难度大、调试难度大等负面评价。

1.2.1 价值与优势

近些年在 Serverless 架构飞速发展的同时，Serverless 架构的核心理念逐渐成为其技术价值和技术优势的总结与概括：把更专业的事情交给更专业的人，让开发者可以投入更多的精力在更有价值的业务逻辑上，而付出更少的精力在服务器等底层资源上。综上所述，Serverless 架构的价值与优势可以总结为以下几点。

1. 弹性伸缩

传统意义上的弹性伸缩，是指当项目的容量规划与实际集群负载出现矛盾时，即当现有集群的资源无法承载压力时，通过调整集群的规模或者进一步分配相应的资源，保障业务的稳定性；当集群负载较低时，系统可以尽量降低集群的资源配置从而减少资源的浪费，进一步节约成本。在 Serverless 架构下，弹性伸缩被进一步泛化，主要体现在用户侧，取消了项目本身的容量规划过程，而是完全由平台调度决定资源的增加与缩减。

在 UC Berkeley 的文章中，针对 Serverless 架构的特点与优势有这样的描述："代码的执行不再需要手动分配资源。不需要为服务的运行指定需要的资源（比如使用几台机器、多大的带宽、多大的磁盘等），只需要提供一份代码，剩下的交由 Serverless 平台去处理就行了。当前，实现平台的资源分配还需要用户方提供一些策略，例如单个实例的规格和最大并发数、单实例的最大 CPU 使用率。理想的情况是通过某些学习算法来进行完全自动的自适应分配。" 其实此处的"完全自动的自适应分配"指的就是 Serverless 架构的弹性伸缩。

如图 1-12 所示，Serverless 架构下的弹性伸缩是指，Serverless 架构可以根据业务流量波动，自动进行资源的分配和销毁，以最大限度地平衡稳定性、性能以及资源利用率。在开发者完成业务逻辑的开发，把业务代码部署到 Serverless 平台之后，平台通常并不会立即分配计算资源，而是将业务代码与配置等相关内容进行持久化，当收到流量请求时，Serverless 平台会根据真实流量以及配置情况自动增加并启动实例，反之会自动地缩减并关闭实例，甚至在某些时候实例的个数可以缩减到 0，即平台并未分配资源给对应函数。

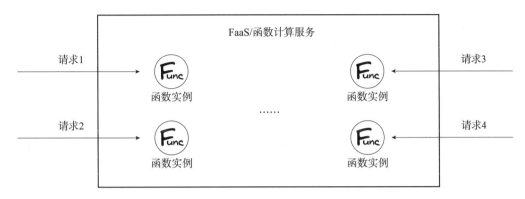

图 1-12　Serverless 架构弹性伸缩示意图

作为 Serverless 架构带来的核心技术红利之一，弹性伸缩能力在一定程度上也是在提升资源利用率，朝着绿色计算的方向不断前进。

图 1-13 是传统云主机架构下流量与机器负载示意图和 Serverless 架构弹性模式下流量与负载示意图。在这两张图中，阴影部分表示的是用户侧所感知的资源负载能力，折线表示的是某网站在某天的流量走势图。通过对比这两张图不难发现，在传统云主机架构下，需要人工进行资源的增加与缩减，变化的粒度是主机级别，粒度过粗，没办法平衡好资源与性能之间的关系。在图 1-13a 中，折线以上的阴影面积是被浪费掉的资源。在图 1-13b 中，我们可以清晰地看到负载能力始终是与流量相匹配的，即不需要像传统云主机架构那样，在技术人员的人为干预下应对流量的波峰与波谷。这一切的弹性能力（包括扩容和缩容）均由云厂商提供。这种模式所带来的好处是，一方面可以降低业务运维人员的压力，降低其工作复杂度，另一方面可以极大限度地减少资源浪费的情况，在一定程度上也是符合绿色计算思想的。

除了可以从用户即使用者角度对弹性伸缩能力进行基本的探索之外，还可以从云厂商角度对 Serverless 架构的弹性伸缩能力进行进一步的探索。

如图 1-14 所示，当 Serverless 架构为用户提供弹性伸缩能力时，从云厂商的角度而言要为更高性能、更具实时性和稳定性的弹性伸缩能力提供更多的基础保障，包括整个 Serverless 平台的调度策略、弹性方案以及池化方案等。

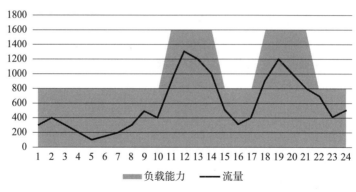

a）传统云主机架构下流量与机器负载示意图

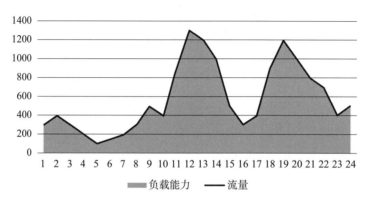

b）Serverless架构弹性模式下流量与负载示意图

图1-13　传统云主机架构与Serverless架构弹性模式下流量与负载示意图

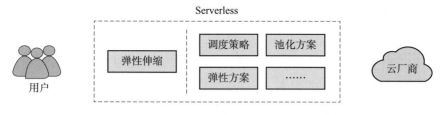

图1-14　用户视角与云厂商视角下的弹性伸缩

调度模块往往是Serverless平台最为核心的部分，传统的应用通常根据某些指标，比如CPU、内存等硬件资源的使用情况，或者延迟、队列积压等业务指标，来扩展所需要的计算资源，而Serverless平台采用了一种基于请求的调度方式，将当前系统的资源所能够支撑的并发请求数和实际请求数作为主要依据调度资源。

弹性伸缩算法一般可分为基于阈值的响应式伸缩算法和基于预测的伸缩算法：前者通过对周期性的资源指标数据与所设定的指标阈值的对比，动态地改变集群节点数量；后者则通过对历史的系统性能与资源配置数据的分析，对未来的容量进行评估预测。相比基于阈值的响应式伸缩算法，基于预测的伸缩算法能更快地应对突发状况，弹性伸缩变化也更加平滑，但是建立分析数据所需要的模型具有更高的难度。通常在业务场景的落地和大部分开源解决方案中，弹性伸缩算法都是基于阈值来实现的，比如CPU使用率、负载、内存使用率、磁盘使用率等，通过设定一个资源的Buffer水位来避免系统的过载情况发生。

池化部分往往是Serverless平台不可避开的话题，无论是网络层面的池化，还是计算资源层面的池化，其核心作用都是帮助用户获得更好的性能、更稳定的业务表现。

综上，Serverless架构所具备的弹性能力，对于云厂商而言是"把复杂留给自己，把简单留给用户"，对于用户而言是"把更专业的事情交给更专业的人，让自己更加专注自身的业务逻辑"。随着时间的推移，Serverless架构所具备的弹性能力在变得更为完善，性能变得更为强劲，配合弹性伸缩的功能也逐渐丰富起来，例如增加了定时弹性功能、指标弹性功能等。

2. 按量付费

所谓的按量付费是一种先使用后付费的计费方式，通过按量付费，用户无须提前购买大量资源，而可以先使用，再根据资源的使用量进行付费。即便非Serverless架构的产品或者服务也具备一定的按量付费能力，例如云主机等产品均有按量付费的选项。但是Serverless架构可以将按量付费作为一种技术红利的很大的一部分原因在于它的按量付费的粒度更细，它在用户侧的资源利用率表现近乎为100%（实际上资源利用率并没有达到100%，这里指代的仅仅是在请求粒度下，用户侧在Serverless架构下的一种感知）。

以某网站为例，它在白天的资源利用率相对较高，在夜晚的资源利用率相对较低，但是一旦购买了服务器等资源，实际上无论当天流量多少，都需要持续支出费用。即便采用按量付费的模型，也会因为计费粒度过粗，而没办法最大限度提升资源利用率。按照《福布斯》杂志的统计，商业和企业数据中心的典型服务器仅提供平均最大处理能力5%～15%的输出，这无疑证明了传统服务器的资源使用率过低和浪费过多的情况。

Serverless架构可以让用户委托服务提供商管理服务器、数据库、应用程序甚至逻辑，这样一方面可以减少用户自己维护的麻烦，另一方面可以让用户根据自己实际使用的资源支付费用。Serverless架构也可以让服务商对闲置资源进行额外的处理。无论从成本还是"绿色"计算的角度来说，Serverless架构都是非常不错的选择。

尽管Serverless架构的按量付费模型也是按照资源使用量进行收费的，但是计费粒度更为细腻。

- 请求次数：Serverless架构的计费粒度是请求级别的，而传统云主机等架构的计费粒度是实例级别的（这种实例级别的计费粒度所支持的请求个数往往远远大于1）。
- 计费时间：Serverless架构的计费时间粒度通常为秒级，阿里云、腾讯云等云厂商也支持毫秒级计费或者百毫秒级计费,而传统云主机架构的计费时间粒度往往是小时级。

图 1-15 分别展示了某网站在传统云主机架构与 Serverless 架构弹性模式下的流量与费用支出情况,图中的折线为该网站在当天的流量走势。

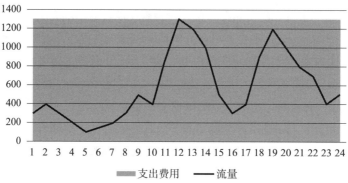

a)传统云主机架构下流量与费用支出示意图

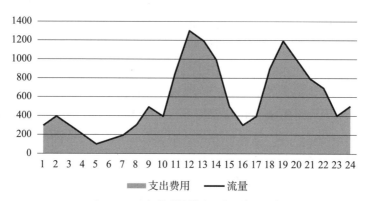

b)Serverless架构弹性模式下费用支出示意图

图 1-15　传统云主机架构与 Serverless 架构弹性模式下流量与费用支出示意图

在传统云主机架构下,通常业务在上线之前是需要进行资源使用量评估的。该网站经过评估之后,购买了一台可以承受每小时最大 1300PV 的服务器,那么在一整天的时间内,图中阴影部分面积就是这台服务器所提供的算力总量,所需要支出的费用是阴影面积对应算力的费用。但是很明显,真正有效的资源使用与费用支出仅仅是流量折线下面的阴影面积,而流量折线上方的阴影面积则为资源浪费与额外的支出部分。在 Serverless 架构弹性模式下,费用支出和流量则基本成正比,即当流量处于较低水位时,对应的资源使用量是相对较少的,对应的费用支出也是相对较少的。当流量处于较高水位时,借助 Serverless 架构的弹性伸缩能力与按量付费能力,资源使用量和费用支出将呈正相关增长趋势。如图 1-15b 所示,在整个过程中,并未出现如图 1-15a 所示的明显的资源浪费与额外的成本支出。

综上所述，Serverless 架构的弹性伸缩能力与按量付费模型可以在极大限度上避免资源浪费，降低业务成本，实现绿色计算。相对于传统云主机架构下的按量付费模型而言，Serverless 架构的按量付费模型的计费粒度更加细腻，用户的资源利用率更高。

3. 降本增效

由于 Serverless 架构主张把更专业的事情交给更专业的人，让开发者可以付出更少的精力在服务器等底层资源上，而将更多的精力放在更具价值的业务逻辑上，因此，相对于传统架构而言，Serverless 架构可以让业务更聚焦，进而提升项目的上线效率，缩短业务的创新周期，提升研发的交付速度。

相对于传统架构而言，Serverless 架构拥有以下优势。

- 降低运维工作量 / 复杂度：
  - Serverless 架构使得应用与服务器解耦，业务上线前无须预估资源，无须进行服务器购买、配置，有助于业务的快速上线，降低运维工作量。
  - Serverless 架构使得底层运维工作量进一步降低，并逐渐将运维工作转移至业务侧。在未来，不排除运维角色成为智能运维人员或者业务运维人员角色的可能性，业务上线后，无须负责服务器运维，这些工作全部交给云平台或云厂商。这也降低了运维工作量，进一步提升项目综合效能（更新迭代效能等），降低业务成本。

- 缩短迭代周期、上线时间：
  - Serverless 架构带来的是进一步的业务解耦，它将应用功能解构成无状态函数，让开发者可以聚焦在单功能的快速开发和上线上，极大地缩短业务的创新周期、迭代周期，加快上线、更新速度。
  - 拆解后的函数，可以进行独立的迭代升级，以更快速地实现业务迭代，缩短功能的上市时间。

- 快速试错：
  - 利用 Serverless 架构的简单运维、低成本及快速上线能力，可以快速尝试业务的新形态、新功能。
  - 利用 Serverless 架构的强弹性扩容能力，在业务获得成功时，也不需要为资源扩容而担心。

- 业务聚焦：开发者无须过多地关注底层资源，可以将更多的时间和精力放在业务逻辑上，这有助于进一步提升业务逻辑的实现质量及效率等。

4. 其他优势

除了上面所说的弹性伸缩、按量付费、降本增效等优势，Serverless 架构还具备很多其他优势，列举如下。

- 系统安全性更高：Serverless 架构在一定程度上可以看作一种"黑盒"，它通常不会提供登录实例的能力，也不会对外暴露系统的细节；同时它将操作系统等层面的维护都交给云厂商负责和管理，所以更加安全。这一方面表现在 Serverless 架构只对外暴露预定的、且需要暴露的服务／接口，降低了被暴力破解的风险，另一方面则表现在云厂商有更加专业的安全团队和服务器运维团队，可以帮助开发者保障整体的业务安全与服务稳定。
- 更平稳的业务变更：Serverless 架构是一种由云服务商提供的天然分布式架构，同时因为 Noserver 的心智免除了开发者对服务器运行状态的关注，所以在 Serverless 架构下，开发者对业务代码、配置的变更非常简单，只需要通过云厂商所提供的部署工具进行业务部署即可，而不需要关注新的业务逻辑平稳生效等。Serverless 架构在业务的平滑升级、变更以及敏捷开发、功能迭代、灰度发布等多个层面有着极大的优势。
- 更方便的容灾方案：由于服务器等底层相关的运维工作都已经交给云厂商来做，因此，传统架构下业务侧需要进行的异地容灾、多地部署等相关工作都可以通过 Serverless 架构和相关的工具链体系快速实现标准化，使容灾方案变得更为简单、方便。另外，Serverless 平台在一定程度上也会保障项目的可用性，例如当集群出现故障时，云厂商会自动切换到备用集群，以保证业务的正常运转。

当然，虽然我们在上文中已经说了很多 Serverless 架构的优势，但仍然没办法列举出它全部的优势。不可否认的是，随着时间的发展，Serverless 架构正在被更多人所关注，也正在被更多团队和个人所应用。

1.2.2 风险与挑战

虽然 Serverless 架构发展迅速，被很多人认为是真正意义的云计算，但是 Serverless 也有自己的劣势，面临着诸多挑战。2019 年发布的文章"Cloud Programming Simplified: A Berkeley View on Serverless Computing"就针对 Serverless 架构面临的挑战进行了总结，包括抽象挑战、系统挑战、网络挑战、安全挑战、体系结构挑战等。

- 抽象挑战：
  - 资源需求（Resource Requirement）：通过今天的 Serverless 产品，开发者只能指定云功能的内存大小和执行时间限制，而不能指定其他资源需求。这种抽象挑战阻碍了那些想要更多控制指定资源，例如 CPU、GPU 或其他类型的加速器的人。
  - 数据依赖（Data Dependency）：今天的云功能平台不了解云功能之间的数据依赖性，更不用说这些功能可能交换的数据量。这种不了解可能会导致次优放置，从而导致通信模式效率低下。

- 系统挑战：
  - 临时性存储（Ephemeral Storage）：为 Serverless 应用提供临时存储的一种方法是使用优化的网络栈构建分布式内存服务，以保证微秒级的延迟。
  - 持久性存储（Durable Storage）：与其他应用程序一样，Serverless 数据库应用受到存储系统的延迟和 IOPS 的限制，但它也需要长期的数据存储和文件系统的可变状态语义。
  - 协调服务（Coordination/Signaling Service）：功能之间的共享状态通常使用生产者 - 消费者设计模式，这需要消费者和生产者之间具有较高效率的协调能力。
  - 最小化启动时间（Minimize Startup Time）：启动时间有三部分，即调度和启动资源以运行云功能，下载应用软件环境（如操作系统、库）以运行功能代码，以及执行特定于应用程序的启动任务（例如加载及初始化数据结构和库）。资源调度和初始化可能会因隔离的执行环境以及配置客户的 VPC 和 IAM 策略而产生明显的延迟和开销。

- 网络挑战：云功能可能会对流行的通信原语（如广播、聚合和混洗）产生巨大的开销。
- 安全挑战：Serverless 架构重新安排了安全责任人，将其中许多人从云用户转移到云提供商，而没有从根本上改变。Serverless 架构还必须解决应用程序分解多租户资源共享中固有的风险。
- 体系结构挑战：主宰云的 x86 微处理器的性能提升速度缓慢。

当然，这篇文章对 Serverless 架构面临的挑战的总结相对抽象，但是就目前工业界的实际情况来看，这些挑战依旧普遍存在，也是当今众多云厂商正在努力解决的问题。从 Serverless 开发者角度而言，将文中的挑战与开发者最关注的几个问题结合起来，可以将 Serverless 架构目前面临的挑战分为冷启动问题严重、厂商锁定严重、配套资源不完善等问题。

1. 冷启动问题严重

所谓的冷启动问题，是指 Serverless 架构在弹性伸缩时可能会触发准备环境（初始化工作空间）、下载文件、配置环境、加载代码和配置、启动函数实例等完整的实例启动流程，导致原本在数毫秒/数十毫秒可以得到响应的请求需要在数百毫秒/数秒才能得到响应，进而影响业务性能的情况。

正如前文所说，事物往往具有两面性，Serverless 架构在具备弹性伸缩的优势特性时，也引入了一个新的问题：Serverless 架构所拥有的弹性伸缩性能问题堪忧，即冷启动问题严重。

在 Serverless 架构下，在开发者提交代码之后，通常情况下，它只会将代码持久化而不会为其准备执行环境，所以当函数第一次被触发时会有一个比较漫长的准备环境的过程，包括把网络的环境全部打通、将所需的文件和代码等资源准备好。这个从准备环境开始到函数被执行的过程称为函数的冷启动过程。如图 1-16 所示，由于 Serverless 架构具有弹性伸缩的能力，Serverless 服务的供应商会根据用户服务的流量波动进行实例的增加或缩减，因此函数可能涉及频繁初始化工作空间、下载文件和配置环境、加载代码和依赖、启动函数实例等流程来应对不断产生的请求。

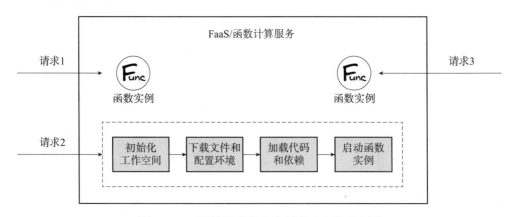

图 1-16　函数计算弹性与实例启动流程示意图

如图 1-17 所示，当 Serverless 架构的 FaaS 平台中的某函数接收到触发请求时，FaaS 平台将根据具体情况进行实例的复用或者新实例的启动。

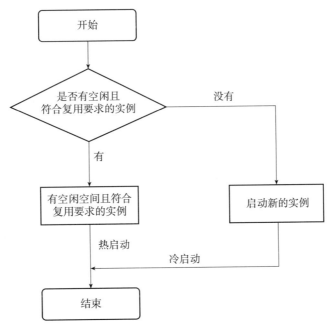

图 1-17　函数计算实例复用流程图

如图 1-18 所示，当有空闲且符合复用要求的实例时，FaaS 平台将优先使用该案例，这个过程就是所谓的热启动过程；否则 FaaS 平台将启动新的实例来应对此时的请求，即所谓的冷启动过程。Serverless 架构这种自动的零管理水平缩放将持续到有足够的代码实例来处理所有的工作负载为止。其中"启动新的实例"包括初始化工作空间、下载文件和配置环境、加载代码和依赖、启动函数实例等几个步骤，相对于热启动在数毫秒或者几十毫秒内完成，冷启动所多出来的这几个步骤的耗时可能是百毫秒甚至数秒。这种在生产时出现的"启动新的实例"流程，并影响业务响应速度的情况，通常就是大家所关注的冷启动带来的影响。

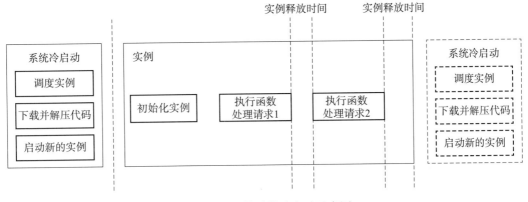

图 1-18　函数计算冷启动示意图

综上所述，冷启动出现的常见场景总结如下。

- 函数的第一次启动：函数部署后的第一次启动，通常不存在已有实例，所以此时极容易产生冷启动的情况。
- 并发的情况：当前一个请求还没有完成就收到了新的请求时，FaaS 平台会启动新的实例来响应新的请求，进而出现冷启动的情况。
- 前后两次触发间隔太久：当函数的前后两次触发时间间隔超过了实例释放时间的阈值时，也会触发函数的冷启动。

就目前来看，Serverless 架构所面临的冷启动挑战虽然严峻，但并不"致命"，因为各个云厂商都在努力推出冷启动的解决方案，包括实例的预热、实例的预留、资源池化等。

2. 厂商锁定严重

所谓的厂商锁定严重，是指不同厂商的 Serverless 架构的表现形式是不同的，包括产品的形态、功能的维度、事件的数据结构等，一旦使用了某个厂商的 Serverless 架构，通常意味着 FaaS 部分和相对应的配套后端基础设施也都要使用该厂商的，后续如果想要进行多云部署、跨云厂商迁移等将困难重重，成本极高。

众所周知，函数是由事件触发的，所以 FaaS 平台与配套的基础设施服务所约定的数据结构往往会决定函数的处理逻辑，如果每个厂商相同类型的触发器所约定的数据结构不同，那么进行多云部署、项目跨云厂商迁移的成本将非常高。以 AWS Lambda、阿里云函数计算、腾讯云云函数为例，它们对对象存储事件所约定的数据结构分别如图 1-19 所示。

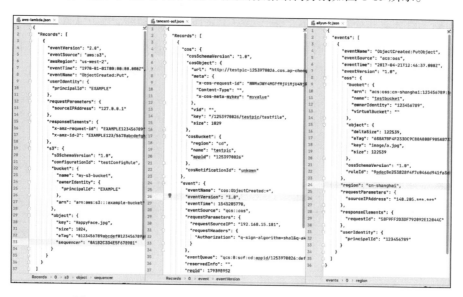

图 1-19　不同云厂商对对象存储事件所约定的数据结构对比

通过图 1-19 不难发现，这三家云厂商对同样的对象存储触发器所约定的数据结构是完全不同的，这就导致我们获取对象存储事件关键信息的方法不同。例如，对于这三家云厂商，获取触发对象存储事件的原始 IP 地址的路径分别如下：

- 按照 AWS 的 Lambda 与 S3 之间约定的数据结构，获取路径为：

```
sourceIPAddress = event["Records"][0]["requestParameters"]["sourceIPAddress"]
```

- 按照腾讯云的 SCF 与 COS 之间约定的数据结构，获取路径为：

```
sourceIPAddress = event["Records"][0]["event"]["requestParameters"]["requestSourceIP"]
```

- 按照阿里云的 FC 与 OSS 之间约定的数据结构，获取路径为：

```
sourceIPAddress = event["events"][0]["requestParameters"]["sourceIPAddress"]
```

由此可引申出，当开发者需要在不同云厂商所提供的 Serverless 架构中实现同一个功能时，涉及的代码逻辑、产品能力均是不同的，甚至业务逻辑的开发、运维工具等也是不同的。所以想要跨厂商进行业务迁移、业务的多云部署，将面临极高的兼容性成本、业务逻辑的改造成本、数据迁移的风险、多产品的学习成本等。

综上所述，由于没有完整、统一且被各个云厂商所遵循的规范，因此不同厂商的 Serverless 架构与自身产品、业务逻辑绑定严重，非常不利于开发者的跨云容灾、跨云迁移。目前，Serverless 架构厂商锁定严重的问题也是开发者抱怨最多、担忧最多的问题之一，当然就该问题而言，CNCF 以及其他组织、团队都在努力通过更规范、更科学的方法进行处理，如上文列举的事件规范就是 CNCF 发起的 CloudEvents 项目正在努力完善的。

3. 配套资源不完善

Serverless 架构的核心思想之一是将更多更专业的事情交给云厂商来做，但是在实际过程中，云厂商会因需求优先级以及自身业务素质等问题，没有办法做更多"在 Serverless 架构中该做的事情"，这就导致 Serverless 架构项目开发、运维过程中困难重重，抱怨不断。

在 Serverless 架构飞速发展的过程中，各个厂商也在努力完善自身的配套资源和设施，以提升开发者的幸福感。尽管如此，Serverless 架构还是有很多的配套资源和设施并不完善，不能让开发者更顺利、更轻松地完成 Serverless 应用的开发和运维。主要表现在以下几个方面。

- 配套的开发者工具复杂多样，且功能不完善：就目前来看，并没有绝对统一／一致的 Serverless 开发者工具，每个厂商都有自己的开发者工具，而且使用形式、行为表现并不相同，这就导致开发者在开发前的调研、开发中的调试、部署后的运维等多个流程面临很严峻的挑战。另外，绝大部分的 Serverless 开发者工具更多是资源编排、部署工具，并不是真正意义上的开发或运维工具，尤其在如何保证线上线下环境的一致性、如何快速地对业务进行调试、如何更简单地排查错误及定位问题等方面并没有统一的、完整的方案，这就导致 Serverless 架构的学习成本、使用成本非常高。

- 配套的帮助文档、学习资源并不完善，学习成本过高：就目前来看，Serverless 架构的学习资源相对匮乏，无论是从文字、视频、实验等角度，还是从厂商提供的案例、教程、最佳实践等角度来说，Serverless 架构都没有完善的学习资源和参考案例。例如，如何在 Serverless 架构下上传大文件，如何在 Serverless 架构下进行连接池管理，如何在 Serverless 架构下尽可能地减少冷启动带来的影响……这导致开发者在学习阶段很难找到适合自己的学习资源，在开发过程中经常会遇到未知错误，严重影响了学习的积极性。

当然，除了上文举例的几个方面 Serverless 架构如何与传统框架进行更紧密的结合、传统业务如何更容易地迁移到 Serverless 架构、Serverless 架构如何做监控告警、如何管理 Serverless 应用与 Serverless 资源、Serverless 架构的科学发布、运维的最佳实践是什么样等，也都是需要大家去思考和探索的问题。

4. 其他劣势

即使 Serverless 架构如今已经非常热门，各个厂商也都在努力完善自身的 Serverless 产品，推动 Serverless 生态和心智建设，但是 Serverless 架构仍存在一些其他劣势。

- Serverless 架构在某些安全层面会面临更大的挑战：尽管把更专业的事情交给了更专业的人，让 Serverless 架构在安全层面有了很好的保障，但是 Serverless 架构的弹性伸缩能力也让开发者们产生了更多的担心。例如，如果有人恶意对我的业务进行流量攻击，Serverless 架构的极致弹性和按量付费会不会给我迅速带来巨大的损失？国外就曾有创业公司因为 Serverless 架构遭受恶意流量攻击，在一夜之间损失数千美元。尽管现在很多厂商都在通过 API 网关的白名单与黑名单、函数计算的实例资源上限配置等相关功能来解决该问题，但是这个问题仍然值得开发者们关注和深思。
- 出现错误难以感知也难以排查：由于相比传统云主机架构，Serverless 架构更像是一种"黑盒"，所以在 Serverless 架构下进行应用的开发时往往会出现一些难以感知的错误。例如某些经验不足的 Serverless 应用开发者在使用对象存储触发器时就可能会面临严重的循环触发问题：客户端上传图片到对象存储，对象存储触发函数进行图片压缩操作，函数计算完成图片压缩操作之后，将结果图片回写到对象存储，如果这里的触发条件设置不清晰，就可能导致循环触发压缩、回写的操作。国外就有用户在使用 S3 触发 AWS 的 Lambda 时出现了循环回写和触发的情况，造成数百美元的额外支出，直到账单报警才发现这个问题。当然，除了刚刚所描述的错误难以感知之外，Serverless 架构往往还面临错误难以排查的挑战。例如，用户在进行业务逻辑开发并调试完成后，将代码部署到线上会出现偶现性错误，此时由于无法登录云主机进行调试，并且实例可能会在触发之后被释放，因此就出现了问题难以定位、难以溯源等挑战。

即使我们在上文中已经说了很多 Serverless 架构所面临的挑战，但仍然没办法列举出它在现阶段的全部劣势，虽然有些挑战已经有解决方案了，但是这些解决方案也会因为用户需求过于强烈，违背了 Serverless 的理念。例如：为了更好地解决冷启动问题，多家云厂商先后提出了实例预留功能，即当开发者无法信任 Serverless 平台可以更好地做弹性伸缩时，为了更大限度降低冷启动带来的性能问题，云厂商允许开发者提前预留一些实例，以备不时之需。诚然，这种做法在一定程度上与 Serverless 的理念冲突，却是当前解决冷启动带来的性能损耗问题的一个比较有效的手段。

综上所述，虽然 Serverless 架构面临诸多挑战，但随着时间的发展，相信挑战都会被一一解决，甚至这些挑战会为更多组织、团队带来新的机会。

1.3 Serverless 架构应用场景

作为未来十年云计算的重要趋势之一，Serverless 已经展示出不俗的潜力。Forrester 认为，Serverless 计算的兴起，让 FaaS 成为继 IaaS、PaaS、SaaS 之后一种新的云计算能力提供方式。UC Berkeley 认为，Serverless 将成为云时代默认的计算范式，将取代 Serverful 计算，因此也意味着服务器 / 客户端模式的终结。

1.3.1 Web/ 移动应用后端场景

将 Serverless 架构和云厂商所提供的其他云产品相结合，开发者能够构建可弹性扩展的 Web/ 移动应用，而且这些应用可在多个数据中心高效运行，无须在可扩展性、备份冗余方面执行任何管理工作。图 1-20 为 Web/ 移动应用后端场景架构示意图。

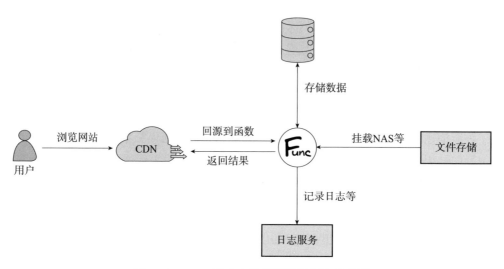

图 1-20　Web/ 移动应用后端场景架构示意图

1.3.2　实时文件 / 数据处理

在视频应用、社交应用等场景下，用户上传的图片、音视频往往总量大、频率高，对处理系统的实时性和并发能力都有较高的要求。如图 1-21 所示，对于用户上传的图片，可以使用多个函数对其分别进行处理，包括图片的压缩、格式转换、鉴黄鉴恐等，以满足不同场景下的需求。

图 1-21　实时文件场景架构示意图

基于 Serverless 架构所支持的丰富的事件源，通过事件触发机制，可以用几行代码和简单的配置对数据进行实时处理，包括对对象存储压缩包进行解压、对日志或数据库中的数据进行清洗、对 MNS（消息服务）进行自定义消费等，如图 1-22 所示。

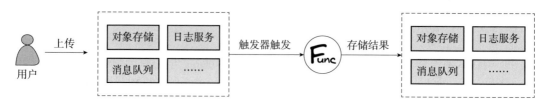

图 1-22　数据处理场景架构示意图

1.3.3 离线数据处理

对大数据进行处理，通常需要搭建 Hadoop 或者 Spark 等大数据相关的框架，同时要有一个处理数据的集群。而通过 Serverless 技术，要进行数据处理，只需要将获得的数据不断地存储到对象存储，并通过对象存储相关触发器触发数据拆分函数进行相关数据或者任务的拆分，然后调用相关处理函数，待处理完成之后再存储到云数据库中。如图 1-23 所示，某证券公司每 12 小时统计一次该时段的交易情况并整理出该时段交易量 top 5，每天处理一遍秒杀网站的交易流日志以获取因售罄而导致的错误从而分析商品热度和趋势等。函数计算近乎无限扩容的能力可以使用户轻松地进行大容量数据的计算。利用 Serverless 架构可以对源数据并发执行多个 mapper 和 reducer 函数，在短时间内完成工作。相比传统的工作方式，使用 Serverless 架构更能避免资源的闲置浪费，节约成本。

图 1-23　离线数据处理场景架构示意图

1.3.4 人工智能领域

在人工智能模型完成训练后，对外提供推理服务时，可以使用 Serverless 架构，先将数据模型包装在调用函数中，在实际用户请求到达时再运行代码。相对于传统的推理预测，这样做的好处是：无论函数模块、后端的 GPU 服务器，还是对接的其他相关的机器学习服务，都可以进行按量付费及自动伸缩，从而在保证性能的同时确保服务的稳定性。人工智能场景架构示意图如图 1-24 所示。

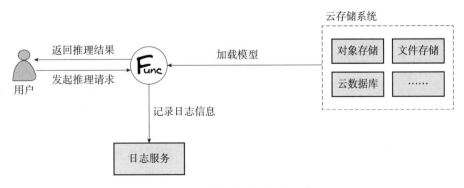

图 1-24　人工智能场景架构示意图

1.3.5　IoT 等领域

目前很多厂商推出了自己的智能音箱产品。在用户对智能音箱说出一句话后，智能音箱将通过互联网将这句话传递给后端服务，等获得反馈结果后将其返回给用户。Serverless 架构可以将 API 网关、云函数及数据库产品结合来替代传统的服务器或者虚拟机等。这样的架构一方面可以确保资源的按量付费，即只有在使用的时候函数部分才会计费；另一方面，在用户量增加之后，通过 Serverless 实现的智能音箱系统的后端也会进行弹性伸缩，以保证用户侧服务的稳定性。对其中某个功能进行维护，相当于对单个函数进行维护，并不会给主流程带来额外风险，相对来说更加安全、稳定等。IoT 等场景架构示意图如图 1-25 所示。

图 1-25　IoT 等场景架构示意图

1.3.6　监控与自动化运维

在实际生产中，我们经常需要写一些监控脚本来监控网站服务或者 API 服务是否健康，包括判断是否可用、获取响应速度等。传统的方法是利用一些网站监控平台（例如 DNSPod 监控、360 网站服务监控、阿里云监控等）来提供监控和告警服务，这些监控平台的原理是通过用户自己设置要监控的网址和预期的时间阈值，由监控平台部署在各地区的服务器定期发起请求对网站或服务的可用性进行判断。当然，这些服务很多是大众化的，虽然通用性很强，但是并不一定适合所有需求场景。例如，现在需要监控某网站状态码、不同区域的延时，并且设置一个延时阈值，当网站状态异常或者延时过大时，通过邮件等进行通知告警，针对这样一个定制化需求，目前大部分的监控平台很难直接实现。所以定制开发一个网站状态监控工具就显得尤为重要。除此之外，在实际的生产运维中，还非常有必要对所使用的云服务进行监控和告警。例如，在使用 Hadoop、Spark 的时候要对节点的健康进行监控，在使用 Kubernetes 的时候要对 API Server、etcd 等多维度的指标进行监控，在使用 Kafka 的时候要对数据积压量以及 Topic、Consumer 等指标进行监控。在传统的运维中，这些服务的监控往往不能通过简单的 URL 以及某些状态来判断，而是会在额外的服务器上设置一个定时任务，对相关的服务进行旁路监控。

Serverless 架构的一个很重要的应用场景就是运维、监控与告警，通过与定时触发器结合使用，可以非常简单地实现对某些资源健康状态的监控与感知，并进行一些告警功能、自动化运维能力建设。监控与自动化运维场景架构示意图如图 1-26 所示。

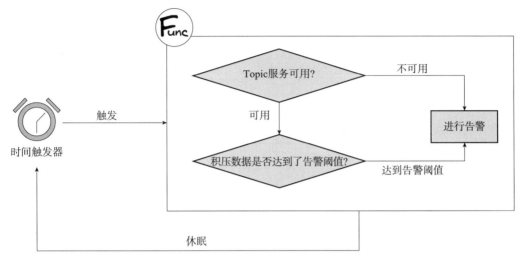

图 1-26　监控与自动化运维场景架构示意图

第 2 章

零基础上手 Serverless 架构

本章将通过工业 Serverless 产品（如阿里云函数计算和 AWS Lambda）和开源 Serverless 产品（包括 OpenWhisk、Knative 和 Kubeless）为读者分享常见的 Serverless 平台的使用方法，同时提供一条清晰的学习路径，从基本概念到实际操作，和读者一同进一步探索 Serverless 架构。

2.1 工业 Serverless 产品

工业 Serverless 产品是指由大型云服务提供商提供，且拥有稳定的性能和广泛的用户基础的产品。本节将重点介绍阿里云 Serverless 产品和 AWS Serverless 产品。

2.1.1 阿里云 Serverless 产品

阿里云 Serverless 产品体系比较丰富，如图 2-1 所示，Serverless 计算平台层有事件驱动的函数计算和 Serverless 应用引擎（应用 Serverless 的最佳实践），二者优势互补并与 BaaS 服务联动，在 Serverless 应用中心与 CNCF Sandbox 项目 Serverless Devs 的加持下，为用户提供 All On Serverless 全场景解决方案。本节将以阿里云函数计算为例，进行相应的介绍以及入门实践。

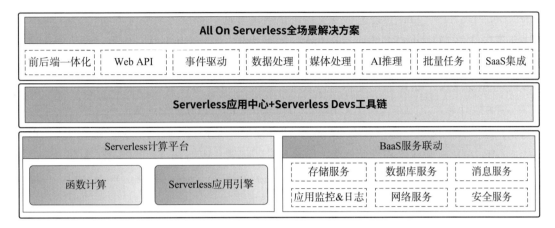

图 2-1 阿里云 Serverless 产品体系

阿里云的 FaaS 平台叫作函数计算（Function Compute），如图 2-2 所示，阿里云函数计算是一个事件驱动的全托管 Serverless 计算服务，使用者无须管理服务器等基础设施，只须编写代码并上传，函数计算会为用户准备好计算资源，以弹性、可靠的方式运行代码，并提供日志查询、性能监控和报警等功能。

图 2-2 阿里云函数计算官网

函数计算以事件驱动的方式连接其他服务。借助这种方式，使用者可以构建弹性的、可靠的、安全的应用和服务，甚至可以在数天内完成一套多媒体数据处理后端服务。当事件源触发事件时，阿里云函数计算会自动调用关联的函数处理事件。例如，对象存储（OSS）在收到新对象创建或删除事件（ObjectCreated 或 ObjectRemoved）时会自动触发函数处理，API 网关在收到 HTTP 请求时会自动触发函数处理。此外，函数还可以由日志服务或者表格存储等其他阿里云服务触发。

阿里云函数计算支持 OSS 上传代码、直接代码包上传、文件夹上传，以及在线编辑，支持 Node.js、Python、PHP、.Net Core、Java 等语言的十余个运行时，同时支持自定义运行时以及自定义镜像。在自定义运行时方面，阿里云函数计算默认集成了 Rust、Ruby、Dart、

TypeScript、Go、F#、Lua 等近十种常见编程语言的环境。在自定义镜像方面，它在 2020 年下半年率先推出 Custom Container Runtime。众所周知，在云原生时代，容器镜像已经逐渐变成软件部署和开发的标准工具，阿里云函数计算通过提供 Custom Container Runtime 简化了开发者的开发流程、提升了开发和交付效率。开发者将容器镜像作为函数的交付物，通过 HTTP 和函数计算系统交互，使用 Custom Container Runtime 可以做到低成本迁移，无须修改代码或重新编译二进制、共享对象（*.so），即可保持开发和线上环境一致；解压前镜像最大支持 1 GB，可以避免代码和依赖分离，简化分发和部署；容器镜像天然的分层缓存，可以提高代码上传和拉取效率；提供标准可复现的第三方库引用、分享、构建、代码上传、存储和版本管理功能，以及丰富的开源生态 CI/CD 交付体验。

在触发器层面，阿里云函数计算拥有对象存储触发器、API 网关触发器、日志服务触发器、MNS 触发器、定时触发器、表格存储触发器、消息队列 Kafka 版 Connector 触发器、IoT 触发器、云监控触发器、HTTP 触发器、CDN 触发器等。除此之外，阿里云函数计算还可以与已集成数百个产品的事件总线 EventBridge 进行联动，进一步丰富阿里云函数计算的产品生态。

阿里云函数计算的 HTTP 触发器可以帮助开发者快速实现传统 Web 应用向 Serverless 架构的迁移部署：HTTP 触发器通过发送 HTTP 请求触发函数执行，适用于快速构建 Web 服务等场景。目前 HTTP 触发器支持 HEAD、POST、PUT、GET 和 DELETE 等方法和 WebSocket、gRPC 等协议。相较于 API 网关触发器，HTTP 触发器降低了开发者的学习成本，可以帮助开发者快速使用函数计算搭建 Web Service 和 RESTful API；配合 Custom Container Runtime，可以将大部分传统 Web 应用以极低的改造成本，甚至零成本迁移至 Serverless 架构。如图 2-3 所示，为了协助更多用户快速迁移传统 Web 应用，阿里云函数计算推出了 Serverless 应用中心。

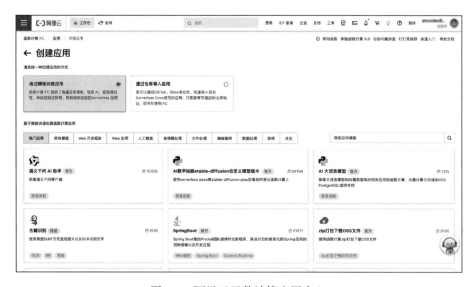

图 2-3　阿里云函数计算应用中心

通过阿里云函数计算应用中心，开发者只需要选择目标框架，即可快速与代码仓库联动。通过简单修改应用中心创建的示例应用，即可发布应用上线。与此同时，应用中心还提供多环境、流水线、标准 GitOps、WebIDE 等一系列功能，以帮助开发者用好 Serverless 架构。

除了丰富的运行环境以及触发器之外，阿里云函数计算还提供完善的监控告警服务，包括监控调用次数、成功次数、失败次数等基本信息，也包括调用链追踪以及调用分析等相关能力。在开发者工具层面，阿里云开源了 Serverless 应用全生命周期管理工具 Serverless Devs，该工具是 CNCF Sandbox 项目，也是 CNCF 首个 Serverless Tools 项目，它的官网如图 2-4 所示。

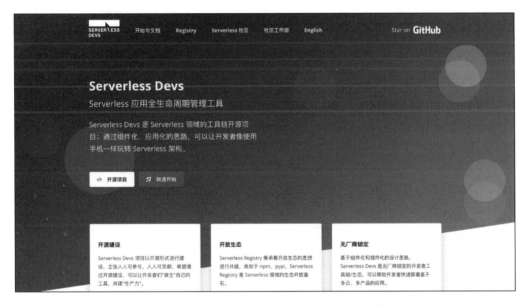

图 2-4　CNCF Sandbox 项目 Serverless Devs 官网

阿里云函数计算的功能非常广泛，它非常大胆地率先支持了硬盘挂载、性能实例、容器镜像等一系列功能；在市场份额上，尤其是在国内市场，阿里云 Serverless 相关产品也处于领先地位。在 CNCF 发布的 2019 中国云原生调查报告中，阿里云以 46% 的份额引领国内市场；在中国信息通信研究院发布的《中国云原生用户调查报告（2020）》中，阿里云 Serverless 用户占 66%。根据权威咨询机构 Forrester 发布的 2021 年第一季度 FaaS 平台评估报告，阿里云凭借产品能力全球第一的优势脱颖而出，在八个评测维度中拿到最高分，比肩亚马逊成为全球前三的 FaaS 领导者，这也是我国科技公司首次进入 FaaS 领导者象限。

1. 快速入门

注册并登录阿里云账号之后，选择函数计算产品，即可进入产品首页，如图 2-5 所示。

图 2-5　阿里云函数计算产品首页

创建函数,并选择处理事件请求,按照引导完成参数填写,即可完成函数的创建,如图 2-6 所示。

图 2-6　阿里云函数计算创建函数

阿里云函数计算引入了服务的概念,这样做会带来以下好处:

❑ 相关联的函数归纳到一个服务下,可以有效地进行分类,这种分类实际上比标签分类更直观明了。

❑ 相关联的函数在同一个服务下可以共享部分配置,例如 VPC 的配置、NAS 的配置，甚至某些日志仓库的配置等。
- 通过服务，可以更好地对函数的环境进行划分，例如有一个相册项目，该项目可能存在线上环境、测试环境、开发环境，那么可以在服务层面来做区分，即可以设定 album-release、album-test、album-dev 三个服务，进而进行环境的隔离。
- 通过服务，可以更好地收敛函数，如果项目比较大，可能会产生很多函数，统一放在外面会显得非常混乱，可以通过服务进行有效的收敛。

如图 2-7 所示，完成函数的创建之后，可以进行代码的编辑。和 AWS Lambda、Google Cloud Functions 类似，阿里云函数计算同样支持从对象存储上传代码、直接上传代码包、在线编辑，以及直接上传文件夹。

图 2-7　阿里云函数计算 WebIDE 页面

保存之后，可以进行函数的触发、测试，效果如图 2-8 所示。

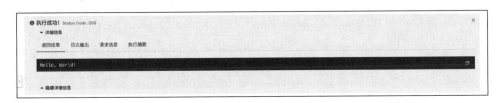

图 2-8　阿里云函数计算代码执行结果展示

完成之后，可以看到系统已经输出相关的日志：Hello World。至此，一个非常简单的函数就创建成功了。

2. 开发者工具

可以通过 Serverless Devs 开发者工具，并以阿里云函数计算为例进行实践，探索函数的创建与部署。

1）执行 npm install -g @serverless-devs/s 命令安装 Serverless Devs 开发者工具。

2）执行 s config add --AccessKeyID AccessKeyID --AccessKeySecret AccessKeySecre 命令设置阿里云凭证信息。

3）执行 s init node.js12-http -d fc-hello-world-demo 命令建立模板项目，如图 2-9 所示。

图 2-9 Serverless Devs 工具初始化应用

4）执行 cd fc-hello-world-demo 命令进入项目目录，然后执行 s deploy 命令进行部署，如图 2-10 所示。

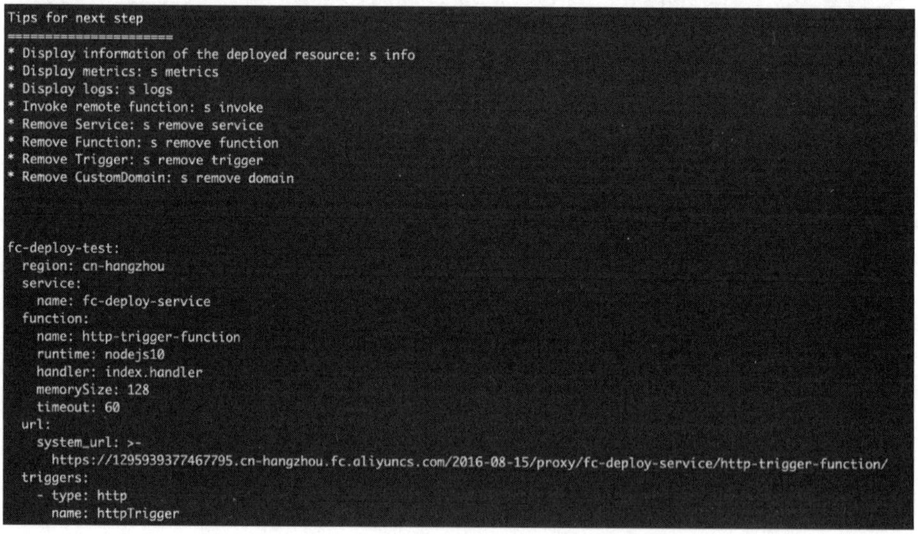

图 2-10 Serverless Devs 工具部署应用

项目部署成功之后，可以对项目进行管理。

触发函数：通过 s invoke 命令可以触发函数，结果如图 2-11 所示。

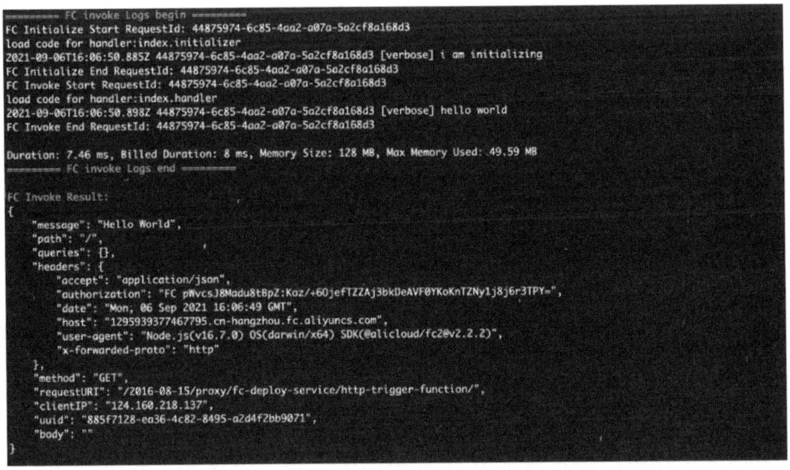

图 2-11　Serverless Devs 工具触发函数

查看函数详情：通过 s info 命令可以查看函数详情，结果如图 2-12 所示。

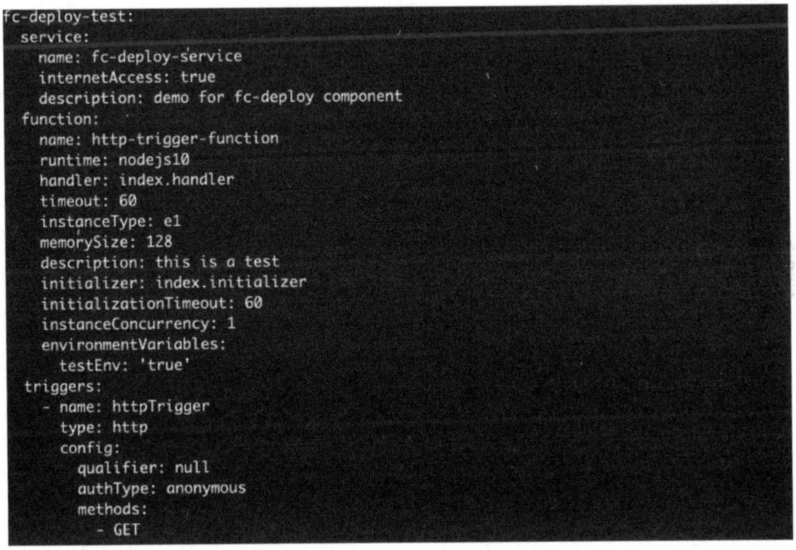

图 2-12　Serverless Devs 工具查看函数详情

2.1.2　AWS Serverless 产品

2014 年 Amazon 发布了 AWS Lambda，把 Serverless 范式提高到一个全新的层面，为云中运行的应用程序提供了一种全新的系统体系结构，可以认为 AWS Lambda 在诸多 FaaS 平台中有着里程碑意义，具有领导地位。

AWS Lambda 是一项无服务器计算服务，可运行代码来响应事件并自动管理底层计算资源。用户可以使用 AWS Lambda 通过自定义逻辑来扩展其他 AWS 服务，或创建按 AWS 规模、性能和安全性运行的后端服务。AWS Lambda 可以自动运行代码来响应多个事件，例如，通过 Amazon API Gateway 发送 HTTP 请求、实现 Amazon S3 存储桶中的对象修改、实现 Amazon DynamoDB 中的表更新以及实现 AWS Step Functions 中的状态转换。Lambda 能够在可用性高的计算基础设施上运行用户的代码，执行计算资源的所有管理工作，其中包括服务器和操作系统维护、容量预配置和自动扩展、代码和安全补丁部署，以及代码监控和记录。通过 AWS Lambda，用户无须预置或管理服务器即可运行代码。在使用过程中只需要按使用的计算时间付费（代码未运行时不产生费用）。Lambda 几乎可以为任何类型的应用程序或后端服务运行代码，而且完全无须管理。Lambda 官网对其产品的特性总结词为：用自定义逻辑扩展其他 AWS 服务、构建自定义后端服务、自备代码、完全自动化的管理、内置容错能力、自动扩展、运行代码以响应 Amazon CloudFront 请求、编排多个函数、集成化安全模型、按使用费用、灵活的资源模型。

AWS Lambda 的执行机制是 Runtime，目前支持 Go、.Net、Node.js、Python、Ruby 等多种编程语言。相比其他工业 Serverless 平台，可以说 AWS Lambda 支持的语言是最多的，同时它也支持自定义运行时、容器镜像等。AWS Lambda 在代码上传层面，用户可以通过在线编辑、ZIP 压缩包以及 S3 存储等上传或者修改代码。另外，AWS Lambda 的运行超时时间最长可设置为 900s，开发者工具拥有 CLI、WebIDE、VSCode 插件、Eclipse 插件等，且支持 AWS Step Funtions 进行编排。

如图 2-13 所示，AWS Lambda 函数详情页有一个比较特色化的设计，那就是 Designer（函数概览）。通过 Designer，用户可以直观地看到自己的函数及其上游和下游资源，也可以使用它跳转到触发器、目标和层配置。众所周知，一个 FaaS 平台的灵活性和可完成功能的广度与其触发器有着不可分割的关系。AWS Lambda 的触发器的种类非常丰富，包括 Amazon Kinesis、Amazon DynamoDB、Amazon Simple Queue Service、Amazon Simple Notification Service、Amazon Simple Email Service、Amazon S3、Amazon Cognito、AWS CloudFormation、Amazon CloudWatch Logs、Amazon CloudWatch Events、AWS CodeCommit、Scheduled Events（由 Amazon CloudWatch Events 驱动）、AWS Config、Amazon Alexa、Amazon Lex、Amazon API Gateway、AWS IoT Button、Amazon CloudFront、Amazon Kinesis Data Firehose 等。

在可观测性上，AWS Lambda 拥有非常完善的监控中心（CloudWatch 指标以及 CloudWatch Logs Insights），不仅可以观测到 Invocations、Errors、DeadLetterErrors、Duration、Throttles、IteratorAge、ConcurrentExecutions、UnreservedConcurrentExecution 等指标，也可以通过 Lambda Insights 查看请求详情、性能指标等（包括 Tracing 等）。国内的 Serverless 产品，如阿里云函数计算，也提供了类似的、相对完备的可观测能力。

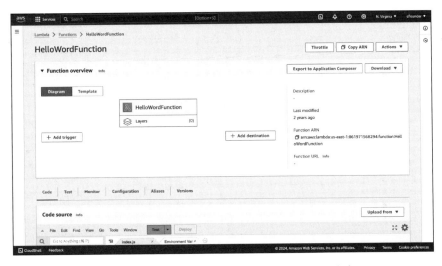

图 2-13　AWS Lambda 函数详情页 Designer 设计

在开发者工具层面上，AWS Lambda 不仅拥有自身的 AWS SAM CLI，也拥有 Serverless Framework、Serverless Devs 等众多产品为其提供的开发者工具，这些开发者工具支持快速地开发项目、快速部署、自动化运维等。同样，也有一众创业公司针对 AWS Lambda 提供了更多、更有趣的开发者工具，例如 Stackery 为 AWS Lambda 提供了一种更简单、更方便、更新奇的类似于 LowCode 模式的开发者工具，如图 2-14 所示。

图 2-14　Stackery 可视化应用设计

1. 快速入门

注册并登录 AWS 账号，选择 Lambda 产品，进入该产品函数列表页面，如图 2-15 所示。

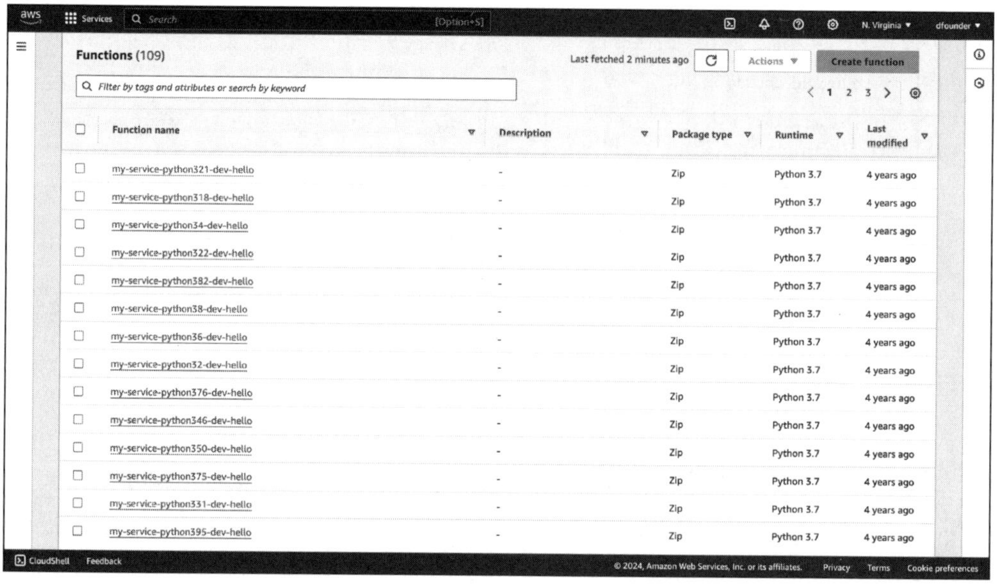

图 2-15 AWS Lambda 函数列表页面

创建函数页面如图 2-16 所示。

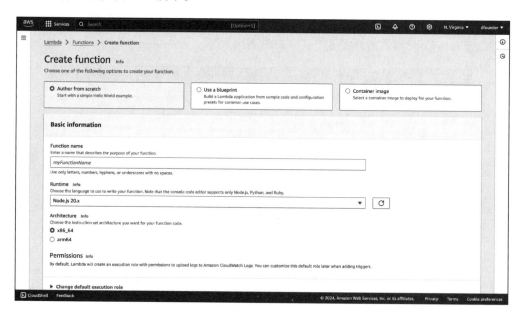

图 2-16 AWS Lambda 函数创建页面

填写函数名称以及对应的基础信息,例如选择运行时(可以理解为编程语言或执行环境),就可以完成函数的创建,并进入函数代码编辑页面,如图 2-17 所示。

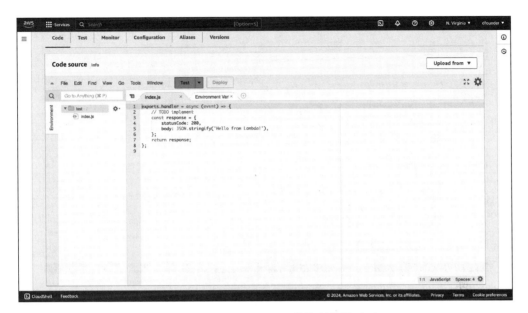

图 2-17　AWS Lambda 函数代码编辑页面

此时可以通过单击 Test 按钮配置测试事件，如图 2-18 所示。

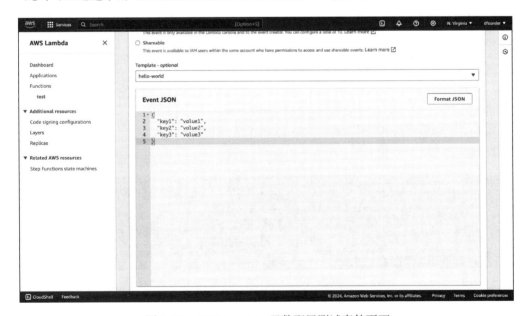

图 2-18　AWS Lambda 函数配置测试事件页面

配置测试事件完成之后，可以再次单击 Test 按钮，即可看到默认程序的执行结果，如图 2-19 所示。

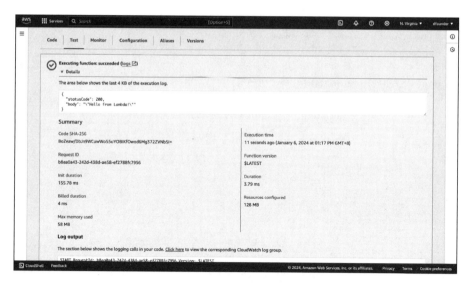

图 2-19　AWS Lambda 函数执行结果页面

至此，AWS Lambda 中的函数创建与测试就完成了。

2. 开发者工具

可以通过 Serverless Framework 开发者工具，并以 AWS Lambda 为例进行实践，探索如何创建、部署一个 Serverless 架构应用。

1）执行 npm install -g serverless 命令以安装 Serverless Framework 开发者工具。

2）执行 serverless config credentials --provider aws --key key--secret secret 命令，设置 AWS 凭证信息。

3）执行 serverless create --template aws-python3 --path my-service 命令，建立模板项目，如图 2-20 所示。

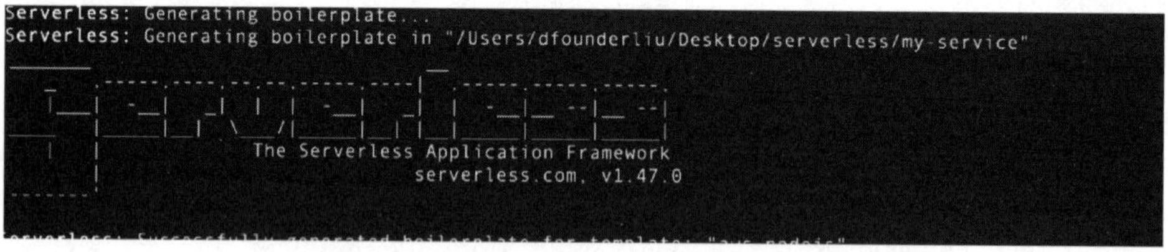

图 2-20　Serverless Framework 初始化函数

4）执行 cd my-service 命令，进入项目目录，并执行 serverless deploy -v 命令进行部署，效果如图 2-21 所示。

项目部署成功之后，可以进行更多操作，列举如下。

触发函数：通过命令 serverless invoke -f hello -l 可以触发函数，效果如图 2-22 所示。

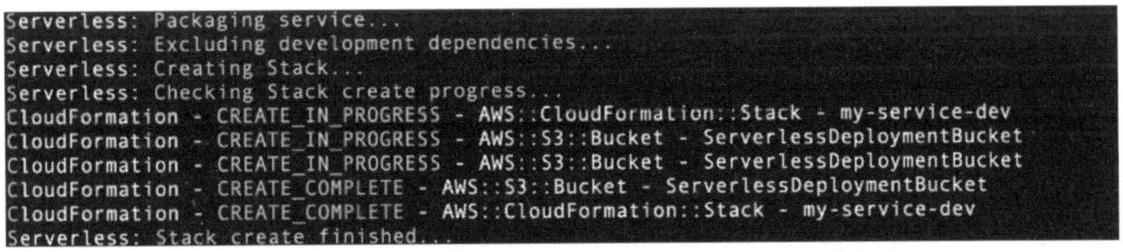

图 2-21　Serverless Framework 部署函数

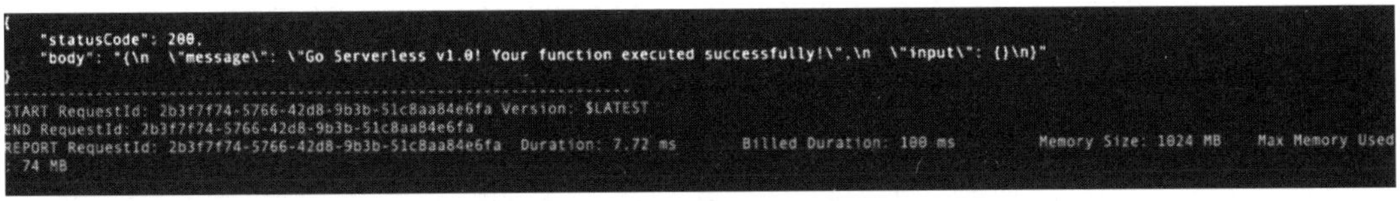

图 2-22　Serverless Framework 触发函数

查看部署历史：通过命令 serverless deploy list 可以查看部署历史，效果如图 2-23 所示。

图 2-23　Serverless Framework 查看部署历史

2.2　开源 Serverless 项目

本节将对 OpenWhisk、Knative 和 Kubeless 等开源 Serverless 项目进行分享，不仅探讨它们的安装和配置过程，还会介绍如何在这些平台上部署和管理应用。这部分内容特别适合那些喜欢深入了解底层工作原理和自主控制技术栈的开发者阅读。

2.2.1　OpenWhisk 项目

OpenWhisk 是一个开源的 Serverless 项目，可以在运行时容器中通过执行扩展的代码响应各种事件，而无须关心相关的基础设施架构。OpenWhisk 是基于云的分布式事件驱动（event-based）的编程服务，它通过提供一种编程模型，将事件处理程序注册到云服务中，以处理各种不同的服务，可以支持数千个触发器和调用，对不同规模的事件进行响应。从组成结构上看，OpenWhisk 由许多组件构成，如图 2-24 所示，正是这些组件让 OpenWhisk 成为一款优秀的开源 FaaS 平台。

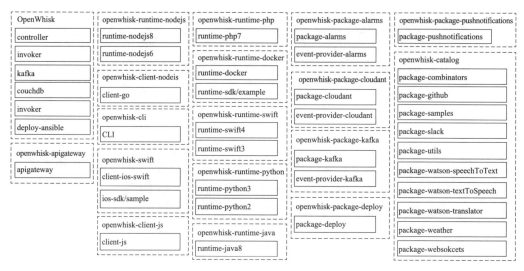

图 2-24　OpenWhisk 组件构成图

1. OpenWhisk 部署

通过 OpenWhisk 的文档，可以了解其安装部署流程。这里安装部署 OpenWhisk 的实验机器操作系统为 Ubuntu 18.04 Desktop。使用 Apache 提供在 GitHub 上的 incubator-openwhisk 进行安装。如果系统中没有安装 Git，需要先安装 Git 软件，例如在 Ubuntu 操作系统中，可以通过命令 apt install git 进行 Git 软件的安装。

1）将 OpenWhisk 代码仓库复制到本地目录，如图 2-25 所示。命令如下：

```
git clone https://github.com/apache/incubator-openwhisk.git openwhisk
```

图 2-25　OpenWhisk 项目复制过程

2）进入 OpenWhisk 目录，并执行安装部署脚本。由于 Openwhisk 使用 Scala 语言开发，因此运行之前需要安装 Java 环境。下面的命令实现了 Java 环境的安装，以及其他所需要软件的安装，效果如图 2-26 所示。

```
cd openwhisk && cd tools/ubuntu-setup && ./all.sh
```

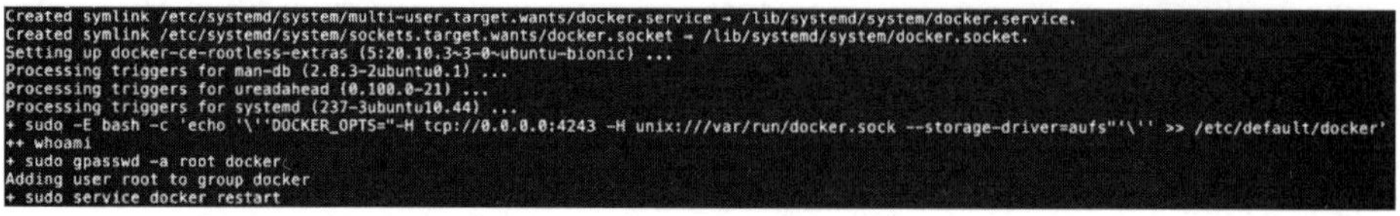

图 2-26　OpenWhisk 项目安装

3）对安装完成的 OpenWhisk 项目进行配置。OpenWhisk 使用 ansible 进行部署，环境变量定义在 ansible/environments/local/group_vars/all 下面：

```
limits:
  invocationsPerMinute: "{{ limit_invocations_per_minute | default(60) }}"
  concurrentInvocations: "{{ limit_invocations_concurrent | default(30) }}"
  concurrentInvocationsSystem: "{{ limit_invocations_concurrent_system | default(5000) }}"
  firesPerMinute: "{{ limit_fires_per_minute | default(60) }}"
  sequenceMaxLength: "{{ limit_sequence_max_length | default(50) }}"
```

上述代码定义了 OpenWhisk 在系统中的限制，分析如下：

- invocationsPerMinute 表示同一个 Namespace 每分钟调用 action 的数量。
- concurrentInvocations 表示同一个 Namespace 的并发调用数量。
- concurrentInvocationsSystem 表示系统中所有 Namespace 的并发调用数量。
- firesPerMinute 表示同一个 Namespace 中每分钟调用 trigger 的数量。
- sequenceMaxLength 表示 action 的最大序列长度。

如果需要修改上述的默认值，可以把修改后的值添加到文件 ansible/environments/local/group_vars/all 的末尾。例如，要设置 action 的最大序列长度为 100，可以将 sequenceMaxLength: 100 添加到文件的末尾。

4）为 OpenWhisk 配置持久存储的数据库，有 CouchDB 和 Cloudant 可选，以 CouchDB 为例，配置代码如下：

```
export OW_DB=CouchDB
export OW_DB_USERNAME=root
export OW_DB_PASSWORD=PASSWORD
export OW_DB_PROTOCOL=http
export OW_DB_HOST=172.17.0.1
export OW_DB_PORT=5984
```

在 openwhisk/ansible 目录下，通过命令 ansible-playbook -i environments/local/setup.yml 运行脚本，执行效果如图 2-27 所示。

图 2-27　OpenWhisk 项目配置

5）使用 CouchDB 部署 OpenWhisk 时，要确保本地已经有了 db_local.ini 并配置完毕。在

OpenWhisk 项目目录下执行部署命令 ./gradlew distDocker，如果部署过程中出现如图 2-28 所示的问题，可能是没有安装 npm 导致的，可以通过命令 apt install npm 安装 npm。

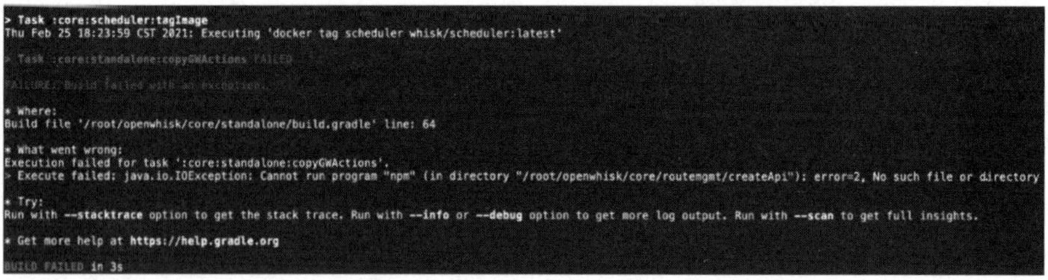

图 2-28　OpenWhisk 项目部署过程报错举例

完成上述操作之后，稍等片刻，可以看到如图 2-29 所示的 BUILD SUCCESSFUL 提示，表示完成构建。

图 2-29　OpenWhisk 项目构建成功示意图

项目构建完成之后，可以进入 openwhisk/ansible 目录，执行以下命令：

```
ansible-playbook -i environments/local/ couchdb.yml
ansible-playbook -i environments/local/ initdb.yml
ansible-playbook -i environments/local/ wipe.yml
ansible-playbook -i environments/local/ apigateway.yml
ansible-playbook -i environments/local/ openwhisk.yml
ansible-playbook -i environments/local/ postdeploy.yml
```

6）部署成功后，OpenWhisk 会在系统中启动若干 Docker 容器。可以通过 docker ps 命令来启动 Docker 容器，如图 2-30 所示。

```
docker ps --format "{{.Image}} \t {{.Names}}"
```

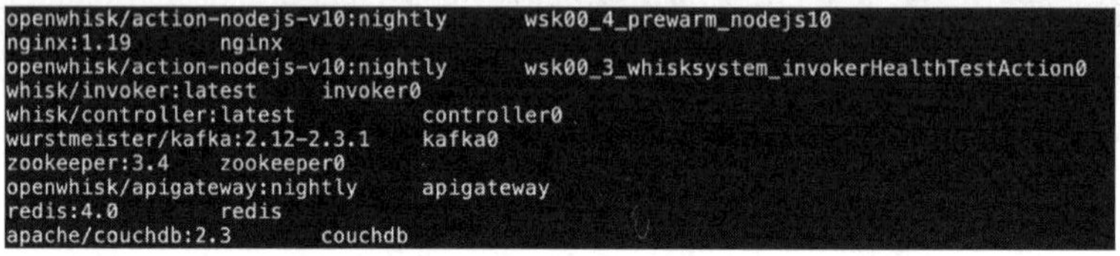

图 2-30　OpenWhisk 项目启动的 Docker 容器

2. 开发者工具

OpenWhisk 提供了统一的命令行接口工具 wsk。生成的 wsk 在 openwhisk/bin 目录下。在使用之前需要进行相关的配置。

- ❑ API Host 部署 OpenWhisk 的主机名或 IP 地址，在单机中配置的 IP 地址应该为 172.17.0.1，设置命令为：

```
./bin/wsk property set --apihost '172.17.0.1'
```

- ❑ Authorization key 用户名或密码用来授权操作 OpenWhisk 的 API，配置命令如下：

```
./bin/wsk property set --authcat ansible/files/auth.guest`
```

OpenWhisk 将 CLI 的配置信息存储在 ~/.wskprops 中。这个文件的位置也可以通过环境变量 WSK_CONFIG_FILE 来指定。在完成 wsk 配置之后，可以使用如下命令验证其是否可以正常工作：

```
wsk action invoke /whisk.system/utils/echo -p message hello -result
```

如果看到类似下面的结果，则表示当前命令行工具已经完成配置。

```
{
    "message": "hello"
}
```

3. 体验和测试

配置完成 wsk 工具之后，可以进行相关的体验和测试，主要流程如下。

1）创建简单的动作，先准备如下代码：

```python
# test.py
def main(args):
    num = args.get("number", "30")
    return {"fibonacci": F(int(num))}

def F(n):
    if n == 0:
        return 0
    elif n == 1:
        return 1
    else:
        return F(n - 1) + F(n - 2)
```

然后通过命令 /bin/wsk action create myfunction ./test.py --insecure 创建 action。

2）触发 action，代码如下：

```
./bin/wsk -i action invoke myfunction --result --blocking --param nember 20
```

如果得到如图 2-31 所示的结果，则代表完成了 OpenWhisk 项目的体验和测试。

```
root@iZrj94peokhsahmrd3rsqdZ:~/openwhisk# ./bin/wsk -i action invoke myfunction --result --blocking --param nember 20
{
    "fibonacci": 832040
}
```

图 2-31　OpenWhisk 项目运行结果示意图

2.2.2　Knative 项目

Knative 是一款基于 Kubernetes 的 Serverless 框架，它的目标是制定云原生、跨平台的 Serverless 编排标准。Knative 通过整合容器（或者函数）构建、工作负载管理（动态扩缩）以及事件模型这三者实现其 Serverless 标准。Knative 体系架构下各个角色的协作关系如图 2-32 所示。

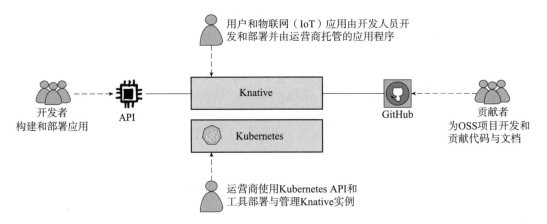

图 2-32　Knative 体系架构下各个角色的协作关系

- 开发者：Serverless 服务的开发者可以直接使用原生的 Kubernetes API 基于 Knative 部署 Serverless 服务。
- 贡献者：主要是指社区的贡献者。
- 运营商：Knative 可以被集成到支持的环境中，例如，云厂商或者企业内部。目前 Knative 是基于 Kubernetes 来实现的，所以可以认为有 Kubernetes 的地方就可以部署 Knative。
- 用户：终端用户通过 Istio 网关访问服务，或者通过事件系统触发 Knative 中的 Serverless 服务。

作为一个通用的 Serverless 框架，Knative 有三个核心组件。

- Tekton：提供从源码到镜像的通用构建能力。Tekton 组件主要负责从代码仓库获取源码并编译成镜像和推送到镜像仓库。所有这些操作都是在 Kubernetes Pod 中进行的。

- Eventing：提供了事件的接入、触发等一整套事件管理的能力。Eventing 组件针对 Serverless 事件驱动模式做了一套完整的设计，包括外部事件源的接入、事件注册和订阅，以及对事件的过滤等功能。事件模型可以有效地解耦生产者和消费者的依赖关系。生产者可以在消费者启动之前产生事件，消费者也可以在生产者启动之前监听事件。

- Serving：管理 Serverless 工作负载，可以和事件很好地结合并且提供了基于请求驱动的自动扩缩的能力，在没有服务需要处理的时候可以缩容到零个实例。Serving 组件的职责是管理工作负载以对外提供服务。Knative Serving 组件最重要的特性就是自动伸缩的能力，目前对伸缩边界无限制。Serving 还具有灰度发布的能力。

1. Knative 部署

由于部署 Knative 需要安装 Kubernetes 等软件，在本地操作的复杂度会相对较高，因此为了简化部署流程，此处将以阿里云容器服务为例，通过容器服务提供的 Knative 一键部署功能快速进行 Knative 的部署。

1）登录到容器服务管理控制台，集群列表页如图 2-33 所示。

图 2-33　阿里云容器服务集群列表页

如果没有集群，可以先创建集群，如图 2-34 所示。

创建集群过程比较缓慢，耐心等待，如果创建成功，则会看到如图 2-35 所示的内容。

2）进入集群之后，选择左侧的应用，找到 Knative 并单击"一键部署 Knative"按钮，如图 2-36 所示。

图 2-34　阿里云容器服务集群创建页

图 2-35　阿里云容器服务集群创建成功页

图 2-36　阿里云容器服务 Knative 部署页

Knative 安装完成之后，可以看到核心组件已经处于"已部署"状态，如图 2-37 所示，表示已经完成了 Knative 的部署。

图 2-37　阿里云容器服务 Knative 组件管理页

2. 体验和测试

在使用上文部署的 Knative 之前，需要创建 EIP，并将其绑定到 API Server 服务上，如图 2-38 所示。

图 2-38　Knative 应用绑定 EIP 页

完成绑定操作之后，可以进行 Serverless 应用的体验和测试。

1）选择应用中的 Knative 应用，使用已有模板进行创建，如图 2-39 所示。

2）创建完成之后，可以看到控制台已经出现了一个 Serverless 应用，如图 2-40 所示。此时，可以单击应用名称以查看应用详情，如图 2-41 所示。

图 2-39　Knative 应用创建示例页

图 2-40　Knative 应用创建成功页

图 2-41　Knative 应用详情页

3）为了便于测试，可以在本地设置 Host：

```
101.200.87.158 helloworld-go.default.example.com
```

设置完成之后，在浏览器中打开系统分配的域名，可以看到如图 2-42 所示的调用结果。

图 2-42　Knative 应用调用结果

至此就完成了基于 Knative 的 Serverless 应用部署和测试。但是在实际生产过程中，往往需要通过 kubectl 等命令进行应用的创建，此时可以通过 CloudShell 中集成的 kubectl 进行集群的管理等。

4）在集群列表页面，选择"通过 CloudShell 管理集群"，如图 2-43 所示。

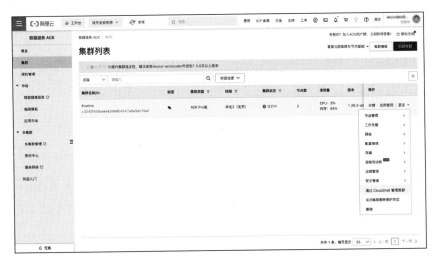

图 2-43　阿里云容器服务集群列表页

5）通过 CloudShell 管理已创建的集群，如图 2-44 所示。

图 2-44　通过 CloudShell 管理已创建的集群

例如执行 kubectl get knative 命令，可以看到刚部署的 Knative 应用，如图 2-45 所示。

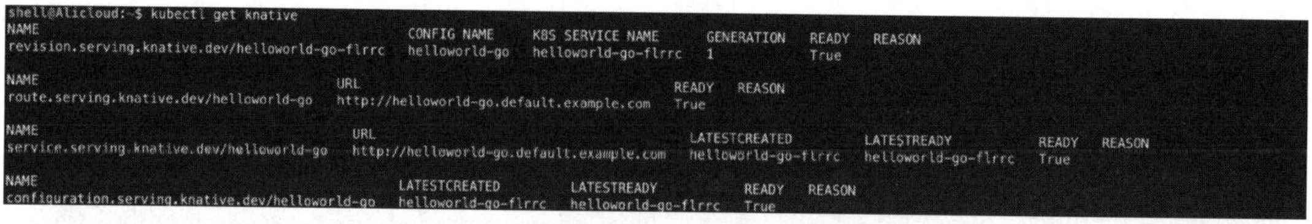

图 2-45 刚部署的 Knative 应用

2.2.3 Kubeless 项目

Kubeless 是基于 Kubernetes 的原生 Serverless 框架，它允许用户部署少量的代码（函数），而无须关注底层架构。它被设计部署在 Kubernetes 集群之上，并充分利用了 Kubernetes 的特性及资源类型，可以复制 AWS Lambda、Azure Functions、Google Cloud Functions 上的内容。Kubeless 的主要特点可以总结为以下几个方面：

- 支持 Python、Node.js、Ruby、PHP、Golang、.NET、Ballerina 和自定义运行时。
- Kubeless CLI 符合 AWS Lambda CLI。
- 事件触发器使用 Kafka 消息系统和 HTTP。
- Prometheus 默认监视函数的调用和延迟。
- 支持 Serverless 框架插件。

由于 Kubeless 的功能特性是建立在 Kubernetes 上的，因此对于熟悉 Kubernetes 的人来说非常容易部署，其主要实现是将用户编写的函数在 Kubernetes 中转变为 CRD（Custom Resource Definition，自定义资源定义），并以容器的方式运行在集群中。

1. Kubeless 部署

在已有的 Kubernetes 集群上，创建 Kubeless 服务：

```
export RELEASE=$(curl -s https://api.github.com/repos/kubeless/kubeless/releases/latest | grep tag_name | cut -d '"' -f 4)
kubectl create ns kubeless
kubectl create -f https://github.com/kubeless/kubeless/releases/download/$RELEASE/kubeless-$RELEASE.yaml
```

执行完成之后，如果显示如图 2-46 所示的内容，则表示已经完成 Kubeless 服务的安装部署。

此时，可以查看 Kubeless 服务的基本信息。

执行如下命令查看 pods 相关信息，结果如图 2-47 所示。

```
kubectl get pods -n kubeless
```

```
shell@Alicloud:~$ export RELEASE=$(curl -s https://api.github.com/repos/kubeless/kubeless/releases/latest | grep tag_name | cut -d '"' -f 4)
shell@Alicloud:~$ kubectl create ns kubeless
namespace/kubeless created
shell@Alicloud:~$ kubectl create -f https://github.com/kubeless/kubeless/releases/download/$RELEASE/kubeless-$RELEASE.yaml
configmap/kubeless-config created
deployment.apps/kubeless-controller-manager created
serviceaccount/controller-acct created
clusterrole.rbac.authorization.k8s.io/kubeless-controller-deployer created
clusterrolebinding.rbac.authorization.k8s.io/kubeless-controller-deployer created
customresourcedefinition.apiextensions.k8s.io/functions.kubeless.io created
customresourcedefinition.apiextensions.k8s.io/httptriggers.kubeless.io created
customresourcedefinition.apiextensions.k8s.io/cronjobtriggers.kubeless.io created
```

图 2-46　Kubeless 创建成功示意图

```
shell@Alicloud:~$ kubectl get pods -n kubeless
NAME                                           READY   STATUS              RESTARTS   AGE
kubeless-controller-manager-78f67756c5-smnnd   0/3     ContainerCreating   0          69s
```

图 2-47　查看 pods 相关信息

执行如下命令查看 deployment 相关信息，结果如图 2-48 所示。

```
kubectl get deployment -n kubeless
```

```
shell@Alicloud:~$ kubectl get deployment -n kubeless
NAME                          READY   UP-TO-DATE   AVAILABLE   AGE
kubeless-controller-manager   0/1     1            0           88s
```

图 2-48　查看 deployment 相关信息

执行如下命令查看 customresourcedefinition 相关信息，结果如图 2-49 所示。

```
kubectl get customresourcedefinition
```

```
shell@Alicloud:~$ kubectl get customresourcedefinition
NAME                                             CREATED AT
aliyunlogconfigs.log.alibabacloud.com            2021-02-25T07:04:52Z
batchreleases.alicloud.com                       2021-02-25T07:06:59Z
cronjobtriggers.kubeless.io                      2021-02-25T07:08:31Z
functions.kubeless.io                            2021-02-25T07:08:31Z
httptriggers.kubeless.io                         2021-02-25T07:08:31Z
probes.monitoring.coreos.com                     2021-02-25T07:06:12Z
prometheusrules.monitoring.coreos.com            2021-02-25T07:06:12Z
servicemonitors.monitoring.coreos.com            2021-02-25T07:06:12Z
volumesnapshotclasses.snapshot.storage.k8s.io    2021-02-25T07:06:41Z
volumesnapshotcontents.snapshot.storage.k8s.io   2021-02-25T07:06:41Z
volumesnapshots.snapshot.storage.k8s.io          2021-02-25T07:06:41Z
```

图 2-49　查看 customresourcedefinition 相关信息

2. 下载命令行工具

Kubeless 项目提供了开发者常用的命令行工具，工具的安装和使用流程非常简单，下载并解压后即可使用。

1）下载 Kubeless 工具，并解压：

```
export OS=$(uname -s| tr '[:upper:]' '[:lower:]')
curl -OL https://github.com/kubeless/kubeless/releases/download/$RELEASE/
kubeless_$OS-amd64.zip
unzip kubeless_$OS-amd64.zip
```

2）解压之后，可以直接执行可执行文件，以查看命令行详情，如图 2-50 所示。

```
./bundles/kubeless_linux-amd64/kubeless
```

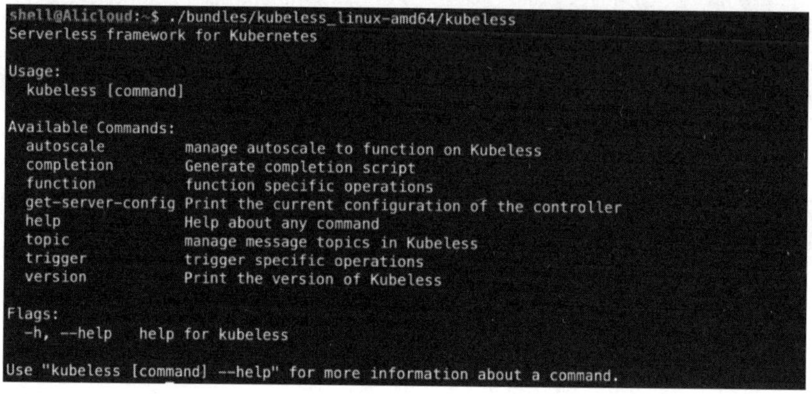

```
shell@Alicloud:~$ ./bundles/kubeless_linux-amd64/kubeless
Serverless framework for Kubernetes

Usage:
  kubeless [command]

Available Commands:
  autoscale          manage autoscale to function on Kubeless
  completion         Generate completion script
  function           function specific operations
  get-server-config  Print the current configuration of the controller
  help               Help about any command
  topic              manage message topics in Kubeless
  trigger            trigger specific operations
  version            Print the version of Kubeless

Flags:
  -h, --help   help for kubeless

Use "kubeless [command] --help" for more information about a command.
```

图 2-50　kubeless 命令行详情示意图

3. 体验和测试

通过 Kubeless 所提供的开发者工具，体验和测试 Kubeless，整体流程如下。

1）创建测试代码 helloworld.py：

```
def hello(event, context):
    print(event)
    return event['data']
```

2）部署项目：

```
./bundles/kubeless_linux-amd64/kubeless function deploy hello-world --runtime
python3.6 --from-file helloworld.py --handler helloworld.hello
```

3）部署成功之后，可以查看项目信息与项目状态。例如通过命令 kubectl get functions 查看函数列表，结果如图 2-51 所示。

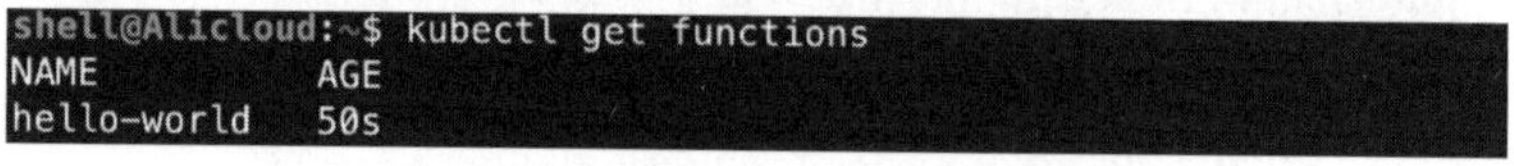

```
shell@Alicloud:~$ kubectl get functions
NAME          AGE
hello-world   50s
```

图 2-51　查看 Kubeless 函数列表

通过命令 ./bundles/kubeless_linux-amd64/kubeless function ls 查看函数状态，如果实例准备就绪，其状态将提示 READY，如图 2-52 所示。

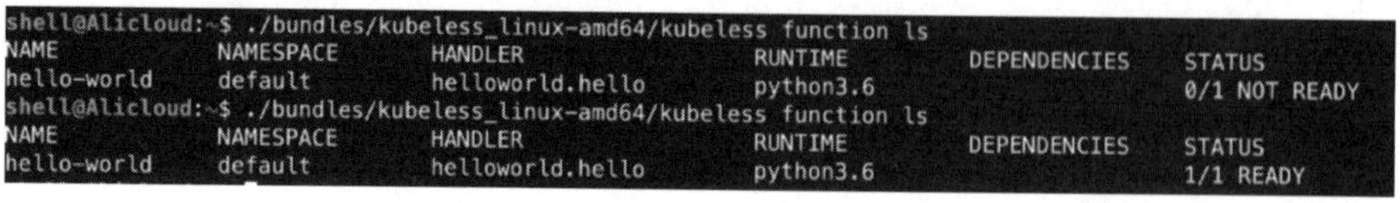

```
shell@Alicloud:~$ ./bundles/kubeless_linux-amd64/kubeless function ls
NAME         NAMESPACE  HANDLER           RUNTIME    DEPENDENCIES  STATUS
hello-world  default    helloworld.hello  python3.6                0/1 NOT READY
shell@Alicloud:~$ ./bundles/kubeless_linux-amd64/kubeless function ls
NAME         NAMESPACE  HANDLER           RUNTIME    DEPENDENCIES  STATUS
hello-world  default    helloworld.hello  python3.6                1/1 READY
```

图 2-52　查看 Kubeless 函数状态

4)通过 Kubeless 的命令行工具,对 READY 状态的函数进行触发:

./bundles/kubeless_linux-amd64/kubeless function call hello-world --data 'Hello world!'

触发完成之后,可以看到如图 2-53 所示的结果。

图 2-53 查看 Kubeless 函数执行结果

在实例中也可以查看输出的日志信息:

```
172.20.0.131 - - [25/Feb/2021:07:21:23 +00001] "GET /metrics HTTP/1.1" 200 3867
"" "Prometheus/" 0/1464 {'data': b'Hello world!', "event-id': '9tHTyo2h7bK0A00',
"event-type': 'application/x-www-form-urlencoded', "event-time': 2021-02-
25T07:21:327', 'event-namespace': 'cli.kubeless.io' 'extensions': {'request':
<PicklableBottleRequest: POST http: //123.57.226.93:6443/>}}
```

至此,我们在 Kubernetes 集群上就成功地创建了 Kubeless 服务,并顺利体验和测试了 Kubeless 版的 Hello World 应用。

Chapter 3 第 3 章

Serverless 架构应用开发和优化探索

在实际中有一些 Serverless 架构应用开发和优化技巧可以帮助开发者快速进行架构设计，进一步优化性能、降低成本，同时更充分地发挥 Serverless 技术的潜力。本章内容包括 Serverless 架构与前端技术、Serverless 开发流程探索、应用开发、构建与调试、CI/CD、Serverless 与可观测性以及应用优化等，目的是帮助开发者用好 Serverless 架构。

3.1 Serverless 架构与前端技术

历史上前端技术的发展历程中有几个重要的里程碑事件，如图 3-1 所示。

图 3-1 历史上前端技术发展里程碑事件

Ajax 的诞生：第一个节点是 2005 年，Jesse James Garrett 发表了一篇名为《Ajax：Web 应用程序的新方法》的文章，首次提出了 Ajax 这个新词汇，虽然这个技术是对 XmlHttpRequest 等技术的包装，但是它在后续却成为全球 Web 开发的标杆，间接促进了富客户端应用（RIA）

和单页应用（SPA）的流行。这些应用大都具备丝滑般的体验（局部刷新），并一直伴随着 Web 2.0 的发展。Ajax 的深入人心，使得前端 JavaScript 的工作更加复杂和重要，专业分工越来越细，间接促进了专职的前端开发人员这一角色的诞生。传统 Web 应用模型与 Ajax Web 应用模型的原理对比图如图 3-2 所示，在 Ajax 之前，Web 开发并不区分服务端和浏览器端的工作，因此 Ajax 的诞生是前端领域的第一个里程碑事件。

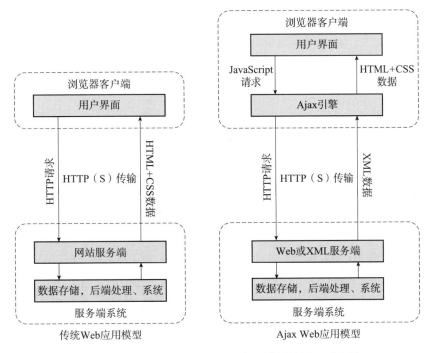

图 3-2　传统 Web 与 Ajax Web 应用模型的原理对比图

Node.js 对前端规范化和工程化的促进：第二个里程碑事件是 2009 年 Node.js 的出现和流行，它对前端领域的重要意义并不仅仅是让前端可以用 JavaScript 语言快速写 Server，而是使得前端从和传统软件工程格格不入的"刀耕火种"部署方式发展成接近传统企业应用的研发模式。在此之前，前端开发在资源引用、依赖管理以及模块规范上缺乏有效的工具和标准，但是 Node.js 流行以后，基于 commonjs 的模块及 npm 的包部署和依赖管理成为主流（类似于 Java 的 Maven 体系），并诞生了多种基于 Node.js 开发的 CLI 工具（如 grunt、gulp）来辅助前端开发。时至今日，npm 已经是全球最大的包管理仓库，并成为前端项目的包依赖管理的事实标准。而 Webpack 的出现，又使得前端代码的部署更加简便，让前端可以以类似 Java Jar 包的形式发布应用（bundle），而不管项目中是何种类型的资源，如图 3-3 所示。

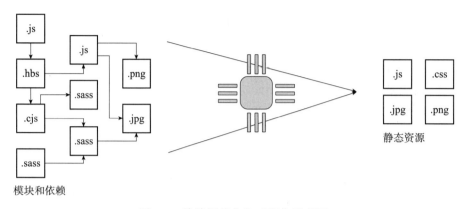

图 3-3　前端规范化和工程化示意图

React 的组件化和 vdom 理念：第三个里程碑事件是 2013 年开始出现的 React，尽管 Web 组件标准在此之前早已发布，但是真正让组件化理念深入人心并且应用最广的库是 React。它之所以能成为历史上最具前瞻性的前端库，是因为它具有以下两个特性。

第一个特性是 vdom 的出现，在此之前，所有的 UI 库都直接与 Dom 关联，但是 React 在 UI 创建与渲染引擎之间增加了一个中间层 vdom（一个使用轻量级 JSON 描写 UI 结构的协议），除了改善其本身的 dom diff 性能之外，还有一个重大意义就是 UI 的编写与渲染开始分离，一次编写、多端渲染的 UI 得以实现，这个多端包括 Server 端、移动端、PC 端以及其他需要展示 UI 的设备，之后的 React Native 以及 Weex 都是这一分层思想的受益者。

第二个特性是 React 的另一个非常超前的重要理念，即 UI 是一个函数（类），函数输入一个 state，一定会返回确定的视图，在此之前，大部分框架和库都会把 UI 分离成一个 HTML 片段（通常支持模板写法以渲染数据）和一个为该 HTML 片段绑定事件的 JavaScript 片段。

React 的诞生对此后甚至此前的框架和库都产生了深远的影响，包括但不限于 Angular 和 Vue.js 都陆续采纳了它的很多技术思想，并且成为前端开发领域已经趋于稳定的屈指可数的几个技术选型之一。

对于前端开发者而言，最新的"里程碑"技术是什么。很多人认为，继 Ajax 的诞生、Node.js 对前端规范化和工程化的促进、React 的组件化及 vdom 理念之后，新的里程碑技术是 Serverless 架构。随着 Serverless 架构不断地被更多开发者所接受，它所传递的"让开发者更关心业务逻辑，无须关心程序运行环境、资源及数量"的理念也逐渐被更多人关注，同时，Serverless 架构改变了开发者的一些习惯。

过去总是将后端思维带入前端框架，而 Serverless 架构是把前端思维带入后端运维。前端开发者其实是最早享受到"Serverless"好处的群体。他们不需要拥有自己的服务，甚至不需要自己的浏览器，就可以让 JavaScript 代码均匀、负载均衡地运行在每一个用户的计算机中。而每个用户的浏览器，就像现在最时髦、最成熟的 Serverless 集群，从远程加载 JavaScript 代码开始冷启动，甚至在冷启动上也是领先的：利用 JIT 加速让代码实现毫秒级别的冷启动。不仅如此，浏览器还实现了 BaaS 的完美环境，开发者可以调用任何函数获取用户的 Cookie、环境信息、本地数据库服务，而无须关心用户用的是什么计算机，连接了怎样的网络，甚至多大的硬盘。这就是 Serverless 理念。

回到 Serverless 架构，未来后端的开发体验可能与前端类似：不需要关心代码运行在哪台服务器（类似于前端开发者不需要关心代码运行在哪个浏览器），不需要关心服务器环境（类似于前端开发者不需要关心代码运行在哪个浏览器版本）、不用担心负载均衡（事实上，把浏览器看作节点之后，前端从未担心过负载均衡的问题）、中间件服务随时调用（LocalStorage、Service Worker）。

3.2 Serverless 开发流程探索

前文提到，Serverless 架构的核心理念是把更专业的事情交给更专业的人，所以相对传统架构而言，Serverless 架构有着开发流程更简洁的特性。

如图 3-4 所示，以一个传统的网站应用为例，通常一些 Web 应用都是传统的三层 C/S 架构，例如一个常见的电子商务应用，它的服务端用 Java 实现，客户端用 HTML/JavaScript 实现。在这个架构下服务端仅为云服务器，它承载了大量业务功能和业务逻辑，例如，系统中的大部分逻辑（身份验证、页面导航、搜索、交易等）都在服务端实现的。

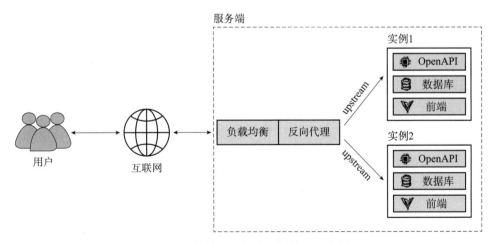

图 3-4　传统开发模式下网站架构简图

换句话说，在传统架构下开发者需要关注整个服务端的内容，包括前后端代码、数据库模型，以及负载/节点的管理等。以当前网站为例，开发者需要关注的内容包括自身的业务逻辑、一些基础设施（如存储、数据库等）、服务器的配置（包括操作系统、环境等），以及相当一部分的运维工作等（包括项目上线之前的资源评估，流量过多或过少时的资源扩缩操作等）。

下面以一种更为抽象的流程来展示传统架构下应用开发上线的过程，如图 3-5 所示，可以看到当开发者完成代码开发之后，需要进行上线前准备，包括资源评估、服务器购买、操作系统安装、服务器软件安装等，完成之后再进行代码部署，部署完成之后还需要有专业的人或者团队对服务器等资源进行持续监控和运维等，例如：当流量突然提升时，需要进行服务器的平滑扩容；当流量突然降低时，需要进行服务器的平滑缩容等。

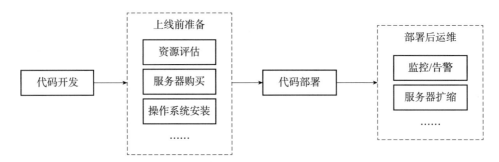

图 3-5　传统架构下开发流程简图

把上述案例改造成 Serverless 应用形态，如图 3-6 所示。

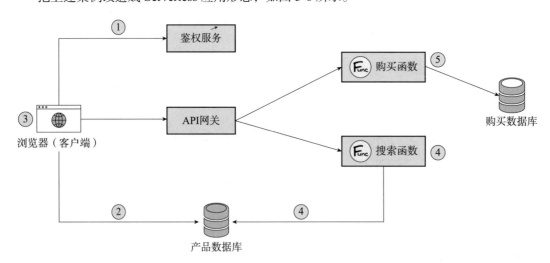

图 3-6　Serverless 架构下某网站架构简图

在 Serverless 应用形态下，刚刚 C/S 架构下的电商应用移除了最初应用中的身份验证逻辑，改为使用一个第三方的 BaaS（步骤 1）。允许客户端直接访问一部分数据库内容，这部分数据完全由第三方托管，这里会用一些安全配置来管理客户端访问相应数据的权限（步骤

2）。前面两点已经隐含了非常重要的第三点，先前服务器端的部分逻辑已经转移到了客户端，如保持用户 Session、理解应用的 UX 结构、获取数据并渲染出用户界面等，客户端实际上已经在逐步演变为单页应用（步骤 3）。还有一些任务需要保留在服务器上，比如繁重的计算任务或者需要访问大量数据的操作，这里以搜索功能为例，它可以从持续运行的服务端中拆分出来，以 FaaS 的方式实现，从 API 网关接收请求返回响应。这个服务器端函数可以和客户端一样，从同一个数据库读取产品数据。原先的搜索代码略作修改就能实现这个搜索函数（步骤 4）。还可以把购买功能改写为另一个 FaaS 函数，出于安全考虑，该函数需要在服务器端，而非客户端，它同样经由 API 网关暴露给外部使用（步骤 5）。此时整个项目的架构简图如图 3-7 所示。

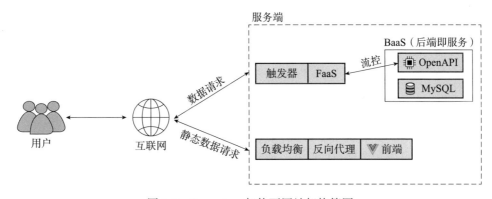

图 3-7　Serverless 架构下网站架构简图

如图 3-7 所示，在 Serverless 架构下，服务端发生了翻天覆地的变化，正如上文所言，原本需要用户关注和运维的一些模块逐渐转交给云厂商等第三方来负责，无论是 MySQL，还是负载均衡等模块，都变成了配置项，用户真正意义上所需要关注的仅仅是 FaaS 平台上的业务以及前端的业务代码。

如图 3-8 所示，同样对上述 Serverless 架构下的应用开发和业务所需关注的内容进行抽象，可以看到在上述应用开发流程中，Serverless 架构开发者实际关心的只有函数中的业务逻辑，至于身份验证逻辑、API 网关以及数据库等原先在服务端的一些产品 / 服务则统统交给云厂商提供。在整个项目开发、上线以及维护的过程中，用户并不需要关注服务器层面的维护，也不需要为流量的波峰波谷投入运维资源，所有与安全性、弹性能力以及运维相关的工作都交给云厂商来统一处理 / 调度，用户只需要关注自己的业务代码是否符合自己的业务要求。同时，在 Serverless 架构下，用户也无须为资源闲置进行额外的支出，Serverless 架构的按量付费模型、弹性伸缩能力、服务端低运维 / 免运维能力，可以降低用户的资源成本、人力成本，提升整体研发效能，让项目的性能、安全性、稳定性得到极大的保障。

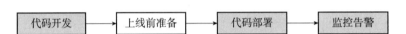

图 3-8　Serverless 架构开发模式下开发流程简图

以阿里云函数计算为例，一个完整的 Serverless 应用开发流程如图 3-9 所示。

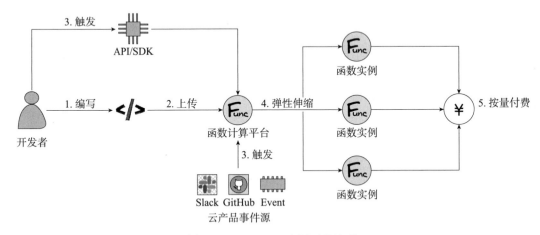

图 3-9　Serverless 应用开发流程

当开发者想要开发一个项目的时候，通常只需要根据 FaaS 提供商所提供的 Runtime，选择一个熟悉的编程语言，然后进行项目开发、测试（图中步骤 1）；完成之后将代码上传到 FaaS 平台（图中步骤 2）；上传完成之后，只需要通过 API/SDK 或者一些云端的事件源（图中步骤 3）触发上传到 FaaS 平台的函数，FaaS 平台会根据触发的并发度等弹性执行对应的函数（图中步骤 4），最后用户可以根据实际资源使用量进行付费（图中步骤 5）。

如图 3-10 所示，"CNCF Serverless Whitepaper v1.0"中同样有关于 Serverless 应用开发上线的流程规范，CNCF 认为函数的生命周期从编写代码并提供规范元数据开始，一个 Builder 实体将获取代码和规范，然后编译并将其转换为工件（二进制代码文件、包、容器映像），接下来将工件部署在具有控制器实体的集群上，该控制器实体负责基于事件流量和实例上的负载来扩展函数实例的数量。

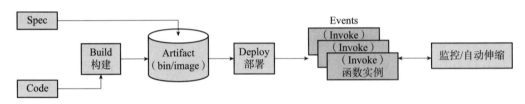

图 3-10　Serverless 应用开发流程规范

如图 3-11 所示，函数创建和更新的流程规范如下。

1）在创建函数时，提供其元数据作为函数创建的一部分，对其进行编译使其具有可发布的特性。接下来可以启动、禁用函数。函数部署需要能够支持以下用例：

> 事件流：在此用例，队列中可能始终存在事件，但是可能需要通过请求暂停/恢复进行处理。

> 热启动：在任何时候保持一定数量的函数实例处于就绪状态，使得接收到的第一个事件能够立即得到处理，实现热启动效果。这种方式避免了冷启动，即函数在第一次调用时才部署和初始化的延迟。通过这种策略，函数始终处于部署状态，随时准备响应事件。

2）用户可以发布一个函数，这将创建一个新版本（最新版本的副本），发布的版本可能会被标记或添加别名。

3）用户可能希望直接执行/调用函数（绕过事件源或 API 网关）以进行调试和开发过程。用户可以指定调用参数，例如所需版本、同步/异步操作、详细日志级别等。

4）用户可能想要获得函数统计数据（例如调用次数、平均运行时间、平均延迟、失败次数、重试次数等）。

5）用户可能想要检索日志数据。这可以通过严重性级别、时间范围、内容来进行过滤。Log 数据是函数级别的，它包括诸如函数创建和删除、警告或调试消息之类的事件，以及可选函数的 Stdout 或 Stderr。优先选择每次调用具有一个日志条目或者将日志条目与特定调用相关联的方式（以允许更简单地跟踪函数执行流）。

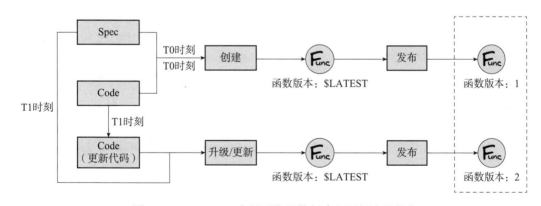

图 3-11　Serverless 应用开发函数创建和更新流程规范

综上所述，与传统架构应用开发流程的明显区别是，Serverless 架构主张让开发者更关注自身的业务逻辑，并强调 Noserver 的心智，在一定程度上让应用的开发、部署流程缩短，将更专业的事情交给更专业的人去做，以提升业务的创新效率、缩短业务上线及迭代周期等。

3.3 应用开发、构建与调试

Serverless 架构下的应用开发、构建与调试，与传统架构下的应用开发、构建与调试有一定的差异，主要原因是 Serverless 架构属于天然分布式架构，且不需要开发者关注底层运行环境，所以开发者要时刻以一种分布式架构思想进行应用开发、构建和调试，也要在整个过程中对云上运行环境进行适配，以确保应用可以顺利上云。

3.3.1 应用开发

Serverless 架构的应用开发需要根据 FaaS 平台所提供的运行时进行应用开发，即在已经确定的应用执行环境条件下进行应用开发。运行时作为 FaaS 平台和应用之间的接力员，传递函数调用的事件（event）、上下文信息（context）和响应。

以阿里云函数计算为例，开发者可以使用函数计算提供的运行时或自定义运行时，构建容器镜像来作为应用执行环境，以承载应用的执行。以 Node.js 语言为例，函数计算的请求处理程序是函数代码中处理请求的方法。当函数被调用时，函数计算会运行开发者所提供的 Handler 方法处理请求。对 Node.js 语言函数而言，请求处理程序格式为文件名.方法名。例如，文件名为 main.js，方法名为 handler，请求处理程序为 main.handler。

一个简单的 Event Handler 签名定义如下：

```
exports.handler = function(event, context, callback) {
  callback(null, 'hello world');
};
```

Event Handler 的示例解析如下。

- handler：方法名称。例如，为函数配置的请求处理程序（函数入口）为 index.handler，那么函数计算会加载 index.js 中定义的 handler 函数，并从 handler 函数开始执行。
- event：调用函数时传入的参数。在 Node.js 运行环境中，取值类型为 Buffer。
- context：为函数调用提供在调用时的运行上下文信息。
- callback：回调函数，用于标识函数执行结束并返回结果。其签名是 function(error, data)，error 为 null 时表示正常返回，返回内容为 data。否则为异常返回。

除此之外，开发者也可以使用异步函数签名，具体示例如下：

```
exports.handler = async function(event, context, callback) {
  callback(null, 'hello world');
};
```

与其他云厂商不同的是，阿里云函数计算除了提供事件触发的开发规范之外，还配合 HTTP 触发器提供了 HTTP 请求的开发规范，例如：

```
exports.handler = (req, resp, context) => {
    console.log("receive body: ", req.body.toString());
    resp.setHeader("Content-Type", "text/plain");
    resp.send('<h1>Hello, world!</h1>');
}
```

上述代码的部分内容解析如下。

- handler：HTTP Handler 名称。
- req：HTTP 请求结构体。
- resp：HTTP 返回结构体。
- context：上下文信息。

除此之外，HTTP 请求过程中可能存在客户端 IP 等参数，它们都保存在 HTTP 请求结构体中，如表 3-1 所示。

表 3-1　HTTP 请求参数详解

字段	类型	描述
headers	Object	存放来自 HTTP 客户端的键值对
path	String	HTTP 路径
queries	Object	存放来自 HTTP 路径中的查询部分的键值对，值的类型可以为字符串或数组
method	String	HTTP 方法
clientIP	String	客户端 IP
url	String	请求的地址

除此之外，阿里云函数计算也对 HTTP 响应结构体进行了规约，如表 3-2 所示。

表 3-2　HTTP 响应结构体详解

方法	类型	描述
response.setStatusCode(statusCode)	interger	设置状态码
response.setHeader(headerKey, headerValue)	String，String	设置响应头
response.deleteHeader(headerKey)	String	删除响应头
response.send(body)	Buffer，String，Stream.Readable	发送响应体

除了 Node.js 之外，开发者还可以使用其他包括 Python、Java、Golang、PHP 等在内的开发语言进行业务逻辑开发。目前绝大部分的云厂商也为开发者提供了自定义运行时和容器镜

像运行时进行业务逻辑开发，下面以阿里云函数计算为例展开说明。

1）自定义运行时：开发者的代码文件 ZIP 包是一个 HTTP Server 程序，开发者只需设置函数配置中的启动命令和启动参数即可启动 HTTP Server。函数计算冷启动 Custom Runtime 时，会调用开发者设置的启动命令和启动参数来启动你自定义的 HTTP Server，该 HTTP Server 接管了来自函数计算的所有请求。HTTP Server 的默认端口是 9000，如果开发者的 HTTP Server 是其他端口，比如 8080，则可以设置函数配置中的监听端口为 8080。

2）容器镜像运行时：函数计算系统初始化执行环境实例前会扮演该函数的服务角色（Service Role），获得临时用户名和密码并拉取镜像。拉取成功后，它会根据指定的启动命令 Command 和参数 Args 启动你的镜像。Custom Container 函数可分为 Web Server 模式与非 Web Server 模式。

❑ Web Server 模式是指未设置 webServerMode 或 webServerMode 设置为 true。容器镜像交付物需要包含 HTTP Server。函数计算通过配置的 CAPort 端口监听你定义的 HTTP Server，此 HTTP Server 将接管函数计算的所有请求，包括来自你的事件函数和 HTTP 函数的调用。你在开发函数的具体交互逻辑之前，一般需要确认开发的是事件函数还是 HTTP 函数，原理如下所示。

➤ 事件函数原理如图 3-12 所示。

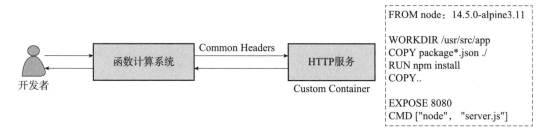

图 3-12　Web Server 模式下事件函数原理简图

➤ HTTP 函数原理如图 3-13 所示。

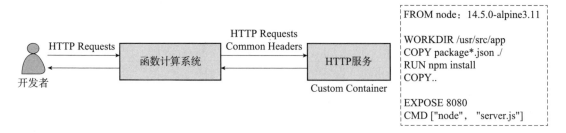

图 3-13　Web Server 模式下 HTTP 函数原理简图

- 非 Web Server 模式是指将 webServerMode 设置为 false。容器镜像交付物内无须定义 HTTP Server。启动运行后，容器镜像需在函数超时时间内运行完成并退出。由于没有端口进行交互，此模式仅支持事件触发，不支持 HTTP 函数。事件将以环境变量的形式传入容器内。原理如图 3-14 所示。

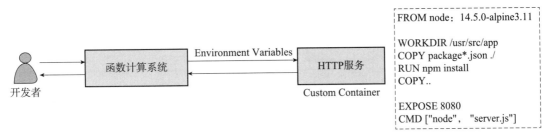

图 3-14　非 Web Server 模式下函数原理简图

3.3.2　应用构建

Serverless 架构下的应用开发和传统架构下的应用开发有一个比较大的区别是，二者所关注的内容维度是不同的，例如前者不需要关注服务器等底层资源，但是当前 Serverless 架构下的应用开发真的不需要对服务器等进行额外关注吗？

其实不是的，由于 Serverless 架构强调的是 Noserver，让很多开发者误认为应用开发、部署阶段可以更加简单方便，但是在实际生产中，有很多依赖等是无法跨平台使用的，例如 Python 语言中的某些依赖需要进行二进制编译，此时会和操作系统、软件环境等有比较大的关系，所以如果项目引入了这类依赖，需要在和函数计算平台线上一致的环境中进行依赖的安装、代码的打包，或者项目的部署。

目前各个云厂商均对自身的线上函数环境进行了比较细致的描述，例如 AWS Lambda 就有关于不同运行时的描述文档，如图 3-15 所示。

阿里云函数计算也有类似的文档与描述，例如：使用 C、C++、Go 编译出来的可执行文件，需要与函数计算的运行环境兼容。函数计算的 Python 运行环境如下所示。

- Linux 内核版本：Linux 4.4.24-2.al7.x86_64。
- Docker 基础镜像：docker pull python:2.7, docker pull python:3.6。

但是，在实际应用过程中，依赖的安装依旧是让一众开发者头疼不已的事情：项目在本地可以正常运行，一发布到线上就会遇到找不到某个依赖的问题，但是实际上依赖是存在的，此时定位问题就成为非常困难的事情了。

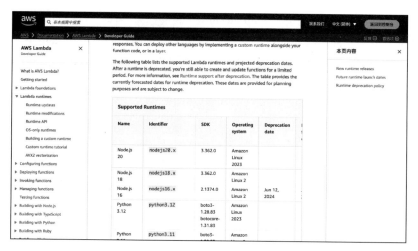

图 3-15　AWS Lambda 关于不同运行时的描述文档

可见，Serverless 架构的目的是降本增效，但是在应用安装依赖、打包、发布的过程中，会因为环境的不一致导致效率不增反降，甚至出现难以定位、难以解决的情况，所以如何更简单、更方便地解决 Serverless 架构下依赖安装的问题，也成了非常重要的一件事。

目前来看，为 Serverless 应用安装依赖的方法通常有 3 种。

1）在本地创建项目之后，自行根据云厂商提供的环境数据进行线上环境搭建，进而进行依赖的安装。这种方法相对来说自主可控，但是难度非常大，操作过程较为烦琐。

2）可以通过已有的开发者工具进行依赖的安装。以 Serverless Devs 开发者工具以及阿里云函数计算产品为例，开发者只需要按照语言习惯准备对应语言的相关依赖安装文件即可，如 Python 语言的 requirements.txt、Node.js 语言的 package.JSON 等。然后在当前项目下，通过 s build --use-docker 即可完成与阿里云函数计算线上一致的环境下的依赖安装。以 Python 项目为例，开发者只需要在项目目录下进行开发编辑源代码；执行 s build --use-docker 之后，自动根据 requirements.txt 下载对应的依赖到本地，并且和源码一起组成交付物；通过 s deploy 将整个交付物打包，创建函数，同时设置好依赖包的环境变量，让函数可以直接导入对应的代码依赖包。

3）目前部分云厂商的 FaaS 平台控制台都支持 WebIDE，并且阿里云、腾讯云等云厂商的 WebIDE 拥有命令行的能力，所以也可以在控制台的 WebIDE 中直接进行依赖的安装，如图 3-16 所示。

在应用开发过程中或者应用开发完成后，如果执行的结果不符合预期，通常要进行一定的调试工作。但是在 Serverless 架构下，调试往往会受到极大的环境因素限制，例如，所开发的应用在本地可以比较健康、符合预期地运行，但是在 FaaS 平台上会出现一些不可预测的问题；或者在一些特殊的环境下，本地没有办法模拟线上环境，难以进行项目的开发和调试。

图 3-16　WebIDE 下 Serverless 应用依赖安装

Serverless 应用的调试一直都是备受诟病的，但是各个云厂商并没有因此放弃在调试方向的深入探索。以阿里云函数计算为例，它提供了在线调试、本地调试等多种调试方案。

3.3.3　应用调试

1. 在线调试

所谓的在线调试就是在控制台来进行调试。以阿里云函数计算为例，它可以在控制台通过执行按钮进行基本的调试，如图 3-17 所示。

图 3-17　通过 WebIDE 查看 Serverless 应用代码

必要时候，也可以通过设置 Event 来模拟一些事件，如图 3-18 所示。

图 3-18　Serverless 应用测试事件配置

在线调试的好处是，可以使用线上的一些环境来进行代码的测试，否则当线上环境拥有 VPC 等资源时，在本地环境是很难进行调试的，例如数据库需要通过 VPC 来进行访问，或者有对象存储触发器的业务逻辑时。

2. 端云联调

所谓的端云联调是指在本地进行 Serverless 应用开发时往往会涉及一些线上资源，例如通过对象存储触发器触发函数执行、通过 VPC 访问数据库等，此时由于线上线下环境的不一致性，会让线下的开发、调试面临极大的挑战。Serverless Devs 团队通过搭建 Proxy 辅助函数的方法，将线上线下资源打通，可以快速帮助开发者在本地进行函数的开发与调试，原理如图 3-19 所示。

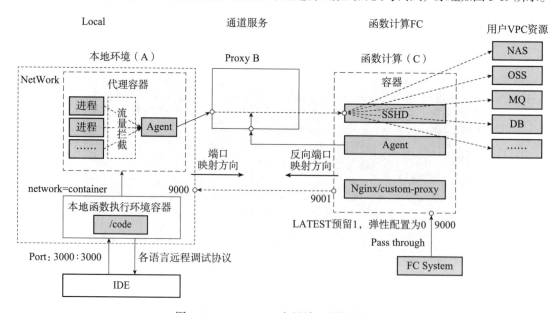

图 3-19　Serverless 应用端云联调原理图

Serverless Devs 开发者工具会根据开发者的函数的 YAML 文件进行配置，创建辅助服务和辅助函数（这个辅助服务和函数的配置与你的服务和函数是相同的），并通过辅助服务和辅助函数实现线上线下的网络环境打通，以及完整的端云联调能力：

- 调用这个辅助函数，流量会返回到本地的调试实例，此时本地实例接收到的 event 和 context 是真实来自线上的。
- 本地调试的实例运行函数逻辑是，能直接利用辅助函数运行的容器，以及直接访问 vpc 内网以及一些云服务的内网地址。

具体的使用流程如下。

1）执行 s proxied setup 来准备端云联调所需的辅助资源以及本地环境。

2）对于无触发器的普通事件函数或者 HTTP 触发器函数，完成准备工作后，启动另一个新的终端，切换到该项目路径下，执行 s proxied invoke 来调用本地函数。

3）完成调试任务之后，可以执行 s proxied cleanup 清理端云联调所需的辅助资源以及本地环境。

除了通过命令行使用端云联调能力之外，还可以在开发者工具中使用该能力，如图 3-20 所示。

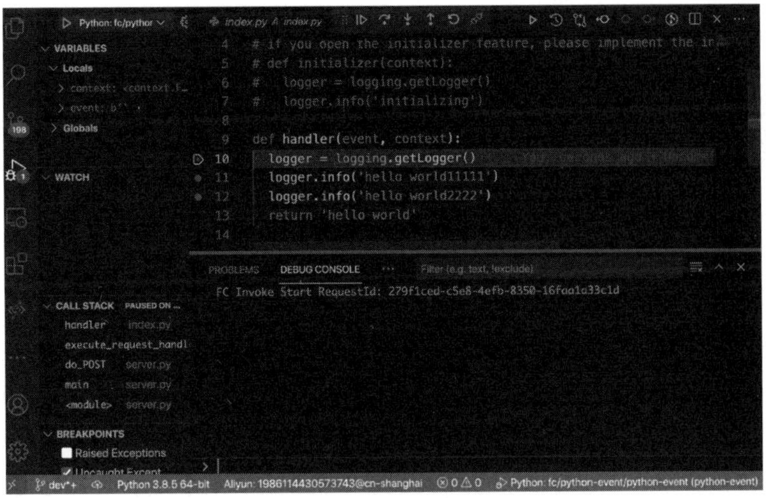

图 3-20　在开发者工具中使用端云联调能力

3. 远程调试

使用端云联调时，本地除了一个通道服务容器，仍有一个函数计算容器，用来执行本地函数，远程的辅助函数只是单纯将远程流量发送到本地；但是在实际调试过程中，为了更加简单方便,还需要登录到实例中进行项目调试,此时可以选择使用远程调试功能进行调试。相比端云联调,使用远程调试时,本地只有一个通道服务容器,执行过程全部依赖线上,远程函数将执行结果返回。远程调试架构原理图如图 3-21 所示。

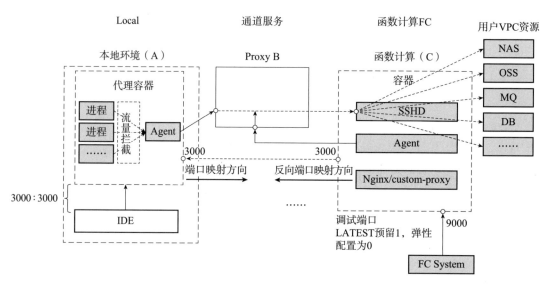

图 3-21 远程调试架构原理图

基于该结构,Serverless Devs 开发者工具提供了实例命令行操作,该操作会带来更符合开发者习惯、更高效便捷的排查问题方式。例如,当项目完成开发并部署到函数计算后,发现函数中设置的环境变量没有生效时,传统排查方式是修改代码、打印日志、重新部署、查看日志,过程非常烦琐。现在借助实例命令行操作,可以通过执行命令 s instance exec {instance_id} ENV 一步定位问题。

实例命令行操作提供了便捷的登录体验,能帮助用户解决复杂场景下的应用问题。例如,在用户无法通过函数日志、监控指标来具体定位问题时,需要借助比如 coredump、tcpdump、jmap 等工具进行深入排查。

下面看一个具体实例。开发者发现自己的线上程序最近会出现一些函数错误,且报错原因都是连接远程某服务超时。开发者怀疑是函数实例与远端服务的网络链接不稳定,想进入实例内部,调查分析实例与远端服务的网络情况。开发者可以按照这样的步骤进行:

1) 登录实例内部后,先安装 tcpdump 工具,需要执行 apt-get update 和 apt-get install tcpdump 两条命令,以 apt-get install tcpdump 为例,如图 3-22 所示。

2) 安装完毕后,执行 tcpdump 命令,对远端服务 IP 的请求进行抓包,并将抓包结果保存在 tcpdump.cap 文件中,如图 3-23 所示。

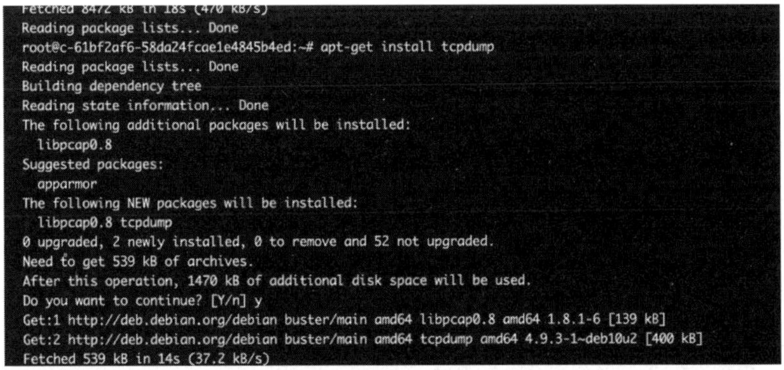

图 3-22　登录远程实例示意图

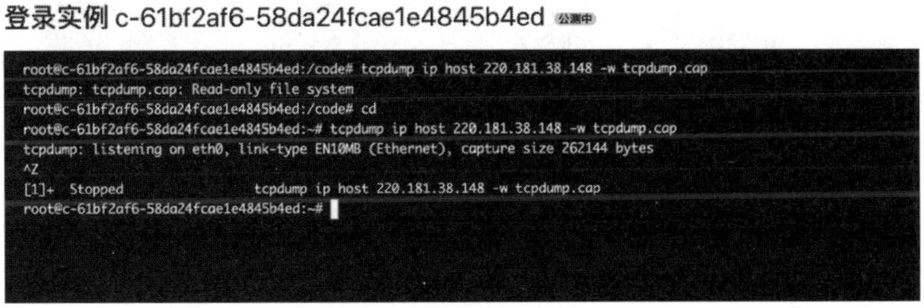

图 3-23　远程实例执行 tcpdump 命令示意图

3）抓包完毕，借助 OSS 命令行工具 ossutil64，如图 3-24 所示，将 tcpdump.cap 文件上传到自己的 OSS，然后下载到本地借助分析工具 wireshark 进行分析，如图 3-25 所示。

图 3-24　远程实例使用 ossutil64 功能示意图

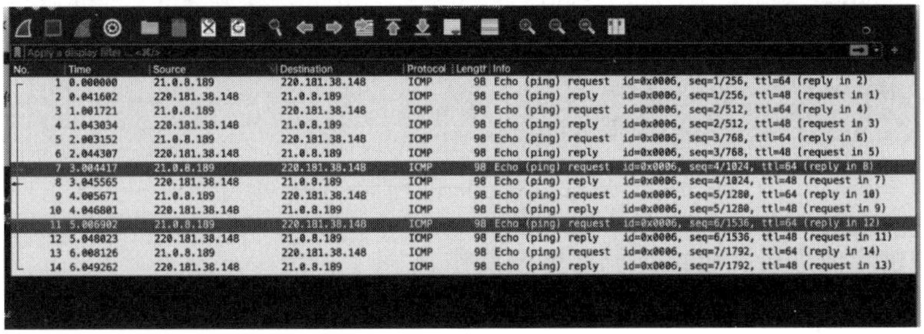

图 3-25　借助分析工具 wireshark 分析 tcpdump.cap 示意图

4. 本地调试

1）命令行工具：就目前来看，大部分 FaaS 平台都会为用户提供相对完备的命令行工具，包括 AWS 的 SAM CLI、阿里云的 Funcraft，同时也有一些开源项目例如 Serverless Framework、Serverless Devs 等对多云厂商的支持等。通过命令行工具进行代码调试的方法很简单，下面以 Serverless Devs 为例，本地调试阿里云函数计算：

首先确保本地拥有一个函数计算的项目，然后在项目下执行调试命令，例如在 Docker 中进行调试，如图 3-26 所示。

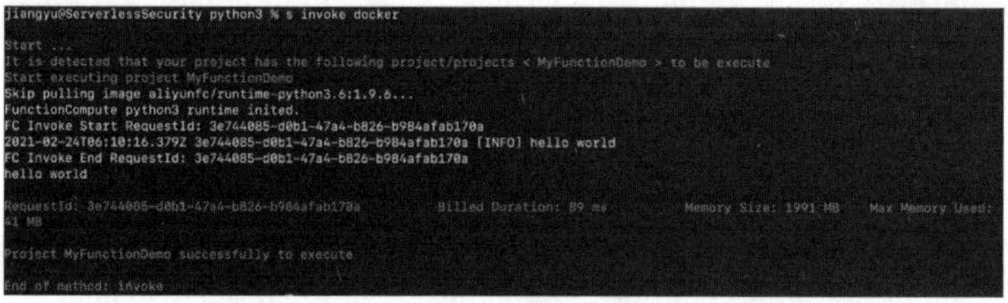

图 3-26　通过 Serverless Devs 进行命令行调试示意图

2）编辑器插件：以 VSCode 插件为例，当下载好阿里云函数计算的 VSCode 插件并配置好账号信息之后，可以在本地新建函数，并且打点，之后可以进行断点调试，如图 3-27 所示。

图 3-27　通过 VSCode 进行本地调试示意图

当函数调试完成之后，可以进行部署等操作。

5. 其他调试方案

1）Web 框架的本地调试：在阿里云 FaaS 平台开发传统 Web 框架。以 Python 语言 Bottle

框架为例,可以增加如下内容:

```
app = bottle.default_app()
```

并对 run() 方法进行条件限制 (if __name__ == '__main__'):

```
if __name__ == '__main__':
    bottle.run(host='localhost', port=8080, debug=True)
```

例如:

```
# index.py
import bottle

@bottle.route('/hello/<name>')
def index(name):
    return "Hello world"

app = bottle.default_app()

if __name__ == '__main__':
    bottle.run(host='localhost', port=8080, debug=True)
```

这样,可以在本地开发的同时,和传统开发思路一样,在本地进行调试。当部署到线上时,只需要在入口方法处填写 index.app,即可实现平滑的部署。

2)本地模拟事件调试:针对非 Web 框架,可以在本地构建一个方法,例如要调试一下对象存储触发器,示例代码如下。

```
import json

def handler(event, context):
    print(event)

def test():
    event = {
        "events": [
            {
                "eventName": "ObjectCreated:PutObject",
                "eventSource": "acs:oss",
                "eventTime": "2017-04-21T12:46:37.000Z",
                "eventVersion": "1.0",
                "oss": {
                    "bucket": {
                        "arn": "acs:oss:cn-shanghai:123456789:bucketname",
                        "name": "testbucket",
                        "ownerIdentity": "123456789",
                        "virtualBucket": ""
                    },
                    "object": {
                        "deltaSize": 122539,
                        "eTag": "688A7BF4F233DC9C88A80BF985AB7329",
                        "key": "image/a.jpg",
```

```
                    "size": 122539
                },
                "ossSchemaVersion": "1.0",
                "ruleId": "9adac8e253828f4f7c0466d941fa3db81161****"
            },
            "region": "cn-shanghai",
            "requestParameters": {
                "sourceIPAddress": "140.205.***.***"
            },
            "responseElements": {
                "requestId": "58F9FF2D3DF792092E12044C"
            },
            "userIdentity": {
                "principalId": "123456789"
            }
        }
    ]
}
handler(json.dumps(event), None)

if __name__ == "__main__":
    print(test())
```

这样通过构造一个 event 对象，即可实现模拟事件触发。

3.3.4 函数编排

Serverless 工作流（Serverless Workflow）是一个用来协调多个分布式任务执行的全托管云服务。

如图 3-28 所示，在 Serverless 工作流中，用户可以用顺序、分支、并行等方式来编排分布式任务，Serverless 工作流会按照设定好的步骤可靠地协调任务执行，跟踪每个任务的状态转换，并在必要时执行用户定义的重试逻辑，以确保工作流顺利完成。Serverless 工作流通过提供日志记录和审计来监视工作流的执行，方便轻松地诊断和调试应用。Serverless 工作流简化了开发和运行业务流程所需要的任务协调、状态管理以及错误处理等工作，让用户聚焦业务开发逻辑。

Serverless 工作流可以协调分布式组件 Serverless 工作流编排不同基础架构、不同网络、不同语言编写的应用，抹平从混合云、专有云过渡到公共云或者从单体架构演进到微服务架构的落差；减少流程代码量，Serverless 工作流提供了丰富的控制逻辑，例如顺序、选择、并行等，可以让用户以更少的代码实现复杂的业务逻辑；提高应用容错性，Serverless 工作流可以帮助用户管理流程状态，且内置检查点和回放能力，以确保用户的应用程序按照预期逐步执行；Serverless 工作流的错误重试和捕获能力可以让用户灵活地处理错误；Serverless 工作流根据实际执行步骤转换个数收费，执行结束不再收费；Serverless 工作流的自动扩展能力让用户免于管理硬件预算和扩展。

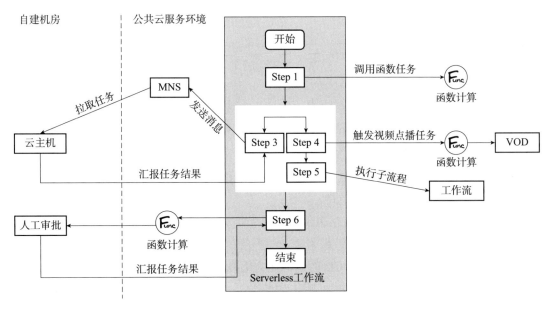

图 3-28 Serverless 工作流示例图

综上，Serverless 工作流具有以下能力和特性。

- 服务编排能力：Serverless 工作流可以帮助用户将流程逻辑与任务执行分开，节省编写编排代码的时间。例如图片经过人脸识别函数后，根据人脸位置进行剪裁，最后发送消息通知用户。Serverless 工作流提供了一个 Serverless 解决方案，降低了用户的编排运维成本。
- 协调分布式组件：Serverless 工作流能够协调不同基础架构、不同网络内、不同语言编写的应用。不管应用是从私有云/专有云平滑过渡到混合云或公共云，还是从单体架构演进到微服务架构，Serverless 工作流都能发挥协调作用。
- 内置错误处理：通过 Serverless 内置的错误重试和捕获能力，用户可以自动重试失败或超时的任务，对不同类型错误做出不同响应，并定义回退逻辑。
- 可视化监控：Serverless 工作流提供可视化界面来定义工作流和查看执行状态，方便用户快速识别故障位置，并快速排除故障问题。状态包括输入和输出等。
- 支持长时间运行流程：Serverless 工作流可以跟踪整个流程，持续长时间执行来确保流程执行完成。有些流程可能要执行几个小时、几天，甚至几个月。例如运维相关的 Pipeline 和邮件推广流程。
- 流程状态管理：Serverless 工作流会管理流程执行中的所有状态，包括跟踪它所处的执行步骤，以及存储在步骤之间的数据传递。用户无须自己管理流程状态，也不必将复杂的状态管理构建到任务中。

3.4 CI/CD

CI/CD 是一种通过在应用开发阶段引入自动化来频繁向客户交付应用的方法。CI/CD 的核心概念是持续集成、持续交付和持续部署。作为一个面向开发和运营团队的解决方案，CI/CD 主要解决在集成新代码时所引发的问题。CI/CD 可让持续自动化和持续监控贯穿于应用的整个生命周期（从集成、测试、交付到部署），这些关联的事务通常被统称为"CI/CD 管道"，由开发和运维团队以敏捷方式协同支持。

在 Serverless 架构下，通常会有很多函数构成一个完整的功能或者服务，这种比较细粒度的功能开发往往会给后期的项目维护带来极大的不便，包括函数管理的不便、项目构建的不便、发布层面的不便等。此时，CI/CD 就显得尤为重要。更加科学、安全的持续集成和部署过程，不仅仅会让整体的业务流程更加规范，也会在一定程度上，降低人为操作、手工集成部署所产生错误的概率，同时大规模减轻运维人员的工作负担。

如果你想要通过 CI/CD 平台或者工具科学且方便地进行 Serverless 应用的持续集成、交付与部署，那么通常需要借助相对应的开发者工具，例如著名的开源项目 Serverless Framework、Serverless Devs 等。整体的 Serverless 应用 CI/CD 能力建设流程图如图 3-29 所示。

图 3-29 Serverless 应用 CI/CD 能力建设流程图

3.4.1 与 GitHub Action 的集成

在 GitHub Action 的 YAML 文件中，可以增加 Serverless Devs 的下载、配置以及命令执行等相关能力。

例如，在仓库中可以创建文件 .github/workflows/publish.yml，文件内容如下：

```yaml
name: Serverless Devs Project CI/CD

on:
  push:
    branches: [ master ]

jobs:
  serverless-devs-cd:
    runs-on: ubuntu-latest
    steps:
      - uses: actions/checkout@v2
```

```
    - uses: actions/setup-node@v2
      with:
        node-version: 12
        registry-url: https://registry.npmjs.org/
    - run: npm install
    - run: npm install -g @serverless-devs/s
    - run: s config add --AccountID ${{secrets.AccountID}} --AccessKeyID ${{secrets.AccessKeyID}} --AccessKeySecret ${{secrets.AccessKeySecret}} -a default
    - run: s deploy
```

文件主要包括几个部分：

- run: npm install -g @serverless-devs/s 通过 npm 安装最新版本的 Serverless Devs 开发者工具。
- run: s config add --AccountID ${{secrets.AccountID}} --AccessKeyID ${{secrets.AccessKeyID}} --AccessKeySecret ${{secrets.AccessKeySecret}} -a default 通过 config 命令进行密钥等信息的配置。
- run: s deploy 执行某些命令，这里是通过 deploy 进行项目的部署，也可以通过 build 等命令进行项目的构建等。

关于密钥的配置：密钥信息是通过 ${{secrets.*}} 获取的，此时需要将密钥和对应的 Key 配置到 GitHub 的 Secrets 页面。例如，在上面的案例中，需要获取 AccessKeyID、AccessKeySecret 等密钥的 Key，然后就可以配置相关的内容了。

将密钥信息配置到 GitHub 的 Secrets 中，如图 3-30 所示。

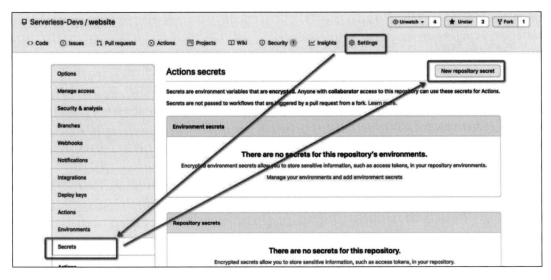

图 3-30　配置 GitHub 的 Secrets 页面

创建多对密钥信息，如图 3-31 所示。

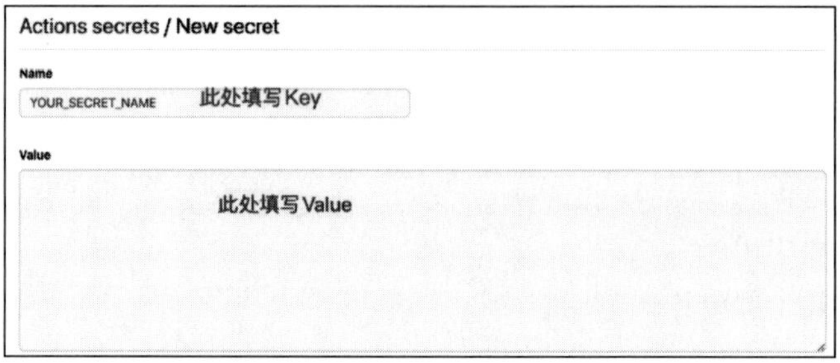

图 3-31　在 GitHub 的 Secrets 中配置密钥信息

例如，此处配置了两对密钥，如图 3-32 所示。

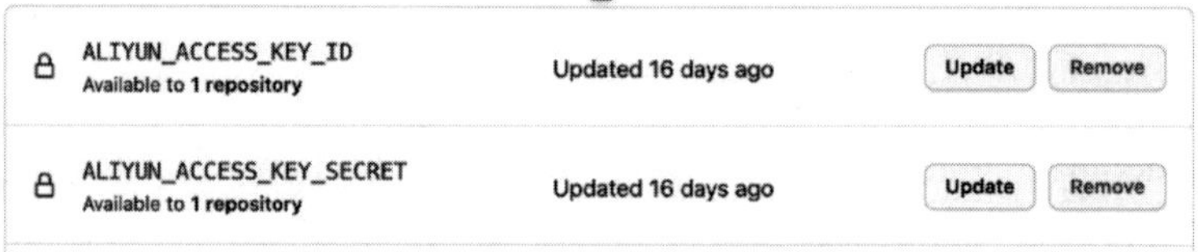

图 3-32　完成密钥信息配置示例

3.4.2　与 Gitee Go 的集成

在开启 Gitee Go 的服务之后，在流水线的 YAML 文件中，可以增加 Serverless Devs 的下载、配置以及命令执行等相关能力。

例如，在仓库中可以创建流水线文件，内容如下：

```yaml
name: serverless-devs
displayName: 'Serverless Devs Project CI/CD'
triggers:                              # 流水线触发器配置
  push:                                # 设置master分支在产生代码push时精确触发（PRECISE）构建
    - matchType: PRECISE
      branch: master
commitMessage: ''                      # 通过匹配当前提交的CommitMessage决定是否执行流水线
stages:                                # 构建阶段配置
  - stage:                             # 定义一个ID标识为deploy-stage,名为Deploy Stage的阶段
      name: deploy-stage
      displayName: 'Deploy Stage'
      failFast: false                  # 允许快速失败，即当Stage中有任务失败时，直接结束整个 Stage

      steps:                           # 构建步骤配置
        - step: npmbuild@1             # 采用npm编译环境
          name: deploy-step            # 定义一个ID标识为deploy-step,名为Deploy Step的阶段
          displayName: 'Deploy Step'
```

```
        inputs:                       # 构建输入参数设定
          nodeVersion: 14.15          # 指定node环境版本为14.15
          goals: |                    # 安装依赖，配置相关主题、部署参数并发布部署
            node -v
            npm -v
            npm install -g @serverless-devs/s
            s config add --AccountID $ACCOUNTID --AccessKeyID $ACCESSKEYID
--AccessKeySecret $ACCESSKEYSECRET -a default
            s deploy
```

文件主要包括以下几个部分：

- npm install -g @serverless-devs/s　通过 npm 安装最新版本的 Serverless Devs 开发者工具。
- s config add --AccountID $ACCOUNTID --AccessKeyID $ACCESSKEYID --AccessKeySecret $ACCESSKEYSECRET -a default　通过 config 命令进行密钥等信息的配置。
- s deploy　执行某些命令，这里是通过 deploy 进行项目的部署，也可以通过 build 等命令进行项目的构建等。

关于密钥的配置：密钥信息是通过 $* 获取的，此时需要将密钥和对应的 Key 配置到 Gitee 的环境变量管理页面。例如，在上面的案例中，需要获取 ACCESSKEYID、ACCESSKEYSECRET 等密钥的 Key，然后就可以配置相关的内容了。

1）找到 Gitee 的环境变量管理，如图 3-33 所示。

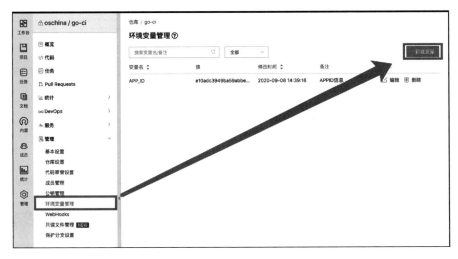

图 3-33　配置 Gitee 的环境变量管理页面

2）创建密钥信息，如图 3-34 所示。

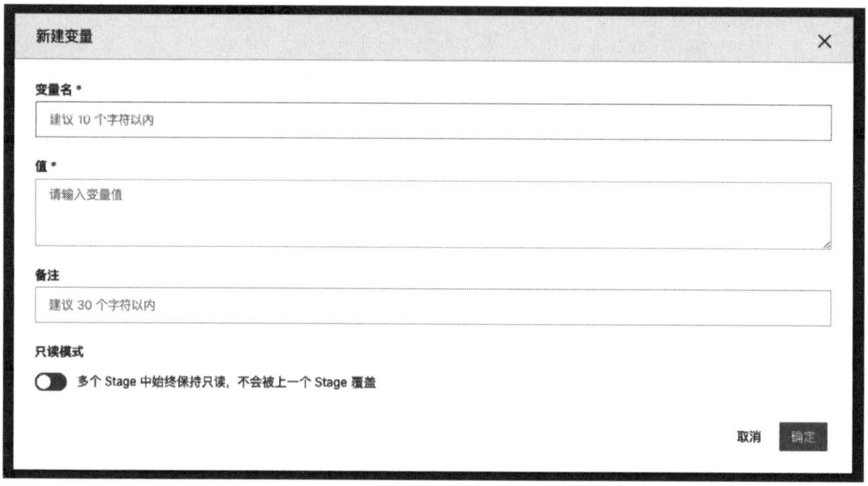

图 3-34 在 Gitee 环境变量管理页面配置密钥信息

此处配置了两个变量，如图 3-35 所示。

图 3-35 完成密钥信息配置示例

3.4.3 与 Jenkins 的集成

在准备将 Serverless Devs 集成到 Jenkins 之前，需要先基于 Jenkins 官网安装并运行 Jenkins。

在本地启动 Jenkins，通过浏览器进入链接 http://localhost:8080 配置完成基础设置后，需要新增 Credentials 设置，如图 3-36 所示。

图 3-36 在 Jenkins 系统中配置密钥信息

此时可以根据需要，增加密钥信息，以阿里云为例，新增两个全局凭据：

- jenkins-alicloud-access-key-id　阿里云 accessKeyId。
- jenkins-alicloud-access-key-secret　阿里云 accessKeySecret。

此时，可以对自身的 Serverless Devs 项目进行完善。

1）创建文件 Jenkinsfile：

```
pipeline {
    agent {
        docker {
            image 'maven:3.3-jdk-8'
        }
    }

    environment {
        ALICLOUD_ACCESS = 'default'
        ALICLOUD_ACCOUNT_ID    = credentials('jenkins-alicloud-account-id')
        ALICLOUD_ACCESS_KEY_ID    = credentials('jenkins-alicloud-access-key-id')
        ALICLOUD_ACCESS_KEY_SECRET    = credentials('jenkins-alicloud-access-key-secret')
    }

    stages {
        stage('Setup') {
            steps {
                sh 'scripts/setup.sh'
            }
        }
    }
}
```

文件主要包括两部分：

- environment 部分，主要是根据前面配置的密钥信息进行密钥的处理。
- stages 部分，这里面会有一个部分是 sh 'scripts/setup.sh'，即运行 scripts/setup.sh 文件，进行相关内容的准备和配置。

2）准备 scripts/setup.sh 文件，只需要在项目下创建该文件即可：

```
#!/usr/bin/env bash

echo $(pwd)
curl -o- -L http://cli.so/install.sh | bash

source ~/.bashrc

echo $ALICLOUD_ACCOUNT_ID
s config add --AccountID $ALICLOUD_ACCOUNT_ID --AccessKeyID $ALICLOUD_ACCESS_KEY_ID --AccessKeySecret $ALICLOUD_ACCESS_KEY_SECRET -a $ALICLOUD_ACCESS
```

```
(cd code && mvn package && echo $(pwd))

s deploy -y --use-local --access $ALICLOUD_ACCESS
```

该文件主要包括以下部分：

- curl -o- -L http://cli.so/install.sh | bash 下载并安装 Serverless Devs 开发者工具。
- s config add --AccountID $ALICLOUD_ACCOUNT_ID --AccessKeyID $ALICLOUD_ACCESS_KEY_ID --AccessKeySecret $ALICLOUD_ACCESS_KEY_SECRET -a $ALICLOUD_ACCESS 配置密钥信息等内容。
- s deploy -y --use-local --access $ALICLOUD_ACCESS 执行某些命令，这里是通过 deploy 进行项目的部署，也可以通过 build 等命令进行项目的构建等。

完成密钥配置之后，可以创建一个 Jenkins 流水线，该流水线的源是目标 GitHub 地址。接下来，就可以开始运行 Jenkins 流水线了，运行结束后，可以得到相关的内容结果。

3.4.4 与云效的集成

在云效中，可以直接选择 Serverless Devs 开发者工具，并在自定义命令中输入以下内容：

```
npm install -g @serverless-devs/s
s config add --AccountID ${ACCOUNTID} --AccessKeyID ${ACCESSKEYID} --AccessKeySecret ${ACCESSKEYSECRET} -a default
s deploy
```

这里主要包括三部分：

- npm install -g @serverless-devs/s 通过 npm 安装最新版本的 Serverless Devs 开发者工具（虽然云效中已经拥有了相关版本的 Serverless Devs，但是实际上，这个版本可能比较旧，所以可以通过该命令安装最新版本）。
- s config add --AccountID ${ACCOUNTID} --AccessKeyID ${ACCESSKEYID} --AccessKeySecret ${ACCESSKEYSECRET} -a default 通过 config 命令进行密钥等信息的配置。
- s deploy 执行某些命令，这里是通过 deploy 进行项目的部署，也可以通过 build 等命令进行项目的构建等。

在云效流水线配置 Serverless Devs 的效果如图 3-37 所示。

由于命令引用了两个重要的环境变量，ACCESSKEYID 和 ACCESSKEYSECRET，所以还需要在环境变量中增加类似的内容，如图 3-38 所示。

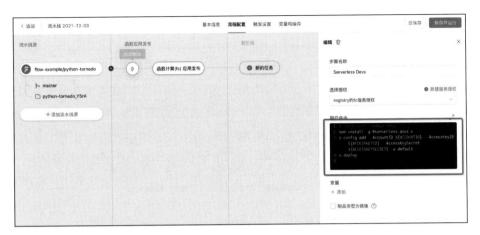

图 3-37　在云效流水线配置 Serverless Devs 的效果

图 3-38　在云效流水线系统中配置密钥信息

3.5　Serverless 与可观测性

Serverless 应用的可观测性是很多用户所关注的。可观测性是通过外部表现判断系统内部状态的衡量方式，在应用开发中，可观测性可以帮助判断系统内部的健康状况：在系统出现问题时，帮助定位问题、排查问题、分析问题；在系统平稳运行时，帮助评估风险，预测可能出现的问题。在 Serverless 应用开发中，如果观察到函数的并发度持续升高，很可能是业务推广带来的业务规模迅速扩张，为了避免达到并发度限制触发流控，开发者需要提前提升并发度。以阿里云函数计算为例，它在可观测性层面提供了多种衡量维度，包括日志、指标以及追踪信息等内容。

如图 3-39 所示，在控制台监控中心可以查看到整体的指标、服务级指标以及每个函数的指标。除此之外，还可以看到当前函数的请求记录，如图 3-40 所示。

图 3-39 Serverless 应用指标观测示例

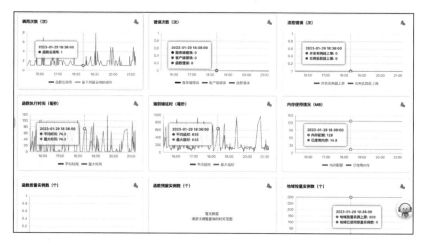

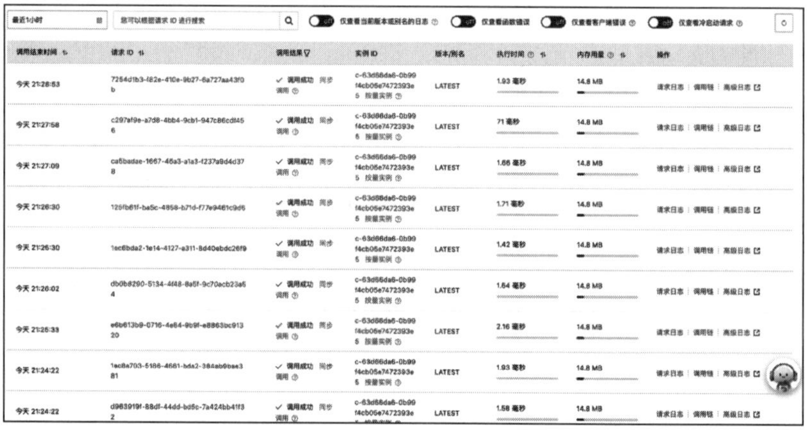

图 3-40 Serverless 应用日志查询示例

根据不同的请求记录,可以查看请求的详细信息,如图 3-41 所示。

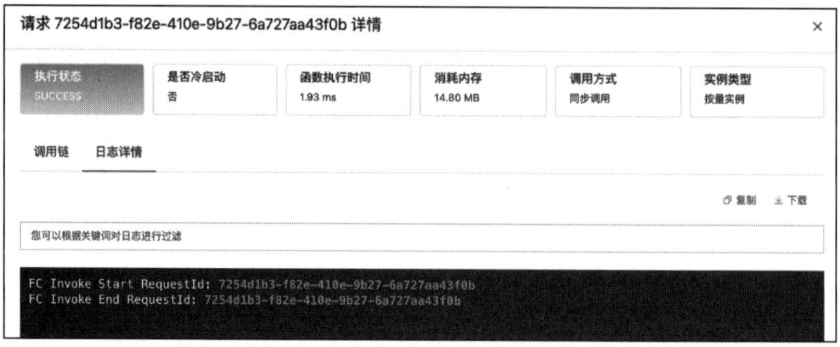

图 3-41 Serverless 应用请求详情示例

除了在控制台的监控中心处可以查看函数的日志等信息，在函数详情页面也可以看到函数的详细日志信息，如图 3-42 所示，以及追踪相关信息，如图 3-43 所示。

图 3-42　Serverless 应用日志详情示例

图 3-43　Serverless 应用追踪详情示例

3.6　应用优化

Serverless 应用优化是指有针对性地对 Serverless 架构的部分特性进行解决方案制定。例如针对 Serverless 架构冷启动问题，进行平台侧与开发侧的冷启动优化；针对文件上传、定时任务等进行 Serverless 架构下的程序优化等。通过针对 Serverless 架构特点进行应用优化，有助于提高应用的性能、安全性、稳定性等，进一步发挥 Serverless 架构的优势。

3.6.1 冷启动优化

在 Serverless 架构下,开发者提交代码之后,通常情况下,代码只会被持久化,Serverless 平台 /FaaS 平台并不会立即为用户所提交的代码准备执行环境,所以当函数第一次被触发时会有一个比较漫长的环境准备过程,这个过程包括把网络的环境全部打通、将所需的文件和代码等资源准备好。从准备环境开始到函数被执行的过程,被称为函数的冷启动。一般情况下,冷启动会带来较为直接的性能损耗,例如某个接口在正常情况下的响应时间是数毫秒,在冷启动的情况下则可能是数百毫秒甚至数秒。对于一些时延敏感的业务来说,冷启动的影响可能是致命的;对于一些 C 端产品来说,冷启动的出现会在一定程度上让客户端的体验大打折扣。所以近些年来,针对 Serverless 架构的冷启动问题的研究非常多。本节将通过厂商对冷启动问题的优化以及开发侧降低冷启动影响的方案两部分,对冷启动问题以及相关优化进行综合总结和探讨。

1. 厂商对冷启动问题的优化

通过分析"Understanding AWS Lambda Performance—How Much Do Cold Starts Really Matter?与 Serverless:Cold Start War"等文章不难看出,不仅不同厂商对冷启动的优化程度是不同的,同一厂商对不同运行时的冷启动优化也是不同的;这也充分说明,尽管各个厂商也在通过一些规则和策略努力降低冷启动率,但是由于冷启动的影响因素是复杂的,存在很多不可控因素,所以至今仍没办法做到一致性,甚至同一厂商都没办法在不同运行时实现同样的优化成果。除此之外,"Understanding Serverless Cold Start,Everything you need to know about cold starts in AWS Lambda,Keeping Functions Warm,I'm afraid you're thinking about AWS Lambda cold starts all wrong"等文章也均对冷启动现象等进行了描述和深入探讨,并且提出了一些业务侧应对函数冷启动的解决方案和策略。

如图 3-44 所示,通常情况下,冷启动的解决方案包括实例复用、实例预热以及资源池化三部分。

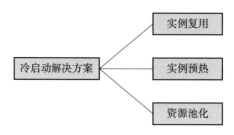

图 3-44 Serverless 应用冷启解决方案示例

（1）实例复用方案

从资源复用层面来说，对实例的复用相对来说比较重要，一个实例并不是在触发完成之后就结束生命周期，而是会继续保留一段时间，如果函数在这段时间内再次被触发，那么可以优先分配该实例来完成相应的触发请求，在这种情况下可以认为函数的所有资源是准备妥当的，只需要再执行对应的方法即可，所以实例复用是大多数厂商都会采取的一个降低冷启动率的措施。在实例复用方案中，实例静默状态下要被保留多久是一个成本话题，也是一个厂商不断探索的话题，因为如果保留时间过短会导致请求出现较为严重的冷启动问题，影响用户体验；如果实例长期不被释放则很难被合理地利用起来，会大幅度增加平台整体成本。

（2）实例预热方案

从预热层面来说，要解决函数冷启动问题，可以通过某些手段判断用户的函数在下一个时间段可能需要多少实例，并进行实例资源的提前准备。实例预热方案是大部分云厂商所重视并不断深入探索的方向。常见的实例预热方案如图 3-45 所示。

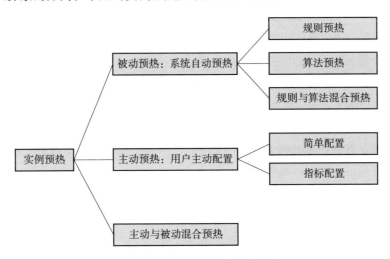

图 3-45　实例预热解决方案示例

被动预热通常是指非用户主动行为预热，是系统自动预热函数的行为。这部分主要包括规则预热、算法预热以及规则与算法混合预热。所谓的规则预热是指设定一个实例数量范围（例如每个函数同一时间点最低 0 个实例，最多 300 个实例），然后通过一个或几个比例关系进行函数下一个时间段的实例数量的扩缩。例如设定为 1.3 倍，当前实例数量为 110 个，实际活跃实例数量为 100 个，那么实际活跃数量 × 所设定的比例的结果为 130 个实例，与当前实际活跃的 110 个实例相比需要扩容 20 个实例，那么系统就会自动将实例数量从 110 个提升到 130 个。这种做法在实例数量较多和较少的情况下会出现扩缩数量过大或过小的问题（部分厂商通过不同实例范围内采用不同的比例来解决这个问题），在流量波动较频繁且波峰波谷相差较大的时候会出现预热滞后的问题。算法预热实际上是根据函数之间的关系、函数的历史特征，通过深度学习等算法，进行下一个时间段的实例的扩缩操作，但是实际生产过程中的环境是非常复杂的，很难对流量进行较为精确的预测，所以算法预测的方案是很多人在探索，但迟迟没有落地的一个重要原因。还有一种方案是规则与算法混合预热，即将规则预热与算法预热进行权重划分，共同预测下一个时间段的实例数量，并提前决定扩缩行为以及扩缩数量等。

主动预热通常是指用户主动进行预热的行为，由于被动预热在复杂环境下的不准确性，因此很多云厂商提供了用户手动预留的能力，目前主要分为简单配置和指标配置两种。简单配置就是设定预留的实例数量或者某个时间范围内的预留实例数量，所预留的实例将一直保持存活状态，不会被释放掉；指标配置是指在简单配置基础上，可以增加一些指标，例如当前预留的空闲容器数量小于某个值时进行某个规律的扩容，反之进行某个规律的缩容等。通常情况下主动预热模式比较适用于有计划的活动，例如某平台在双十一期间要进行促销活动，那么可以设定双十一期间的预留资源以保证高并发下系统良好的稳定性和优秀的响应速度，但是主动预留可能会产生额外的费用。

主动与被动混合预热，即将被动预热和主动预热按照一个权重关系进行结合：如果用户配置了主动预热规则，则优先使用主动预热规则，被动预热规则作为辅助；如果用户没有配置主动预热规则，则使用默认的被动预热规则。

（3）资源池化方案

最后一种解决冷启动问题的方法是资源池化，但是通常情况下这种所谓的资源池化带来的效果可能不是热启动，而是温启动。所谓的温启动是指实例所需要的相关资源已经被提前准备，但是并没有完全准备的情况。所谓的池化就是在实例从零到一的过程中的任何一步，进行一些预留准备。

例如，在底层资源准备层面，可以提前准备一些底层资源作为池化资源；在进行运行时准备的层面，也可以准备一些运行时资源作为池化资源；如果可以精确到用户代码层面，如在一些实例中，加载用户代码（业务逻辑）等资源作为池化资源。池化的好处是，可以缩短实例启动的链路，例如底层资源层面的池化，可以避免准备底层资源时产生的时间消耗，让启动速度更快，同时池化也可以更加灵活地面对更多情况，例如在运行时层面的池化，可以将池化的实例分配给不同的函数，当不同函数被触发的时候，可以优先使用池化资源，达到更快的启动速度。当然池化也是一门学问，例如池化的资源规格、运行时的种类、池化的数量、资源的分配和调度等。

通常情况下，在冷启动的过程中，比较耗时的环节包括网络资源的打通（很多函数平台都是通过函数容器里绑定的弹性网卡去访问开发者其他的资源，这个网络的部署需要秒的级别），底层资源的准备，以及运行时准备等。

2. 开发侧降低冷启动影响的方案

冷启动优化不仅可以在平台侧进行整体优化，也可以在开发侧通过对代码包优化等各种手段，影响 Serverless 架构启动流程中的部分环节，进而实现冷启动优化。

（1）代码包优化

实例冷启动流程如图 3-46 所示。

图 3-46　实例冷启动流程示意图

在启动过程中，有一个过程是加载代码和依赖，当上传的代码包过大或者文件过多时会导致解压速度过慢，直接导致加载代码过程变长，进一步导致冷启动时间变久。

设想有这样两个压缩包，一个是只有 100KB 的代码压缩包，另一个是 200MB 的代码压缩包，两者同时在千兆的内网带宽下理想化（即不考虑磁盘的存储速度等）下载，如果最大速度可以达到 125MB/s，那么前者的下载速度只有不到 0.01s，后者需要 1.6s，除了下载时间之外，还有文件的解压时间，那么两者的冷启动时间可能就相差 2s。一般情况下，如果一个传统的 Web 接口要 2s 以上的响应时间，实际上对很多业务来说是不能接受的，所以在打包代码时要尽可能地降低压缩包大小。以 Node.js 项目为例，打包代码包时，可以采用 Webpack 等方法来压缩依赖包大小，进一步降低整体代码包的大小，提升函数的冷启动效率。

（2）合理进行实例复用

在各个云厂商的 FaaS 平台中，为了更好地解决冷启动问题、更合理地利用资源，是存在实例复用情况的。前文提过，实例复用就是当一个实例完成一个请求后并不会被释放，而是进入一个静默的状态，在一定时间范围内，如果有新的请求被分配过来，则会直接调用对应的方法，而不需要再初始化各类资源等，这在很大限度上降低了函数冷启动出现的概率。为了验证这个说法，可以创建两个函数。

❏ 函数 1：

```
# -*- coding: utf-8 -*-

def handler(event, context):
  print("Test")
  return 'hello world'
```

❏ 函数 2：

```
# -*- coding: utf-8 -*-
```

```
print("Test")

def handler(event, context):
    return 'hello world'
```

在控制台多次单击测试按钮，对这两个函数进行测试，判断它是否在日志中输出了"Test"，统计结果如表 3-3 所示。

表 3-3　实例复用实验统计表

	第一次	第二次	第三次	第四次	第五次	第六次	第七次	第八次	第九次
函数 1	有	有	有	有	有	有	有	有	有
函数 2	有	无	无	有	无	无	无	无	无

根据表 3-3，可以看到，其实实例复用的情况是存在的，因为函数 2 并不是每次都会执行入口函数之外的一些语句。根据函数 1 和函数 2，也可以进一步思考，如果 print("Test") 语句是初始化数据库连接，或者加载一个深度学习的模型，是不是函数 1 就是每次都会重新执行所有请求，而函数 2 可以存在复用已有对象呢？

所以在实际的项目中，有一些初始化操作是可以按照函数 2 来实现的，例如：

❑ 机器学习场景下，在初始化时加载模型，避免每次函数被触发都会加载模型带来的效率问题，提高实例复用场景下的响应效率。

❑ 数据库等连接操作，可以在初始化时进行连接对象的建立，避免每次请求都创建连接对象。

❑ 其他一些需要在首次加载时下载文件、加载文件的场景，在初始化时实现这部分需求，可以提高实例复用的效率。

（3）PGO 优化技术

PGO（Profile Guided Optimization）是一种根据运行时 Profiling Data 来进行优化的技术，它可以通过下面两个方面，使 Node.js 应用启动时间缩短数倍。

❑ Require 关系加速：在一个文件中引入一个依赖，它会通过一系列寻径，最终得到对应依赖中对应文件的绝对路径；在另一个文件中也引入相同的依赖，其得到的绝对路径可能是不同的。PGO 将不同文件里面引用的各依赖结果关系一一对应起来，得到一份二维关系数据。有了这一份关系数据，对引用函数进行改造，在寻径逻辑前增加一段逻辑，即从关系数据中查找对应关系，若找到了对应关系，则直接返回对应内容；若找不到，则使用原始的寻径逻辑进行兜底，从而实现加速。

❑ Require 文件缓存：在反复引用的逻辑中，反复判断文件是否存在一个多次重复的逻辑，而另一个问题就是反复读取碎片文件。PGO 的 Require Cache 会存储源文件的文本信息以及源文件编译出来的 V8 字节码。这些信息与关系信息一并结构化存储于一个缓存文件中，使得加载该缓存文件时，无须经过任何反序列化的步骤，就可以直接使用相关信息。此时整个引用过程可以省去以下过程：

- 寻径。
- 读取文件。
- 源代码文本编译执行缩减为字节码编译执行。

以阿里云函数计算为例，可以基于 Serverless Devs 开发者工具快速对 Node.js 项目或者 Java 项目进行 PGO 优化。优化流程如下：

1）在 s.yaml 的 services actions 中添加 pre-deploy，配置 run 命令为 s cli pgo，如图 3-47 所示。

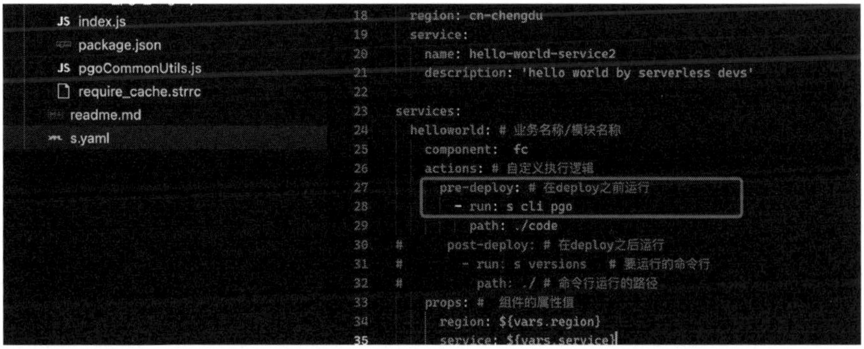

图 3-47　基于 Serverless Devs 进行 PGO 优化示意图

2）将 s.yaml 中的 runtime 改为 nodejs14。
3）部署函数：

```
s deploy
```

4）调用函数：

```
s cli fc-api invokeFunction --serviceName fctest --functionName functest1 --event '{}'
```

（4）单实例多并发

众所周知，各云厂商的函数计算通常是请求级别的隔离，即当客户端同时发起 3 个请求到函数计算时，理论上会产生 3 个实例，这个时候可能会涉及冷启动问题，以及请求之间状态关联问题等。为此，部分云厂商提供了单实例多并发的能力（例如阿里云函数计算），该能力允许用户为函数设置一个实例并发度（InstanceConcurrency），即单个函数实例可以同时处理多个请求。如图 3-48 所示，假设同时有 3 个请求需要处理，当实例并发度设置为 1 时，函数计算需要创建3个实例来处理这3个请求，每个实例分别处理1个请求；当实例并发度设置为10时（即1个实例可以同时处理10个请求），函数计算只需要创建1个实例就能处理这3个请求。

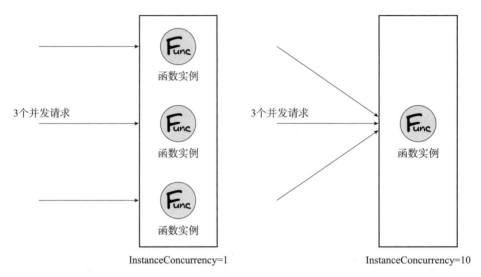

图3-48　单实例多并发示意图

单实例多并发的优势总结如下：

- 减少执行时间，节省费用。例如，偏I/O的函数可以在一个实例内并发处理，减少实例数从而减少总的执行时间。
- 请求之间可以共享状态。多个请求可以在一个实例内共用数据库连接池，从而减少和数据库之间的连接数。
- 降低冷启动概率。由于多个请求可以在一个实例内处理，因此创建新实例的次数会变少，冷启动概率会降低。
- 减少占用VPC IP。在相同负载下，单实例多并发可以降低总的实例数，从而减少VPC IP的占用。

单实例多并发的应用场景比较广泛，例如函数中等待下游服务响应的时间过长的场景，但是这并意味着单实例多并发适合全部应用场景，例如函数中有共享状态且不能并发访问的场景、单个请求的执行要消耗大量CPU及内存资源的场景，就不适合使用单实例多并发。

（5）预留实例与冷启动优化

预留模式通过预留适量函数实例来响应函数调用请求，降低冷启动的发生次数，为时延敏感的在线业务提供更好的响应服务。所谓的预留实例是指在一些情况下，FaaS平台没办法根据业务的复杂需求，自动进行高性能的弹性伸缩，但是业务方却可以对其进行一定的预测。例如，某团队在次日凌晨要举办一次秒杀活动，那么该业务对应的函数可能在秒杀活动之前都是沉默状态，在秒杀活动时突然出现极高的并发请求，此时即使是天然分布式架构，如本身自带弹性能力的 Serverless 架构，也很难高性能地迎接该挑战。所以，在活动之前，可以由业务方手动进行实例的预留，例如在次日零时之前，预留若干实例以等待流量峰值到来，在次日 23 时活动结束时，释放所有预留实例。

虽然预留模式在一定程度上违背了 Serverless 架构的精神，但是在目前业务高速发展与冷启动带来的严重挑战下，预留模式还是逐渐被更多厂商所采用，也被更多开发者、业务团队所接纳。虽然预留模式在一定程度上会降低冷启动的发生次数，但是并不能完全杜绝冷启动，而且在使用预留模式时，配置的固定预留值会导致预留函数实例利用不充分，所以此时，云厂商们通常还会提供定时弹性伸缩和指标追踪弹性伸缩等多种模式进一步解决预留所带来的额外问题。

❑ 定时弹性伸缩：由于部分函数有明显的周期性规律或可预知的流量高峰，因此可以使用定时预留功能来提前预留函数实例。所谓的定时弹性伸缩，是指开发者可以更加灵活地配置预留的函数实例，在指定时间将预留的函数实例量设定成需要的值，使函数实例量更好地贴合业务的并发量。如图 3-49 所示，这里配置了两个定时操作，在函数调用流量到来前，通过第一个定时配置将预留函数实例扩容至较大的值，当流量减小后，通过第二个定时配置将预留函数实例缩容到较小的值。

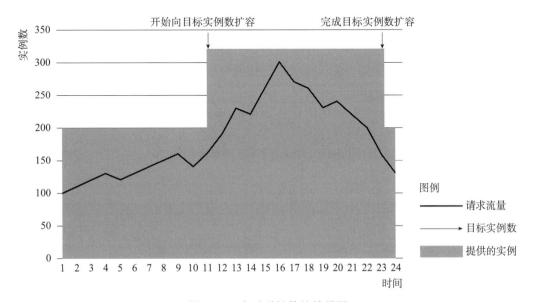

图 3-49　定时弹性伸缩效果图

❑ 指标追踪弹性伸缩：由于在生产条件下，周期性的函数并发规律并不容易预测，因此在一些复杂情况下需要通过一些指标进行实例预留设定。例如阿里云函数计算所拥有的指标追踪弹性伸缩能力就是通过追踪监控指标对预留模式的函数实例进行动态伸缩。这种模式通常被用于以下场景：函数计算系统周期性采集预留的函数实例并发利用率指标，使用该指标并结合配置的扩容触发值、缩容触发值来控制预留模式函数实例的伸缩，使预留的函数实例量更好地贴合资源的真实使用量。如图 3-50 所示，指标追踪弹性伸缩根据指标情况每分钟对预留资源进行一次伸缩，当指标超过扩容阈值时，开始以积极的策略扩容预留模式的函数实例量，用最快的速度将函数实例量扩容至目标值；当指标低于缩容阈值时，开始以保守的策略缩容预留模式的函数实例量，小幅度向缩容目标值贴近。如果在系统中设置了伸缩最大值和最小值，此时预留的函数实例量会在最大值与最小值之间进行伸缩，超出最大值时将停止扩容，低于最小值时将停止缩容。

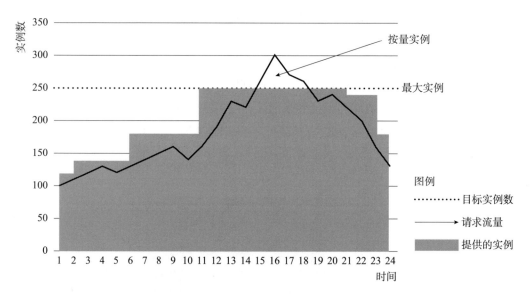

图 3-50　指标追踪弹性伸缩效果图

3.6.2　文件上传方案

在传统 Web 框架中，上传文件是非常简单和便捷的，例如 Python 的 Flask 框架：

```
f = request.files['file']
f.save('my_file_path')
```

但是在 Serverless 架构下却不能直接上传文件，因为：

- 一般情况下，一些云平台的 API 网关触发器会将二进制文件转换成字符串，不便直接获取和存储。
- 一般情况下，API 网关与 FaaS 平台之间传递的数据包有大小限制，很多平台被限制在 6MB。
- FaaS 平台大都是无状态的，即使存储到当前实例中，也会随着实例释放而导致文件丢失。

所以，传统框架中常用的上传方案不太适合在 Serverless 架构中直接使用。在 Serverless 架构中上传文件的方法通常有两种：

- 第一种方法是将文件进行 Base64 编码后上传，服务端接收到上传的文件后进行解码并持久化到对象存储或者 NAS 系统中，这种做法极有可能会触及 API 网关与 FaaS 平台之间传递的数据包大小限制，所以一般适用于上传头像等小文件的业务场景。
- 第二种方法是通过对象存储等平台来上传。因为客户端直接通过密钥等信息来将文件直传到对象存储是有一定风险的，所以通常情况是客户端发起上传请求，函数计算根据请求内容进行预签名操作，并将预签名地址返回给客户端，再由客户端使用指定的方法进行上传。上传完成之后，可以通过对象存储触发器等来对上传结果进行更新等。

3.6.3 文件持久化方案

应用在执行过程中，可能会涉及文件的读写操作或者一些文件的持久化操作。在传统的云主机模式下，通常可以直接读写文件或者将文件持久化某个目录下，但是在 Serverless 架构下并不能这样做。

由于 FaaS 平台是无状态的，并且用过之后会被销毁，因此如果文件需要持久化则不能直接持久化在实例中，而是可以持久化到其他的服务中，例如对象存储、NAS 等。同时，在不配置 NAS 的情况下，FaaS 平台通常只有 /tmp 目录具有可写权限，因此部分临时文件可以缓存在 /tmp 文件夹下。

3.6.4 慎用 Web 框架特性

异步：函数计算是请求级别的隔离，所以可以认为这个请求结束了，实例就有可能进入"静默"的状态，而在函数计算中，API 网关触发器通常是同步调用（以阿里云函数计算为例，通常只在定时触发器、OSS 事件触发器、MNS 主题触发器和 IoT 触发器等几种情况下是异步触发），这就意味着当 API 网关将结果返回给客户端的时候，整个函数就会进入"静默"状态或者被销毁，而不是继续执行完异步方法，所以通常像 Tornado 这类框架就很难在 Serverless 架构下发挥它的异步作用。当然，如果使用者需要异步能力，可以参考云厂商所提供的异步方法。以阿里云函数计算为例，它为用户提供了一种异步调用能力，当函数的异步调用被触发后，函数计算会将触发事件放入内部队列中，并返回请求 ID，而具体的调用情况及函数执行状态则不会返回。如果用户希望获得异步调用的结果，则可以通过配置异步调用目标来实现，如图 3-51 所示。

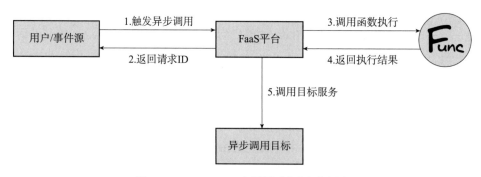

图 3-51　Serverless 应用异步调用示意图

定时任务：在 Serverless 架构下，应用一旦完成当前请求，就会进入"静默"状态，甚至会销毁实例，这就导致一些自带定时任务的框架没有办法正常执行定时任务。因为函数计算通常是由事件触发的，不会自主定时启动，以 Egg 项目为例，它设定了一个定时任务，如果没有通过触发器触发该函数，那么该函数就不会被触发，函数也不会从内部自动启动来执行定时任务，所以此时可以使用各云厂商为其 FaaS 平台提供的定时触发器触发指定方法，来替代定时任务。

3.6.5　项目结构策略

静态资源与业务逻辑：在 Serverless 架构下，静态资源更应该在对象存储与 CDN 的加持下对外提供服务，否则所有的资源都在函数中，并通过函数计算对外暴露，不仅会降低函数的真实业务逻辑并发度，也会造成更多的成本支出。尤其是将一些已有的程序迁移到 Serverless 架构上时，例如 Wordpress 等，更要注意将静态资源与业务逻辑进行拆分，否则在高并发的情况下，性能与成本都将受到比较严格的考验。

业务逻辑的合理拆分：在众多云厂商中，函数的收费标准都是依靠运行时间、配置的内存，以及产生的流量进行收费的。如果一个函数的内存设置不合理，会导致成本成倍增加。要保证内存设置的合理性，更要保证业务逻辑结构的可靠性。

以阿里云函数计算为例，假设一个应用有两个对外的接口，其中一个接口的内存消耗在 128MB 以下，另一个接口的内存消耗稳定在 3000MB 左右。这两个接口平均每天会被触发 10000 次，并且时间消耗均为 100ms。如果把两个接口写到一个函数中，那么这个函数可能需要将内存设置为 3072MB，同时在用户请求内存消耗较少的接口时，可能在冷启动的情况下难以得到较好的性能表现；如果把两个接口分别写到两个函数中，则两个函数内存分别设置为 128MB 以及 3072MB 即可，如表 3-4 所示。

表 3-4　函数用量与费用统计表

	函数 1 内存	函数 2 内存	日消费	月消费
写到一个函数中	3072MB 20000 次 / 日	—	66.38 元	1991.4 元
写到两个函数中	3072MB 10000 次 / 日	128MB 10000 次 / 日	34.59 元	1037.7 元
费用差	—	—	31.79 元	953.7 元

通过表 3-4 可以看出，当合理、适当地把业务进行拆分之后会在一定程度上节约成本，以上面的例子来看，成本节约近 50%。

第 4 章

前端技术视角下的 Serverless 架构

本章将深入探索 Serverless 架构如何与前端开发的最新趋势和技术相结合,开辟前端开发的新领域。本章将重点讨论 Serverless 架构与前端热门技术如 RESTful API、WebAssembly、服务器端渲染(SSR),以及前后端一体化等的融合,不仅会探讨每种技术的基础知识和核心概念,更会深入分析它们如何与 Serverless 架构相结合,以及这种结合为前端开发带来的优势和挑战。通过具体的案例指导,本章旨在引导读者掌握如何在 Serverless 环境下有效利用这些前沿技术,进一步提升前端应用的性能、效率和用户体验。对于希望在前端开发领域不断进步的读者而言,这将是一次宝贵的学习和探索之旅。

4.1 SSR:前端技术突破性能壁垒

4.1.1 背景

Serverless 架构被很多前端工程师认为是"前端的新机会",因为在 Serverless 架构的加持下,前端工程师不仅是"前端工程师",而且可以更简单、更容易地华丽转身为"全栈工程师"。

其实在 Serverless 架构出现之前,前端的技术和架构就在飞速的演进,如图 4-1 所示。从 WWW 到 Microsoft Outlook 的 Ajax,是引起前端第一次革命的关键技术,这是一个重要的转折点，自此，网站具备了动态性，前端工程师的能力模型逐渐从 UI 偏向逻辑和数据；紧接着，Node.js 破除了前后端编程语言的壁垒，令前端开发者能够以相对较小的成本跨服务端；接下来 React 在"革命性"的道路上又走了一小步，React 之前的前端是围绕 DOM，React 之后是面向数据。如今，Serverless 所拥有的特性与前端技术的进一步碰撞所带来的机会是巨大的，很多人认为 Serverless 架构让前端可以进一步解放生产力，可以更快、更好、更灵活地开发各种端上应用，而不需要投入太多精力关注后端服务的实现。

```
WWW    →   Ajax   →   Node.js   →   React
UI          UI         UI            UI
静态        交互       交互          交互
表单        动态       动态          动态
            数据       数据          数据
                       Server        Server
                       工程化        工程化
                                     组件化
```

图 4-1　前端技术发展简史示例

4.1.2　SSR 简介

以 SSR 技术为例，在 Serverless 架构下，前端团队不仅无须关注 SSR 服务器的部署、运维和扩容，极大地减少了部署运维成本，可以更好地聚焦业务开发，提高开发效率；而且无须关心 SSR 服务器的性能问题，从生产力的释放到性能的提升，降本增效变得更加显而易见。

SSR（Server-Side Render）即服务端渲染。它的原理很简单，就是服务端直接渲染出 HTML 字符串模板，使得浏览器可以直接解析该字符串模板来显示页面，即首屏的内容不再依赖 JavaScript 的渲染（CSR，客户端渲染）。

使用 SSR 技术的优势是首屏加载时间更短（HTML 直出，浏览器可以直接解析该字符串模板来显示页面）以及 SEO 更友好（服务端渲染输出到浏览器的是完备的 HTML 字符串，使得搜索引擎能抓取到真实的内容，利于 SEO）。当然，所付出的明显代价是更高的服务器端负载。由于 SSR 需要依赖 Node.js 服务渲染页面，因此它显然会比仅仅提供静态文件的 CSR 应用占用更多的服务器 CPU 资源。以 React 为例，它的 renderToString() 方法是同步 CPU 绑定调用，这就意味着在它完成之前，服务器是无法处理其他请求的。因此在高并发场景，需要准备相应的服务器负载，并且做好缓存策略。

4.1.3　Serverless 架构下的 SSR 实战

在 Serverless 架构下，SSR 的服务器负载高的劣势被天然地解决掉了，因为 Serverless 架构具有请求级隔离、按量付费、弹性伸缩等特性,可以让 SSR 技术发挥出更大的价值、更优秀的性能,以及付出更低的成本。本文将以阿里云函数计算为例,通过工具快速部署一个基于 Serverless 架构的 SSR 应用。

在开始之前,我们需要了解 SSR 脚手架工具:ssr。

ssr 工具是为前端框架在服务端渲染的场景下所打造的开箱即用的服务端渲染框架。此框架脱胎于 egg-react-ssr(https://github.com/ykfe/egg-react-ssr)项目和 ssr v4.3 版本(midway-faas + react ssr),并在此基础上做了诸多演进,通过插件化的代码组织形式,支持任意服务端框架与任意前端框架的组合使用。开发者可以选择以 Serverless 方式部署或者以传统 Node.js 的应用形式部署。ssr 工具专注于提升 Serverless 场景下服务端渲染应用的开发体验,打造一站式的应用服务开发及发布功能,以最大限度提升开发者的开发体验,将应用的开发、部署成本降到最低。

在最新的 v5.0 版本中,ssr 工具同时支持 React 和 Vue 的服务端渲染框架,且提供以 Serverless 的形式一键发布上云的功能。通过与传统开发流程、Serverless 应用开发流程的对比可知,ssr 工具有着得天独厚的优势,以及更精准的、更舒服的 SSR 应用开发体验。

传统应用开发流程如图 4-2 所示。

图 4-2 传统应用开发流程

Serverless 应用开发流程如图 4-3 所示。

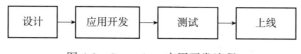

图 4-3 Serverless 应用开发流程

基于 ssr 工具的 Serverless SSR 应用开发流程如图 4-4 所示。

图 4-4 基于 ssr 工具的 Serverless SSR 应用开发流程

为了更好地体验 Serverless SSR 应用开发流程,可以通过 ssr 框架,快速地在阿里云函数计算上部署一个 SSR 应用。首先,可以通过 npm init 初始化一个 Serverless SSR 项目:

```
npm init ssr-app my-ssr-project --template=serverless-react-ssr
```

初始化完成后可以看到如图 4-5 所示的信息。

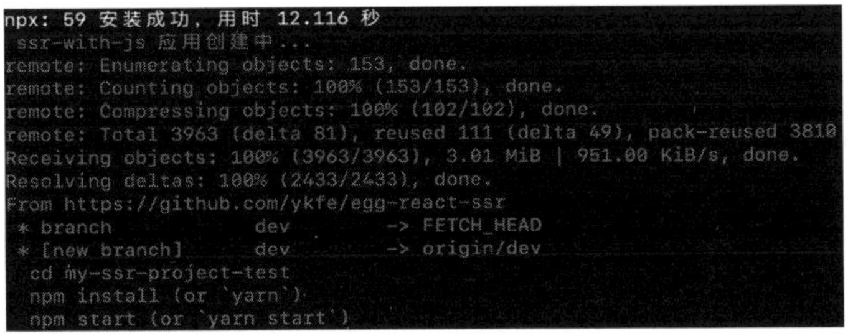

图 4-5　Serverless SSR 项目初始化

然后需要在项目目录下安装必要的依赖：

npm i

安装完依赖之后，可以进行本地开发、调试等工作。

在本地开发、调试等工作完成之后，可以快速将该 SSR 应用部署到阿里云函数计算上：

npm run deploy

这个过程需要用到阿里云函数计算的开发者工具 Funcraft，SSR 应用部署完成之后，可以在命令行中看到部署的结果信息，如图 4-6 所示。

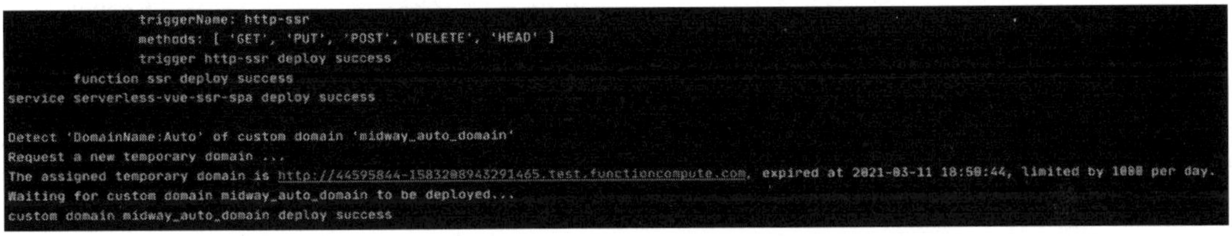

图 4-6　Serverless SSR 项目部署

至此，我们就通过 ssr 框架将一个 Serverless SSR 应用部署到了阿里云函数计算上。

4.1.4　总结

Serverless 架构带给开发者的不仅仅是开发思路、角色、工作重心的转变，还有整个技术体系的革新，正如文章 "Cloud Programming Simplified: A Berkeley View on Serverless Computing" 中说得那样：Serverless 是更加安全、易用的编程，不仅具有高级语言的抽象能力，还有很好的细粒度的隔离性。与其说 Serverless 将成为云时代默认的计算范式，取代 Serverful 计算，终结服务器 - 客户端模式，不如说 Serverless 将成为云时代更多人关注的对象，给更多行业和更多角色带来新的机会，推动行业技术的革新和传统开发模式的升级，推动整体技术架构的再次进步。

4.2 WebSocket 技术在 Serverless 架构下的新面貌

4.2.1 背景

WebSocket 协议是一种基于 TCP 的新的网络协议。它实现了浏览器与服务器全双工（full-duplex）通信，即允许服务器主动发送信息给客户端。WebSocket 在服务端有数据推送需求时，可以主动发送数据至客户端。而原有 HTTP 的服务端在需要推送数据时，仅能通过轮询或 long poll 的方式来让客户端获得。

传统业务如果想要实现 WebSocket 是一件比较容易的事情，但是众所周知，在 Serverless 架构中，部署在 FaaS 平台的函数通常是事件驱动的，且不支持长链接这样的操作，那么这是不是说明在 Serverless 架构下，WebScoket 是一个很难实现的技术呢？

其实不然，在 API 网关触发器的加持下，Serverless 架构是可以更简单地实现 WebSocket 功能的。本文将以阿里云函数计算为例，通过 API 网关触发器实现一个基于 WebSocket 的聊天工具。

4.2.2 API 网关中的 WebSocket 原理解析

由于函数计算是无状态的，且只有在有事件到来时才会被触发，因此，为了实现 WebSocket，函数计算需要与 API 网关相结合，通过 API 网关保持与客户端的连接，即 API 网关与函数计算共同组成了服务端。当客户端有消息发出时，会先传递给 API 网关，再由 API 网关触发函数执行。当服务端云函数要向客户端发送消息时，会先由云函数将消息 POST 到 API 网关的反向推送链接，再由 API 网关向客户端推送消息。具体的实现架构如图 4-7 所示。

基于 API 网关实现 WebSocket 的流程简图，如图 4-8 所示。

整个流程分析如下：

1）客户端在启动的时候和 API 网关建立了 WebSocket 连接，并且将自己的设备 ID 告知 API 网关。

2）客户端在 WebSocket 通道上发起注册信令。

3）API 网关将注册信令转换成 HTTP 协议发送给用户后端服务，并且在注册信令上加上设备 ID 参数（增加在名称为 x-ca-deviceid 的 header 中）。

4）用户后端服务验证注册信令，如果验证通过，记住用户设备 ID，响应 200 状态码。

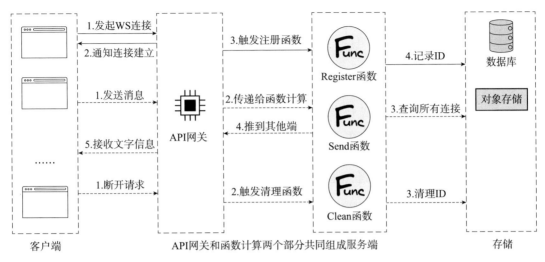

图 4-7　基于 API 网关与函数计算的 WebSocket 能力实现架构图

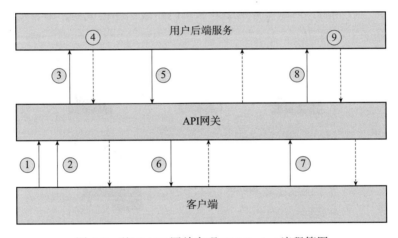

图 4-8　基于 API 网关实现 WebSocket 流程简图

5）用户后端服务通过 HTTP、HTTPS、WebSocket 三种协议中的任意一种向 API 网关发送下行通知信令，请求中携带接收请求的设备 ID。

6）API 网关解析下行通知信令，找到指定设备 ID 的连接，将下行通知信令通过 WebSocket 连接发送给指定客户端。

7）客户端在不想收到用户后端服务通知的时候，会通过 WebSocket 连接发送注销信令给 API 网关，请求中不携带设备 ID。

8）API 网关将注销信令转换成 HTTP 协议发送给用户后端服务，并且在注册信令上加上设备 ID 参数。

9）用户后端服务删除设备 ID，响应 200 状态码。

在阿里云 API 网关中，如果需要实现 WebSocket，则需要了解三种管理信令。

- 注册信令：客户端发送给用户后端服务的信令。它两个作用。

    - 将客户端的设备 ID 发送给用户后端服务，用户后端服务需要记住这个设备 ID。用户不需要定义设备 ID 字段，设备 ID 字段由 API 网关的 SDK 自动生成。
    - 用户可以将此信令定义为携带用户名和密码的 API，用户后端服务在收到注册信令后会验证客户端的合法性。如果用户后端服务在返回注册信令应答时返回非 200 状态码，则 API 网关会视此情况为注册失败。

- 下行通知信令：用户后端服务在收到客户端发送的注册信令后，记住注册信令中的设备 ID 字段，然后就可以向 API 网关发送接收方为这个设备的下行通知信令了。只要这个设备在线，API 网关就可以将此下行通知信令发送到客户端。
- 注销信令：客户端在不想收到用户后端服务的通知时会发送注销信令发送给 API 网关，当收到用户后端服务的 200 状态码后表示注销成功，不再接收用户后端服务推送的下行消息。

基于 API 网关实现 WebSocket 的原理图如图 4-9 所示。

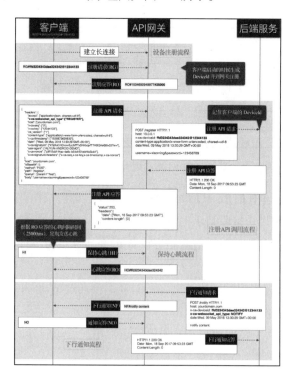

图 4-9　基于 API 网关实现 WebSocket 的原理图

具体实现逻辑总结如下：

1）开通分组绑定的域名的 WebSocket 通道。

2）创建注册、下行通知、注销三个 API，为这三个 API 授权并上线。

3）用户后端服务实现注册、注销信令逻辑，通过 SDK 发送下行通知。

4）下载 SDK 并嵌入客户端，建立 WebSocket 连接，发送注册请求，监听下行通知。

4.2.3　Serverless 架构下的 WebSocket 实战

下面通过结合 API 网关与函数计算，实现基于 WebSocket 技术的匿名聊天室项目。本项目主要用到以下云产品。

- API 网关：对外暴露 API，提供与客户端保持长连接的 WebSocket 接口。
- 函数计算：Serverless 计算平台，用来实现核心业务逻辑。
- 对象存储：代替数据库作为数据持久化模块，在生产过程中需要使用 MySQL 等数据库，但是在当前项目下暂用对象存储替代。

由于 API 网关实现 WebSocket 服务时需要提供注册、注销以及下行通知三种信令对应的函数逻辑，因此第一步是在函数计算页面创建 clean、register、send 三个示例函数，如图 4-10 所示。

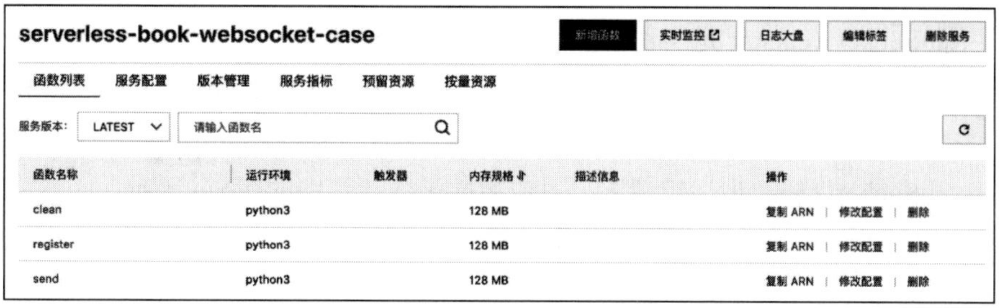

图 4-10　函数计算服务函数列表页

函数创建完成之后，需要在 API 网关页面配置对应的 API 分组，如图 4-11 所示。

图 4-11　API 网关服务分组列表页

分组后需进行域名的绑定，绑定时，可以选择开通 WebSocket 通道，如图 4-12 所示。

图 4-12　API 网关服务独立域名绑定页

完成 API 网关的基本配置之后，需要在 API 网关页面创建四个 API，分别用来实现三种信令，以及一个上行数据的接口，如图 4-13 所示。

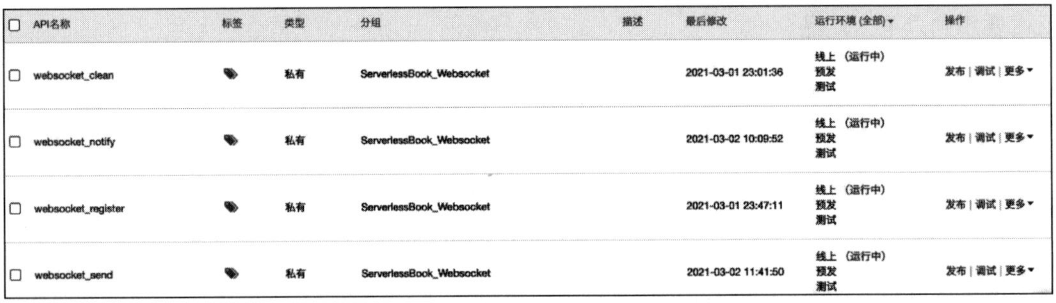

图 4-13　API 网关服务 API 列表页

其中：

- WebSocket_register 是实现注册信令，对应后端函数计算中的 register 函数。
- WebSocket_notify 为下行通知请求，协议为 HTTP 以及 WebSocket，无须配置后端函数。
- WebSocket_clean 为注销请求，对应后端函数计算中的 clean 函数。
- WebSocket_send 为接收上行数据的普通请求，对应后端函数计算中的 send 函数。

创建完成之后，需要将 API 发布到线上，并创建应用，授权 notify 接口，如图 4-14 所示。

图 4-14　API 网关服务已授权的 API 页

授权完成之后，在 AppKey 页建立一对 AppKey，如图 4-15 所示，用于实现后续的数据传输业务需求。

图 4-15　API 网关服务 AppKey 页

完成配置之后，返回函数计算页面，根据业务逻辑分别注册函数、传输函数以及清理函数。

- register 函数：注册函数，将用户的 ID/ 设备 ID 存储到对象存储中，具体业务逻辑参考如下。

```
import oss2
import json
ossClient = oss2.Bucket(oss2.Auth('<AccessKeyID>', '<AccessKeySecret>'),
                       'http://oss-cn-hongkong.aliyuncs.com',
                       '<BucketName>')

def register(event, context):
    userId = json.loads(event.decode("utf-8"))['headers']['x-ca-deviceid']
    #注册的时候，将链接写入对象存储
    ossClient.put_object(userId, 'user-id')
    #返回客户端注册结果
    return {
        'isBase64Encoded': 'false',
        'statusCode': '200',
        'body': {
            'userId': userId
        },
    }
```

- send 函数：传输函数，当一个客户端发送消息后，通过 send 函数接收，并将消息通过 API 网关的下行通知请求发送给在线的其他客户端。可以通过对象存储中的 object 来判断在线的其他客户端。需要注意的是，在当前函数通过 API 网关的 SDK 进行客户端初始化的过程中，需要用到上文中创建的 AppKey 信息：

```
from apigateway import client
apigatewayClient = client.DefaultClient(app_key="<app_key>", app_secret="<app_secret>")
```

具体业务逻辑参考如下。

```
import oss2
import json
import base64
from apigateway import client
```

```python
from apigateway.http import request
from apigateway.common import constant

ossClient = oss2.Bucket(oss2.Auth('<AccessKeyID>', '<AccessKeySecret>'),
                        'http://oss-cn-hongkong.aliyuncs.com',
                        '<BucketName>')
apigatewayClient = client.DefaultClient(app_key="<app_key>",
                                        app_secret="<app_secret>")

def send(event, context):
    host = "http://Websocket.serverless.fun"
    url = "/notify"
    userId = json.loads(event.decode("utf-8"))['headers']['x-ca-deviceid']

    #获取链接对象
    for obj in oss2.ObjectIterator(ossClient):
        if obj.key != userId:
            req_post = request.Request(host=host,
                                       protocol=constant.HTTP,
                                       url=url,
                                       method="POST",
                                       time_out=30000,
                                       headers={'x-ca-deviceid': obj.key})
            req_post.set_body(json.dumps({
                "from": userId,
                "message": base64.b64decode(json.loads(event.decode("utf-8"))['body']).decode("utf-8")
            }))
            req_post.set_content_type(constant.CONTENT_TYPE_STREAM)
            result = apigatewayClient.execute(req_post)
            print(result)
            if result[0] != 200:
                #删除链接记录
                ossClient.delete_object(obj.key)
    return {
        'isBase64Encoded': 'false',
        'statusCode': '200',
        'body': {
            'status': "ok"
        },
    }
```

❑ clean 函数：清理函数，用来断开连接，并清理连接对象存储在对象存储中的 object 信息，具体业务逻辑参考如下。

```python
import oss2
import json
ossClient = oss2.Bucket(oss2.Auth('<AccessKeyID>', '<AccessKeySecret>'),
```

```
                        'http://oss-cn-hongkong.aliyuncs.com',
                        '<BucketName>')

def clean(event, context):
    userId = json.loads(event.decode("utf-8"))['headers']['x-ca-deviceid']
    # 删除连接记录
    ossClient.delete_object(userId)
```

完成 API 网关与函数计算的配置之后，即完成了服务端核心业务逻辑的搭建。通过 API 网关与函数计算的加持，尽管业务逻辑只用了少量代码实现，但是它仍然具备极高的性能。得益于 Serverless 架构的天然分布式以及极致弹性的特点，该项目即便没有对服务端做各种策略的配置，依然是高性能、高可用、低成本的现代应用后端服务。

为了测试服务端的可用性，可以编写前端的测试案例。

1）HTML 页面：

```
<!DOCTYPE html>
<html>
<head>
    <title>Serverless Devs ChatApp</title>
    <link rel="stylesheet" href="http://getskeleton.com/dist/css/normalize.css">
    <link rel="stylesheet" href="http://getskeleton.com/dist/css/skeleton.css">
    <link href='http://fonts.googleapis.com/css?family=Inconsolata' rel='stylesheet' type='text/css'>
    <style>
        body {
            margin: 100px 0;
            font-family: 'Inconsolata', monospace;
            font-size: 14px;
            color: #dfe1e8;
            background: #343d46;
        }

        #app {
            height: 400px;
            width: 100%;
        }

        div#main {
            max-width: 560px;
            background: #2b303b;
            border-radius: 0px 0px 5px 5px;
            height: 400px;
            -webkit-box-shadow: 0px 0px 13px 0px rgba(50, 50, 50, 0.59);
            -moz-box-shadow: 0px 0px 13px 0px rgba(50, 50, 50, 0.59);
            box-shadow: 0px 0px 13px 0px rgba(50, 50, 50, 0.59);
            overflow: hidden;
        }
```

```css
.holder {
    overflow: auto;
}

input[type=text], input[type=text]:focus {
    border: none;
    padding: 0;
    margin: 0;
    height: 22px;
    background: #2b303b;
    color: #ebcb8b;
    width: 80%;
}

p {
    margin-bottom: 0;
    line-height: 21px;
}

#bar {
    height: 30px;
    max-width: 560px;
    background: black;
    border-radius: 5px 5px 0px 0px;
}

#content {
    padding: 0px 0px 0px 4px;
    height: 100%;
}
    </style>
</head>
<body>
<div id="bar" class='container'>
    <svg height="20" width="100">
        <circle cx="24" cy="14" r="5" fill="#bf616a"/>
        <circle cx="44" cy="14" r="5" fill="#ebcb8b"/>
        <circle cx="64" cy="14" r="5" fill="#a3be8c"/>
    </svg>
</div>
<div class="container" id="main">
    <div class="holder" id="holder">
        <div id="content">
            <div id="app"></div>
        </div>
    </div>
</div>
<script type="text/javascript" src="build/main.min.js"></script>
</body>
</html>
```

2）业务逻辑部分。

处理 WebSocket 的业务逻辑代码：

```javascript
'use strict';

const uuid = require('uuid');
const util = require('util');

const register = function (editor, deviceId) {
    const ws = new WebSocket('ws://Websocket.serverless.fun:8080');
    const now = new Date();

    const reg = {
        method: 'GET',
        host: 'Websocket.serverless.fun:8080',
        querys: {},
        headers: {
            'x-ca-WebSocket_api_type': ['REGISTER'],
            'x-ca-seq': ['0'],
            'x-ca-nonce': [uuid.v4().toString()],
            'date': [now.toUTCString()],
            'x-ca-timestamp': [now.getTime().toString()],
            'CA_VERSION': ['1'],
        },
        path: '/register',
        body: '',
    };

    ws.onopen = function open() {
        ws.send('RG#' + deviceId);
    };

    var registered = false;
    var registerResp = false;
    var hbStarted = false;

    ws.onmessage = function incoming(event) {
        if (event.data.startsWith('NF#')) {
            const msg = json.parse(event.data.substr(3));
            editor.addHistory(util.format('%s > %s', msg.from, msg.message));
            editor.setState({'prompt': deviceId + " > "});
            return;
        }

        if (!hbStarted && event.data.startsWith('RO#')) {
            console.log('Login successfully');

            if (!registered) {
                registered = true;
                ws.send(json.stringify(reg));
```

```javascript
            }
            hbStarted = true;
            setInterval(function () {
                ws.send('H1');
            }, 15 * 1000);
            return;
        }
    };

    ws.onclose = function (event) {
        console.log('ws closed:', event);
    };
};

module.exports = register;
```

上行数据以及初始化项目、状态等代码：

```javascript
const React = require('react');
const axios = require('axios');
const uuid = require('uuid');
const register = require('./ws');

var deviceId = uuid.v4().replace(/-/g, '').substr(0, 8);
var Prompt = deviceId + ' > ';
var ShellApi = 'http://Websocket.serverless.fun/send';

const App = React.createClass({
    getInitialState: function () {
        register(this, deviceId);
        this.offset = 0
        this.cmds = []
        return {
            history: [],
            prompt: Prompt,
        }
    },
    clearHistory: function () {
        this.setState({history: []});
    },
    execShellCommand: function (cmd) {
        const that = this;
        that.setState({'prompt': ''})
        that.offset = 0
        that.cmds.push(cmd)
        axios.post(ShellApi, cmd, {
            headers: {
                'Content-Type': 'application/octet-stream',
                "x-ca-deviceid": deviceId
```

```
                }
            }).then(function (res) {
                that.setState({'prompt': Prompt});
            }).catch(function (err) {
                const errText = err.response ? err.response.status + ' ' + err.response.
statusText : err.toString();
                that.addHistory(errText);
                that.setState({'prompt': Prompt})
            });
    },
    showWelcomeMsg: function () {
        this.addHistory(deviceId + ', Welcome to Serverless Devs ChatApp! Have fun!');
    },
    openLink: function (link) {
        return function () {
            window.open(link, '_blank');
        }
    },
    componentDidMount: function () {
        const term = this.refs.term.getDOMNode();

        this.showWelcomeMsg();
        term.focus();
    },
    componentDidUpdate: function () {
        var container = document.getElementById('holder')
        container.scrollTop = container.scrollHeight
    },
    handleInput: function (e) {
        switch (e.key) {
            case "Enter":
                var input_text = this.refs.term.getDOMNode().value;

                if ((input_text.replace(/\s/g, '')).length < 1) {
                    return
                }

                if (input_text === 'clear') {
                    this.state.history = []
                    this.showWelcomeMsg()
                    this.clearInput()
                    this.offset = 0
                    this.cmds.length = 0
                    return
                }

                this.addHistory(this.state.prompt + " " + input_text);
                this.execShellCommand(input_text);
                this.clearInput();
                break
```

```
            case 'ArrowUp':
                if (this.offset === 0) {
                    this.lastCmd = this.refs.term.getDOMNode().value
                }

                this.refs.term.getDOMNode().value = this.cmds[this.cmds.length -
++this.offset] || this.cmds[(this.offset = this.cmds.length, 0)] || this.lastCmd
                return false
            case 'ArrowDown':
                this.refs.term.getDOMNode().value = this.cmds[this.cmds.length -
--this.offset] || (this.offset = 0, this.lastCmd)
                return false
        }
    },
    clearInput: function () {
        this.refs.term.getDOMNode().value = "";
    },
    addHistory: function (output) {
        const history = this.state.history.slice(0)

        if (output instanceof Array) {
            history.push.apply(history, output)
        } else {
            history.push(output)
        }

        this.setState({
            'history': history
        });
    },
    handleClick: function () {
        const term = this.refs.term.getDOMNode();
        term.focus();
    },
    render: function () {
        const output = this.state.history.map(function (op, i) {
            return <p key={i}>{op}</p>
        });
        return (
            <div className='input-area' onClick={this.handleClick}>
                {output}
                <p>
                    <span className="prompt">{this.state.prompt}</span>
                    <input type="text" onKeyDown={this.handleInput} ref="term"/>
                </p>
            </div>
        )
    }
});
```

```
const AppComponent = React.createFactory(App);
React.render(AppComponent(), document.getElementById('app'));
```

完成之后，可以查看并测试项目。通过浏览器开启两个前端窗口，并相互发送消息，如图 4-16 所示。

图 4-16　匿名聊天系统测试效果图

可以看到左右两侧的两个客户端已经相互通过 WebSocket 连接接收到了对方的信息。至此，我们就实现了基于 API 网关与函数计算的 WebSocket 的匿名聊天室应用。

4.2.4　总结

通过 API 网关与函数计算进行 WebSocket 实践绝不仅仅是实现一个聊天工具这么简单，这种模式可以用在很多方面，例如通过 WebSocket 进行实时日志系统的制作等。单独的函数计算仅仅是一个计算平台，只有和周边的 BaaS 结合，才能展示出 Serverless 架构的真正价值。这也是为什么很多人认为 Serverless=FaaS+BaaS 的一个原因。

4.3　RESTful API 与 Serverless 架构的融合

4.3.1　背景

尽管 RESTful API 已经成为行业的"事实标准"，但是实际上 RESTful 只是描述了一个架构样式的网络系统，并没有明确的标准，正如维基百科和百度百科所说的一样：RESTful 更像是一种设计风格。这种设计风格是 HTTP 规范的主要编写者之一，Roy Fielding 博士在其博士论文"Architectural Styles and the Design of Network-based Software Architectures"中定义和描述的。在目前主流的三种 Web 服务交互方案中，REST 比 SOAP（Simple Object Access Protocol，简单对象访问协议）以及 XML-RPC 更加简单明了，无论是对 URL 的处理还是对 Payload 的编码，REST 都倾向于用更加简单轻量的方法设计和实现。有很多典型的优秀的 RESTful API，例如 GitHub、Rapidapi、Google 等。

通过阅读与分析 Roy Fielding 的博士论文，尤其是第 5 章关于 REST 的部分，可以看到这篇论文仅仅对 RESTful 进行了一些风格约束，并没有进行规范制定。所以，RESTful 是一种风格，而非一种规范。

4.3.2　RESTful API 简介

Roy Fielding 认为 REST 提供了一组架构约束，当作为一个整体来应用时，强调组件交互的可伸缩性、接口的通用性、组件的独立部署，以及用来减少交互延迟、增强安全性、封装遗留系统的中间组件，同时这组架构约束也被总结为六个核心部分：客户端 - 服务器、无状态、可缓存、分层系统、按需代码（可选）、统一的接口。尽管 RESTful 被更多人所接受，也被更多人应用到自身的业务中，但是由于 RESTful 并不是一个规范，没有对 API 的具体表现形态进行强约束，因此在实际生产中"高质量、高一致性"的 RESTful API 很难落地。此时与 RESTful 配套的开放 API 规范 / 设计指南就显得尤为重要。目前，大多数开发者对 RESTful 的普遍认知包括以下部分。

- ❏ URI 规范：
    - ➢ 不用大写，统一小写。
    - ➢ 用连接线（-）代替下划线（_）。
    - ➢ URL 中的词汇要用名词，尽量不要用动词。
    - ➢ 名词表示资源集合，使用复数形式。
    - ➢ 在 URL 中表达层级，用于按实体关联关系进行对象导航时，一般根据 ID 导航。
- ❏ 版本：URL 中要有 API 与版本。
- ❏ 请求：
    - ➢ GET：安全且幂等，表示获取资源。
    - ➢ POST：不安全且不幂等，使用服务端管理（自动产生）的实例号创建资源、创建子资源、部分更新资源，如果没有被修改，则不更新资源（乐观锁）。
    - ➢ PUT：不安全但幂等，用客户端管理的实例号创建一个资源，通过替换的方式更新资源，如果没有被修改，则更新资源（乐观锁）。
- DELETE：不安全但幂等，删除资源。
- PATCH：在服务器更新资源（客户端提供改变的属性）。

- 状态码：利用状态码表示服务状态。
- 服务器回应：
  - 不要返回纯本文，而是要返回是一个 JSON 对象，只有这样才能返回标准的结构化数据。
  - 发生错误时，不要返回 200 状态码。一种不恰当的做法是，即使发生错误，也返回 200 状态码，把错误信息放入数据体。
  - 提供链接，API 的使用者未必知道 URL 是怎么设计的。一个解决方法就是，在回应中给出相关链接，以便下一步操作。这样，用户只要记住一个 URL，就可以发现其他的 URL。

当说到 RESTful 风格的开放 API 规范时，就不得不提及 OpenAPI 3.0 和 Swagger。在 OpenAPI 3.0 的官方文件中，我们可以看到这样的描述："OpenAPI 规范是 OpenAPI 倡议（一个 Linux 基础协作项目）中的社区驱动的开放规范。本规范不打算涵盖所有可能的 HTTP API 样式，但包括对 REST API 的支持。"所以，可以认为 RESTful 是一种风格，OpenAPI 3.0 是它的最新规范，而 Swagger 是这个规范配套的相关工具。

OpenAPI 规范（OAS）定义了一个标准的、语言无关的 RESTful API 规范，它同时允许开发人员和操作系统查看并理解某个服务的功能，而无须访问源代码、文档或网络流量检查（既方便人类学习和阅读，也方便机器阅读）。正确定义 OAS 后，开发者可以使用最少的实现逻辑来理解远程服务并与之交互。

OAS 对很多内容进行了明确说明和定义，列举如下。

- 关于 OpenAPI 的版本：OAS 使用符合语义化版本 2.0.0(semver) 规范的版本号。
- 格式：一份遵从 OAS 的文档是一个自包含的 JSON 对象，可以使用 JSON 或 YAML 格式编写。
- 文档结构：一份 OpenAPI 文档可以是单个文件也可以被拆分为多个文件，连接的部分由用户自行决定。
- 数据类型：OAS 中的原始数据类型是基于 JSON Schema Specification Wright Draft 00 所支持的类型。
- 富文本格式：整个规范中的 description 字段被标记为支持 CommonMark markdown 格式。

❑ URL 的相对引用：除非明确指定，所有 URL 类型的属性值都可以是相对地址，就如 RFC3986 中定义的那样以 Server Object 作为 Base URI。

除此之外，它还对结构以及结构中的对象（例如 Server、Paths 等）进行了比较详细的规范和定义。

4.3.3 Serverless 架构下的 RESTful API

下面将以阿里云函数计算为例介绍 Serverless 架构下 RESTful API 的实现原理函数计算支持为每个新创建的 HTTP 触发器分配子域名 fcapp.run，通过该域名可以快速访问部署在阿里云函数计算上的 RESTful 应用。

如图 4-17 所示，函数计算提供了标准的以各种编程语言为基础的运行时，也引入了 Custom Runtime 和 Custom Container 函数，使得开发者可以直接在函数计算中运行自己的存量应用，而不需要按照函数计算推荐的架构去拆分自己的应用。由于社区内比较成熟的项目开发习惯是在一个程序中开发大量的 RESTful API，因此会存在进程内的路由逻辑，将不同路径的请求转发到不同的方法进行处理。

图 4-17　Serverless 架构下 RESTful API 的实现原理图

在函数计算中创建一个函数，并选择 HTTP 触发器，如图 4-18 所示。

图 4-18　函数计算服务函数详情页

创建完成之后的效果如图 4-19 所示，可以发现，函数计算为每个新创建的 HTTP 触发器分配了一个独立的域名，格式为 {random-string}.{region_id}.fcapp.run。使用该域名访问函数计算时，函数计算会按照域名进行路由，将流量转发至函数容器内，避免了依赖 Path 进行路由而对客户代码造成的侵入性。

图 4-19　函数计算服务函数触发器列表页

除了可以在函数计算中直接创建函数之外，还可以在函数计算应用中快速创建一个基于 Express.js 框架的 RESTful API 应用。首先在阿里云函数计算控制台创建应用，如图 4-20 所示。

图 4-20　函数计算服务应用中心页

找到 Express.js 框架进行应用创建，如图 4-21 所示。

图 4-21　函数计算服务应用列表页

按照引导，填写对应的参数信息，如图 4-22 所示。

单击"创建并部署"按钮，进行 Express.js 项目的创建，如图 4-23 所示。

在创建 Express.js 项目时，阿里云函数计算会将代码存储到指定的代码仓库，并进行应用流水线创建、项目初始化等操作。部署成功之后，可以通过域名进行访问，如图 4-24 所示。

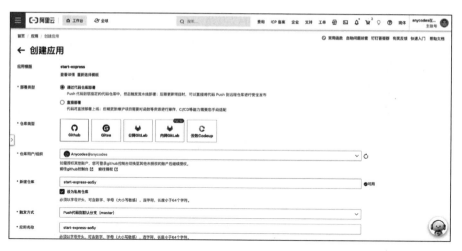

图 4-22　函数计算服务应用创建页

图 4-23　函数计算服务应用创建流程

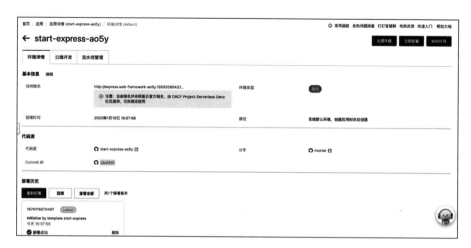

图 4-24　函数计算服务应用详情页

Express 应用案例预览如图 4-25 所示。

图 4-25　Express 应用案例预览

此时，找到云端开发并初始化代码仓库，如图 4-26 所示。

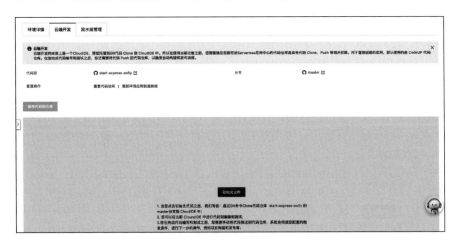

图 4-26　函数计算服务应用云端开发页

接着初始化仓库，将简单的 RESTful 风格的 API 对应的代码复制到业务逻辑中，如图 4-27 所示。

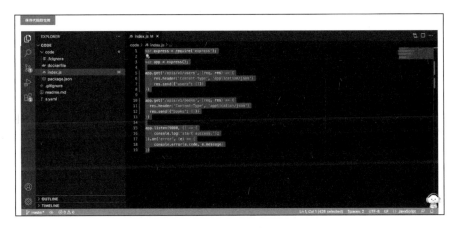

图 4-27　函数计算服务应用云端代码编辑页

代码详情如下：

```
var express = require('express');

var app = express();

app.get('/apis/v1/users', (req, res) => {
    res.header('Content-Type', 'application/json')
    res.send({"users": []})
})

app.get('/apis/v1/books', (req, res) => {
  res.header('Content-Type', 'application/json')
  res.send({"books": []})
})

app.listen(9000, () => {
    console.log('start success.');
}).on('error', (e) => {
    console.error(e.code, e.message)
})
```

完成之后，保存代码到仓库，即可看到应用的部署历史部分已经启动新的构建和部署流程了，如图4-28所示。

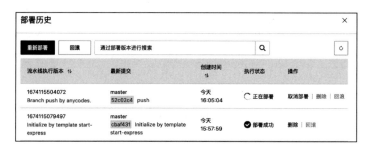

图4-28　函数计算服务应用部署历史功能页

部署完成之后，可以对RESTful风格的API进行测试，如图4-29所示。

图4-29　RESTful API 客户端测试效果预览

可以看到，系统已经返回预期结果。至此，我们就完成了基于阿里云函数计算的 RESTful API 的实践。

4.3.4 总结

在传统技术架构中 RESTful 风格的 API 已经逐渐成为最流行的 API 设计风格。基于 Serverless 架构，无论使用默认的域名还是使用自定义域名，开发者都可以非常简单且方便地提供 RESTful API 服务，同时，开发者无须做额外的服务器层面的运维和配置工作。RESTful API 服务具备天然的高可用的分布式能力，可以为下游服务提供安全且稳定的 API 服务。

4.4 Serverless 架构下的 GraphQL 实现

4.4.1 背景

在 Serverless 架构飞速发展的同时，另一个伟大的技术也在逐渐被更多人所关注：GraphQL。作为一种 API 查询语言，GraphQL 与 Serverless 架构有着非常契合的"缘分"。

GraphQL Server 的运行时采用可以完全兼容现有 Server 语言的 FaaS 方案部署，可以有效利用 Serverless 的弹性优势，如图 4-30 所示，此时的 GraphQL Server 是作为业务网关对数据进行整合响应。

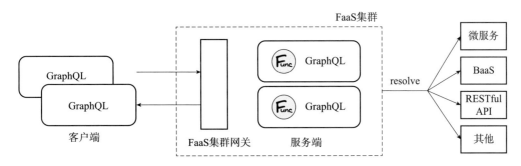

图 4-30　GraphQL Server 作为业务网关对数据进行整合响应

GraphQL Server 部署到轻量的边缘 FaaS 节点上，作为全球加速网关层，对访问数据进行缓存，可以有效保护后端业务，同时进一步增强业务访问性能，如图 4-31 所示。

通过以上两种 GraphQL 与 Serverless 结合的方案发现，二者可以充分发挥优势互补的原则，助力开发者快速开发、部署、上线业务逻辑。

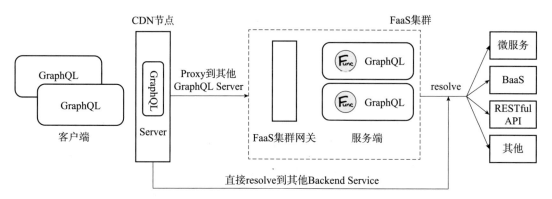

图 4-31　GraphQL Server 部署到轻量的边缘 FaaS 节点上

4.4.2　GraphQL 简介

GraphQL 是一种用于 API 的查询语言，也是一个满足数据查询的运行时。GraphQL 为 API 中的数据提供了一套易于理解的完整描述，使得客户端能够准确地获得它需要的数据，而且没有任何冗余，也让 API 更容易地随着时间的推移而不断演进，还能用于构建强大的开发者工具。GraphQL 可以分三个部分去理解。

1）描述数据：

```
type Project {
 name: String
 tagline: String
 contributors: [User]
}
```

2）请求数据：

```
{
  project(name: "GraphQL") {
    tagline
  }
}
```

3）得到期望结果：

```
{
  "project": {
    "tagline": "A query language for APIs"
  }
}
```

GraphQL 能够在业务侧更加清晰地定义数据模型，并通过整合后端服务减少客户端侧的请求数，从而降低客户的流量带宽成本。为了便于理解，此处对 GraphQL 与 RESTful API 进行了对比，如图 4-32 所示。

第 4 章 前端技术视角下的 Serverless 架构 ❖ 137

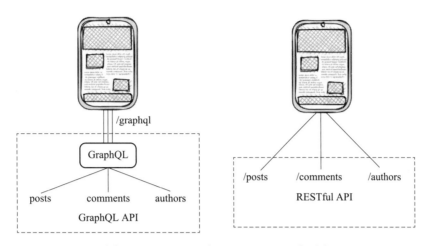

图 4-32 GraphQL 与 RESTful API 对比图

4.4.3 Serverless 架构下的 GraphQL 实战

1. 将 GraphQL Server 部署到阿里云函数计算

可以选择 Nest.js 作为服务端，因为 Nest.js 本身就支持 GraphQL。为了方便操作，此处通过 Serverless Devs 工具进行 Nest.js 框架的初始化与部署操作。

1）初始化 Nest.js 项目：

```
s init start-nest -d start-nest
```

2）进入项目目录，进行依赖安装和项目启动：

```
cd start-nest && npm i && npm start
```

此时可以通过 localhost:3000 访问测试页面，Nest.js 页面部署效果如图 4-33 所示。

图 4-33 Nest.js 页面部署效果

此时就完成了 Nest.js 项目的初始化，接下来需要构建 GraphQL 目录，并创建我们需要的数据模型定义文件、GraphQL 数据文件、Nest.js 模块文件，以及 GraphQL 的 Resolver 文件等。首先确定数据模型：

```typescript
export enum Areas {
    Miles = "Miles",
    EMPIRE = "EMPIRE",
    JEDI = "JEDI"
}

export interface HeroInfo {
    name: string;
    appearsIn?: Nullable<Areas>;
}

export interface IQuery {
    getHero(name?: Nullable<string>): HeroInfo | Promise<HeroInfo>;
}

type Nullable<T> = T | null;
```

接下来我们创建一个 Reolver：

```typescript
import {
  Args,
  Mutation,
  Parent,
  Query,
  ResolveField,
  Resolver,
} from '@nestjs/GraphQL';
import { BizService } from 'src/biz/biz.service';

@Resolver('Hero')
export class HeroResolver {
  constructor(private readonly bizService: BizService) { }

  @Query()
  async getHero(@Args('vid') vid: string) {
    return await this.bizService.getData();
  }
}
```

为了更加真实地模拟 Backend Service 的访问情况，可以向 HeroResolver 注入 BizService 对象，这个 BizService 是与 GraphQL 目录同级的，代表业务逻辑，还可以做一些数据的 mock 操作，具体实现如下：

```typescript
import { Injectable, Logger } from '@nestjs/common';
import { Areas } from 'src/GraphQL/types';
```

```
@Injectable()
export class BizService {

    private readonly logger = new Logger(BizService.name);

    constructor() {
    }

    async getData() {
        return {
            name: 'sss',
            appearsIn: Areas.EMPIRE
        }
    }
}
```

为了保证这个模块可以加入 Nest.js 实例对象的初始化队列，还需要创建一个 Module：

```
import { Module } from '@nestjs/common';
import { BizService } from './biz.service';

@Module({
  providers: [BizService],
  exports: [BizService],
})
export class BizModule {}
```

接下来，回到 GraphQL 目录，创建一个 GraphQL 的描述文件：

```
"""
英雄。
"""
type HeroInfo {
"姓名"
name: String!
appearsIn: Areas
}

"""
里程单位的枚举。
"""
enum Areas {
"新希望"
Miles
"帝国"
EMPIRE
"绝地务实"
JEDI
}

type Query {
"""
```

```
查询英雄
"""
getHero(name:String): HeroInfo!
}
```

然后创建 GraphQL 的模块文件，并引入前面创建的依赖：

```
import { Module } from '@nestjs/common';
import { GraphQLModule as GraphQLNestModule } from '@nestjs/GraphQL';
import { ApolloDriver, ApolloDriverConfig } from '@nestjs/apollo';
import { join } from 'path';
import { BizModule } from 'src/biz/biz.module';
import { HeroResolver } from './hero/hero.resolver';

@Module({
  imports: [
    GraphQLNestModule.forRoot({
      typePaths: ['/*.GraphQL'],
      definitions:
        process.env.NODE_ENV === 'production'
        ? undefined
        : {
          path: join(process.cwd(), 'src/GraphQL/types.ts'),
        },
      playground: true,
      introspection: true,
      tracing: true,
      driver: ApolloDriver,
      resolvers: {

      },
    }),
    BizModule,
  ],
  providers: [
    HeroResolver
  ],
})
export class GraphQLModule {}
```

最后只需要在 app.module.ts 文件中引入 GraphQL 和 biz 的模块即可：

```
// Before
import { Module } from '@nestjs/common';
import { AppController } from './app.controller';
import { AppService } from './app.service';

@Module({
  imports: [
  ],
  controllers: [AppController],
  providers: [AppService],
})
```

```
export class AppModule {}

//After
import { Module } from '@nestjs/common';
import { GraphQLModule } from 'src/GraphQL/GraphQL.module';
import { BizModule } from 'src/biz/biz.module';
import { AppController } from './app.controller';
import { AppService } from './app.service';

@Module({
  imports: [
    GraphQLModule,
    BizModule,
  ],
  controllers: [AppController],
  providers: [AppService],
})
export class AppModule {}
```

完成上述业务逻辑的开发之后，执行 npm run start:dev 命令进行项目的测试，通过 GraphQL 调试器进行数据访问，效果如图 4-34 所示。

图 4-34 通过 GraphQL 调试器进行数据访问

通过图 4-34 可以看到，基于 Nest.js 的 GraphQL 已经完成，由于项目是通过 Serverless Devs 所提供的脚手架进行初始化的，因此只需要执行 s deploy 命令，即可将本地项目一键部署到阿里云函数计算平台，使其成为基于 Serverless 架构的 GraphQL 项目。

2. 将 GraphQL Server 部署到阿里云 EdgeRoutine 边缘节点

上文所述的 GraphQL Server 在部署到函数计算服务之后便已经具备高可用、极致弹性等特性，但在性能上还未能够达到极致，除了与 FaaS 服务不可避免的冷启动有关外，与网络节点等也有一定的关系。如果想进一步追求 GraphQL Server 的极致性能，还可以进一步考虑将其部署到阿里云 EdgeRoutine 边缘节点服务中。

EdgeRoutine 是阿里云 CDN 团队推出的新一代 Serverless 计算平台，它提供了一个类似 W3C 标准的 ServiceWorker 容器，可以充分利用 CDN 遍布全球的节点的空闲计算资源以及强大的加速与缓存能力，实现高可用、高性能的分布式弹性计算。众所周知，GraphQL 非常适合作为 BFF 网关层，通过一系列实践表明：在一般的应用中，Query 类的请求占了大量的比例，这些只读类查询请求的响应结果在相当长的时间范围甚至永远都不会发生变化，尽管如此，我们还是在每一次调用 API 时将请求发送到后端的应用/服务器上。因此，开发者开始考虑将 CDN EdgeRoutine 作为 GraphQL Query 类请求的代理层，首次执行 Query 时，将请求先从 CDN 代理到 GraphQL 网关层，再通过网关层代理到实际的 HSF 接口，然后将获得的返回结果缓存在 CDN 上，在执行后续的请求时可以根据 TTL 业务规则动态决定走缓存还是去 GraphQL 网关层。这样可以充分利用 CDN 的特性，将 Query 类请求分散到遍布全球的节点中，显著降低主应用程序的 QPS。整体架构图如图 4-35 所示。

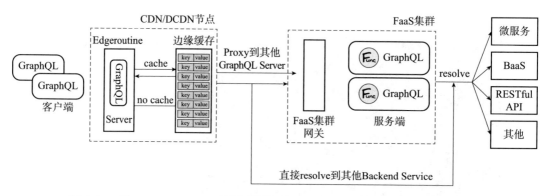

图 4-35　将 GraphQL Server 部署到阿里云 Edgeroutine 边缘节点的整体架构图

Apollo GraphQL Server 是目前使用最广泛的开源 GraphQL 服务，它的 Node.js 版本更是被 BFF 类应用广为使用。但遗憾的是 apollo-server 是一个面向 Node.js 技术栈开发的项目，而 EdgeRoutine 提供的是一个类似 Service Worker 的 Serverless 容器，因此需要先将 apollo-server-core 移植到 EdgeRoutine 中。

首先，构建一个 EdgeRoutine 容器的 TypeScript 环境，用 Service Worker 的 TypeScript 库模拟编译时环境，同时将 Webpack 作为本地调试服务器，并用浏览器的 Service Worker 来模拟运行 edge.js 脚本，用 Webpack 的 socket 通信实现热重载（Hot Reload）效果。

通过以下方法，建立 ApolloServerBase 类与 HTTP 服务器的连接，为 EdgeRoutine 环境实现自己的 ApolloServer：

```
import { ApolloServerBase } from 'apollo-server-core';
```

```
import { handleGraphQLRequest } from './handlers';
/
 * Apollo GraphQL Server 在 EdgeRoutine 上的实现。
 */
export class ApolloServer extends ApolloServerBase {
  /
   * 在指定的路径上，监听 GraphQL POST 请求
   * @param path 指定要监听的路径
   */
  async listen(path = '/GraphQL') {
    //如果在未调用start()方法前，错误地先使用了listen()方法，则抛出异常
    this.assertStarted('listen');
    //addEventListenr('fetch', (FetchEvent) => void) 由 EdgeRoutine 提供
    addEventListener('fetch', async (event: FetchEvent) => {
      //监听 EdgeRoutine 的所有请求
      const { request } = event;
      if (request.method === 'POST') {
        // 只处理 POST 请求
        const url = new URL(request.url);
        if (url.pathname === path) {
          //当路径相符合时，将请求交给handleGraphQLRequest()处理
          const options = await this.GraphQLServerOptions();
          event.respondWith(handleGraphQLRequest(this, request, options));
        }
      }
    });
  }
}
```

接下来，实现 handleGraphQLRequest() 方法，该方法实际上是一个通道模式，负责将 HTTP 请求转换成 GraphQL 请求发送到 Apollo Server，并将其返回的 GraphQL 响应转换回 HTTP 响应。Apollo 官方有一个名为 runHttpQuery() 的方法，该方法用到了 buffer 等 Node.js 环境内置的模块，无法在 Service Worker 环境中编译通过，但可以通过以下方法实现：

```
import { GraphQLOptions, GraphQLRequest } from 'apollo-server-core';
import { ApolloServer } from './ApolloServer';
/
 * 从 HTTP 请求中解析出 GraphQL 查询并执行，再返回执行的结果
 */
export async function handleGraphQLRequest(
  server: ApolloServer,
  request: Request,
  options: GraphQLOptions,
): Promise<Response> {
  let gqlReq: GraphQLRequest;
  try {
    // 从 HTTP 请求中解析出 JSON 格式的请求
    //该请求是GraphQLRequest 类型，包含 query、variables、operationName 等。
    gqlReq = await request.JSON();
  } catch (e) {
```

```
    throw new Error('Error occurred when parsing request body to JSON.');
  }
  // 执行 GraphQL 操作请求
  // 当执行失败时不会抛出异常，而是返回一个包含 errors 的响应
  const gqlRes = await server.executeOperation(gqlReq);
  const response = new Response(json.stringify({ data: gqlRes.data, errors: gqlRes.errors }), {
    // 永远确保 content-type 为 JSON 格式
    headers: { 'content-type': 'application/json' },
  });
  // 将 GraphQLResponse 中的消息头复制到 HTTP 请求中
  for (const [key, value] of Object.entries(gqlRes.http.headers)) {
    response.headers.set(key, value);
  }
  return response;
}
```

为了让案例更生动，此处引用一段来自阿里云官网的操作示例：天气查询 GraphQL CDN 代理网关示例。该示例对第三方天气服务进行了二次封装以开发一个 GraphQL CDN 代理网关。天气 API 网关对免费用户的 QPS 有一定的限制，每天只能查询 300 次。天气预报一般变化频率较低，假设我们希望在首次查询某一个城市天气的时候，真正访问到天气 API 网关的服务，而此后查询同一城市的天气将访问 CDN 缓存通道。

天气 API 网关对外提供商业级的天气预报服务，每天有千万级的 QPS。可以通过下面的 API 获得当前某一个城市的天气，以南京为例：

```
Request URL: https://www.tianqiapi.com/free/day?appid={APP_ID}&appsecret={APP_SECRET}&city=%E5%8D%97%E4%BA%AC
Request Method: GET
Status Code: 200 OK
Remote Address: 127.0.0.1:7890
Referrer Policy: strict-origin-when-cross-origin
```

对应的 HTTP 响应为：

```
HTTP/1.1 200 OK
Server: nginx
Date: Thu, 19 Aug 2021 06:21:45 GMT
Content-Type: application/json
Transfer-Encoding: chunked
Connection: keep-alive
Vary: Accept-Encoding
Access-Control-Allow-Origin: *
Access-Control-Allow-Credentials: true
Content-Encoding: gzip
{
  air: "94",
  city: "南京",
  cityid: "101190101",
  tem: "31",
```

```
    tem_day: "31",
    tem_night: "24",
    update_time: "14:12",
    wea: "多云",
    wea_img: "yun",
    win: "东南风",
    win_meter: "9km/h",
    win_speed: "2级"
}
```

客户端的实现代码实现为：

```
export async function fetchWeatherOfCity(city: string) {
    //URL 类在 EdgeRoutine 中有对应的实现
    const url = new URL('http://www.tianqiapi.com/free/day');
    //这里我们直接采用官方示例中的免费账户
    url.searchParams.set('appid', '23035354');
    url.searchParams.set('appsecret', '8YvlPNrz');
    url.searchParams.set('city', city);
    const response = await fetch(url.toString);
    return response;
}
```

接下来为了将其部署到阿里云 Edgeroutine 边缘节点，首先可以自定义 GraphQL SDL，用 GraphQL SDL 语言定义将要实现接口的 Schema：

```
type Query {
"查询当前 API 的版本信息。"
versions: Versions!
"查询指定城市的实时天气数据。"
weatherOfCity(name: String!): Weather!
}
"""
城市信息
"""
type City {
"""
城市的唯一标识
"""
id: ID!
"""
城市的名称
"""
name: String!
}
"""
版本信息
"""
type Versions {
"""
API 版本号
"""
```

```
  api: String!
  """
  GraphQL NPM 版本号
  """
  GraphQL: String!
}
"""
天气数据
"""
type Weather {
  "当前城市"
  city: City!
  "最后更新时间"
  updateTime: String!
  "天气状况代码"
  code: String!
  "本地化（中文）的天气状态"
  localized: String!
  "白天气温"
  tempOfDay: Float!
  "夜晚气温"
  tempOfNight: Float!
}
```

然后需要实现 GraphQL Resolvers，示例代码如下：

```
import { version as GraphQLVersion } from 'GraphQL';
import { apiVersion } from '../api-version';
import { fetchWeatherOfCity } from '../tianqi-api';
export function versions() {
  return {
    // EdgeRoutine 的部署不像 FaaS 那么及时，因此每次部署前，需要手工修改api-version.ts 中的版
    // 本号，如果查询时看到 API 版本号变了，就说明 CDN 端已经部署成功了
    api: apiVersion,
    GraphQL: GraphQLVersion,
  };
}
export async function weatherOfCity(parent: any, args: { name: string }) {
  // 调用 API 并将返回的格式转换为 JSON
  const raw = await fetchWeatherOfCity(args.name).then((res) => res.JSON());
  // 将原始的返回结果映射到我们定义的接口对象中
  return {
    city: {
      id: raw.cityid,
      name: raw.city,
    },
    updateTime: raw.update_time,
    code: raw.wea_img,
    localized: raw.wea,
    tempOfDay: raw.tem_day,
    tempOfNight: raw.tem_night,
```

接下来可以创建并启动服务器。首先需要创建一个 server 对象，然后将它启动并使其监听指定的路径 /GraphQL。

```
// 注意这里不再是import { ApolloServer } from 'apollo-server' 了
import { ApolloServer } from '@ali/apollo-server-edge-routine';
import { default as typeDefs } from '../GraphQL/schema.GraphQL';
import * as resolvers from '../resolvers';
// 创建服务器
const server = new ApolloServer({
  // typeDefs 是一个 GraphQL 的DocumentNode对象
  // *.GraphQL 文件被webpack-GraphQL-loader 加载后变成DocumentNode 对象
  typeDefs,
  // 即步骤二中的 Resolvers
  resolvers,
});
// 先启动服务器，然后监听
server.start().then(() => server.listen());
```

与部署到 FaaS（例如上文所述的阿里云函数计算）平台不同，上述代码并不是运行在 Node.js 环境中，而是运行在类似 ServiceWorker 环境中。从 Webpack 5 开始，Webpack 在 browser 目标环境中自动注入 Node.js 内置模块的 polyfills，因此需要手动添加。此外，还需要手动安装包括 assert、buffer、crypto-browserify、os-browserify、stream-browserify、browserify-zlib 及 util 等在内的 polyfills 包。

接下来需要添加 CDN 缓存，通过 Experimental 的 API 添加缓存，重新实现 fetchWeatherOfCity() 方法：

```
export async function fetchWeatherOfCity(city: string) {
  const url = new URL('http://www.tianqiapi.com/free/day');
  url.searchParams.set('appid', '2303');
  url.searchParams.set('appsecret', '8Yvl');
  url.searchParams.set('city', city);
  const urlString = url.toString();
  if (isCacheSupported()) {
    const cachedResponse = await cache.get(urlString);
    if (cachedResponse) {
      return cachedResponse;
    }
  }
  const response = await fetch(urlString);
  if (isCacheSupported()) {
    cache.put(urlString, response);
  }
  return response;
}
```

全局变量 globalThis 中提供的 cache 对象本质上是一个通过 Swift 实现的缓存器，它的键必须是一个 HTTP Request 对象或一个 HTTP 协议（非 HTTPS）的 URL 字符串，而值必须是一个 HTTP Response 对象（可以来自 fetch() 方法）。虽然 EdgeRoutine 的 Serverless 程序每隔几分钟或 1 小时就会重启，全局变量会随之销毁，但是有了 cache 对象的帮助，可以实现 CDN 级别的缓存。

最后一步是添加 Playground 调试器，以更好地调试 GraphQL。它是一个单页面应用，可以通过 Webpack 的 html-loader 进行加载：

```
addEventListener('fetch', (event) => {
  const response = handleRequest(event.request);
  if (response) {
    event.respondWith(response);
  }
});
function handleRequest(request: Request): Promise<Response> | void {
  const url = new URL(request.url);
  const path = url.pathname;
  // 为了方便调试，我们让所有对 /GraphQL 的 GET 请求都返回 playground
  // 而 POST 请求则为实际的 GraphQL 调用
  if (request.method === 'GET' && path === '/GraphQL') {
    return Promise.resolve(new Response(rawPlaygroundHTML, { status: 200, headers: { 'content-type': 'text/html' } }));
  }
}
```

在浏览器中访问 /GraphQL，并在其中输入一段查询语句：

```
query CityWeater($name: String!) {
  versions {
    api
    GraphQL
  }
  weatherOfCity(name: $name) {
    city {
      id
      name
    }
    code
    updateTime
    localized
    tempOfDay
    tempOfNight
  }
}
```

将 Variables 设置为 {"name": " 杭州 "}，单击中间的 Play 按钮即可看到杭州的天气信息。至此，我们就实现了部署在阿里云 EdgeRoutine 边缘节点，基于 GraphQL 的天气查询能力。

4.4.4 总结

无论函数计算还是 EdgeRoutine 边缘节点，其实二者在某些层面都应该是 Serverless 架构中的一种形态，除此之外还包括容器镜像的 Serverless 化服务、Serverless 应用托管形态的 Serverless 应用引擎等。同时，Serverless 架构也在不断地进行自我革新。随着更多技术架构被更多开发者所关注，Serverless 架构正在以一种"All On Serverless"的心智，开拓更多的疆土。除了前文所述的 RESTful API、WebSocket、SSR，以及本文所述的 GraphQL，未来还会有更多的技术与 Serverless 架构有交集，为开发者们提供更多的技术红利，或许不仅仅是降本增效、极致性能与按量付费，还会包括更具幸福感的开发体验和使用体验。

4.5 前后端一体化：前端技术的风向标

4.5.1 背景

古语有云，天下大势，分久必合，合久必分。其实很多技术的发展也遵循此规律。以 Web 应用的前后端为例，从前后端一体化到前后端分离，是为了解决高可用、高并发的问题；从前后端分离到前后端一体化，则是在 Serverless 架构的加持下，解决高可用、高并发等问题，同时让业务逻辑的整体性更强，更易于开发，让开发者更专注业务逻辑，提升整体的效能。

4.5.2 前后端一体化发展历史

早期，一些业务的开发是没有前后端概念，或者说是前后端一体化的，工程师更关注的是业务逻辑的开发；但是随着时间的推移、技术的进步和业务需求的变化，高可用、高并发逐渐成为前后端一体化项目的一个瓶颈。为了更好地解决这个问题，前后端逐渐地分裂开来，逐渐有了更加明确的分工。

前后端项目分离后的 Web 结构简图如图 4-36 所示。前后端分离的目的是：解决高可用、高并发的问题，同时让前端工程师可以更好地关注页面本身以及页面的实现逻辑，让后端工程师更关注整体后端接口的稳定性，让运维人员更关注整体业务的稳定性。但是事实上并不是这样的，前后端分离虽然在一定程度上解决了高并发、高可用的问题，却带来了更严峻的事情：原本一体化的应用逻辑从此分为前端逻辑、后端逻辑，变得异常割裂，与此同时前后端的界限往往是模糊的，前后端分离增加了开发联调成本，也让业务上线周期因此而进一步变长了。此外，前后端技术发展速度的不对称对整个业务的迭代也会产生极为不利的影响，前后端代码的抽象程度更高，这让业务后期维护的复杂度更高，也让运维成本进一步增加了。

图 4-36　前后端项目分离后的 Web 结构简图

所以，可以认为前后端业务的分离是典型的解决一个问题，带来更多问题的表现。当然，这些额外带来的问题，常常也是今天很多 Web 项目所面临的问题。

随着 Serverless 架构的不断演进，Serverless 架构逐渐对前后端一体化的发展起到了积极促进作用。从前后端一体化到前后端分离的一个重要原因是高可用、高并发，而 Serverless 架构凭借着函数计算的极致弹性天然解决了高可用、高并发的问题。同时函数计算本身可以让业务开发者更关注业务逻辑，它的按量付费模式在低成本方面有着较大的优势。所以回归业务，随着 Serverless 技术的不断发展，前后端一体化技术再次成为众多开发者，尤其是前端开发者们所关注的焦点，如图 4-37 所示。

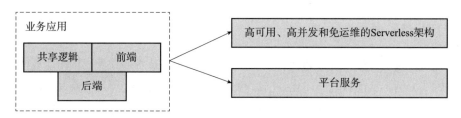

图 4-37　基于 Serverless 架构的前后端一体化

基于 Serverless 架构的前后端一体化项目的业务应用层主要包括前端、后端和共享逻辑三个部分：

- 前端即用户的页面，一些静态资源部分。
- 后端即一些业务逻辑的接口，通过后端业务可以进行数据库的增删改查操作，也可以对一些计算任务进行处理。
- 共享逻辑是前后端的共享逻辑，在过去，由于前后端分裂，很难做到前后端层面的代码抽象，如今前后端融合让这件事变得简单自然。

基于 Serverless 架构的前后端一体化项目依赖高可用、高并发和免运维的 Serverless 架构，在享受 Serverless 架构的技术红利的同时，也在进一步推动前端技术发展，将前端角色进一步推送至全栈开发的角色中。以前后端一体化为核心的阿里巴巴 Midway Serverless 项目在其 Midway Serverless 2.0 的发布会上也曾以全栈为题，讲述 Midway Serverless 前后端一体化的全栈解决方案，如图 4-38 所示。

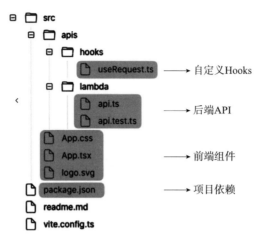

图 4-38　Midway Serverless 前后端一体化的全栈解决方案

在 Midway Serverless 这个方案中,可以明显地看到三个核心点:

- 同仓库、同依赖、同命令。
- 共享 src、类型、代码。
- 一起开发、一起部署。

当然,发展至今的 Serverless 架构下的前后端一体化项目,不仅是在打通前端和后端,也在为打通前端、后端和数据库这个全链路而不断努力。

从前端到后端再到数据库的打通,可以实现全链路类型安全方案。比如数据库中的一个 user 表,可以通过 Typescirpt 映射到后端以及前端的类型校验上,Prisma 就是在做这样的事情,如图 4-39 所示。

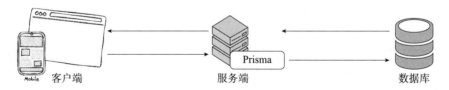

图 4-39　从前端到后端再到数据库的全链路打通

4.5.3　Serverless 架构下的前后端一体化实战

基于 Serverless 架构的前后端一体化项目可以根据不同的业务需求使用不同的产品组合来完成,本节将通过阿里云函数计算以及 Midway Serverless 工具进行前后端一体化应用的探索,如图 4-40 所示。

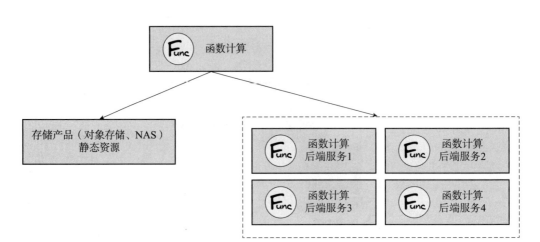

图 4-40　基于 Serverless 架构的前后端一体化服务端结构简图

这种架构的优势是非常简单，只需要结合使用函数计算与对应的存储产品，即可实现前后端一体化的部署。但是通过函数计算进行 Proxy 层的建设存在一定的不合理性：

- 通过对象存储、CDN 等暴露静态资源产生的流量费用要比通过函数计算暴露产生的流量费用低很多。
- 函数计算在当前环境下存在冷启动情况，通过函数计算做 Proxy 层，在一定程度上会产生性能问题。

如果需要对上述架构进行升级，可以引入 API 网关或者 CDN 等产品，如图 4-41 所示。

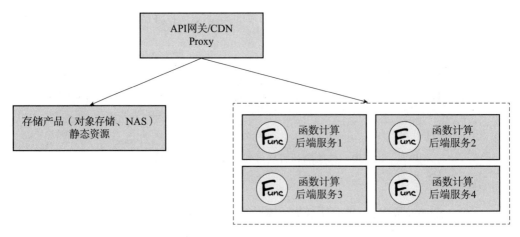

图 4-41　升级后的基于 Serverless 架构的前后端一体化服务端结构简图

通过 CDN 或 API 网关做 Proxy，实现分流，在一定程度上可以保证性能。部分厂商的 CDN 是具备边缘 FaaS 能力的，如果可以在部分节点进行后端服务的运行反馈，会进一步提升整体性能。

当然，当基于 Serverless 架构实现前后端一体化项目时，并不需要自己建设整体的后端服务架构，也不需要自己定义客户端资源描述规范，因为目前已经有比较多的基于 Serverless 架构的前后端一体化项目工具（包括脚手架、项目开发、项目部署、后期运维等全生命周期的功能支持）帮助我们一键部署前后端一体化应用。例如阿里巴巴开源的 Midway Serverless 项目就是一个比较典型的代表。接下来以 Midway Serverless 工具为例，部署一个前后端一体化应用。

在开始使用 Midway Serverless 工具之前，需要先安装工具：

```
npm install @midwayjs/cli -g --registry=https://registry.npm.taobao.org
```

安装完命令行工具之后，可以通过命令 mw new my-app 创建前后端一体化应用。Midway Serverless 提供了丰富的脚手架示例，此时可以选择 faas-hooks-react - A serverless boilerplate with react and use hooks 作为示例进行体验。完成项目初始化之后，进入项目并进行部署：

```
cd my-app && npm run deploy
```

稍等片刻，可以看到系统输出"Deploy success"，表示该项目已经完成部署，如图 4-42 所示。

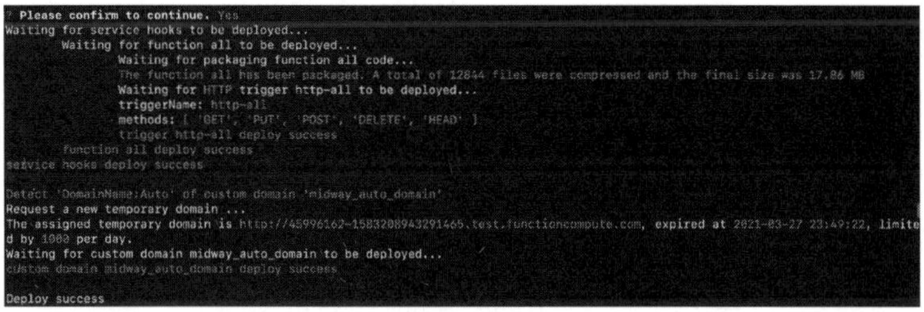

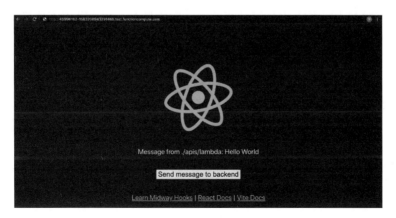

图 4-42　使用 Midway Serverless 部署前后端一体化项目

此时，通过系统生成的测试域名，可以看到默认提供的前后端一体化示例项目已经完成，如图 4-43 所示。

图 4-43　预览基于 Midway Serverless 部署的前后端一体化项目

通过上述项目可以看到，一个前后端一体化的项目通常包括以下两个部分：

- /src 路径，将路由到静态资源（前端资源）。
- /apis 路径，将路由到函数计算（后端服务）。

至此，我们就通过 Midway Serverless 快速完成了一个基于 Serverless 架构的前后端一体化项目。

4.5.4 总结

随着 Serverless 架构的不断发展和前端技术的不断演进，Serverless 架构和前端技术的结合也变得越来越紧密。通过 Serverless 架构可以快速部署一个 SSR 应用，实现一个前后端一体化项目。同时，Serverless 架构凭借其弹性伸缩能力及天然的分布式架构，让很多在传统架构下比较受限的或者实现起来可能相对困难的前端技术变得更加简单、轻松、便利。同时 Serverless 架构的按量付费模式与 Serverless 架构的设计理念，可以让项目开发者将更多精力投入到业务逻辑的实现，并大幅度降本增效。

4.6 小程序 / 快应用：前端技术赋能移动端开发

4.6.1 背景

无论小程序还是快应用，都是目前前端领域中不可或缺的一部分，都是将传统应用前端化，通过一些前端技术与运行容器进行结合，快速为用户提供各类服务，所以小程序开发和快应用开发，除了在用户侧具有即开即用免下载的优势外，在开发侧也具备简单方便、上手迅速的优秀特性。

4.6.2 Serverless 架构下的天气查询小程序实战

在使用一些软件和登录一些网站的时候，你会经常看到软件或网站上显示的用户所在地的天气信息，如图 4-44 所示。

所谓的所在地天气，是指用户所在的地区的天气。获取用户所在地的方法通常有以下两种。

- 通过客户端的定位系统实现：例如软件会索取 GPS 权限，获得用户所在地的具体位置信息。

❑ 通过客户端发起网络请求，在服务端通过客户端的 IP 地址查询用户所在地的 IP 地址。

为了更快速地实现当前示例，本节将基于爬虫技术和 Serverless 架构，实现一个通过 IP 获得用户所在地天气的小程序，它的任务流程如图 4-45 所示。

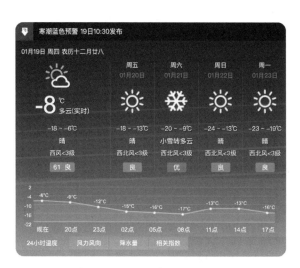

图 4-44　网站天气预报效果图

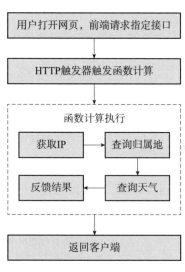

图 4-45　Serverless 架构下天气查询小程序的任务流程

明确任务流程之后，首先要完成的模块是，在 Serverless 架构中获取客户端 IP 地址，以阿里云函数计算的 Python 3.9 运行时为例：

```
ip = environ["REMOTE_ADDR"]
```

获取 IP 地址之后，可以通过爬虫技术获取 IP 所在地。在搜索引擎中搜索"ip"，寻找 IP 地址查询工具，如图 4-46 所示。

图 4-46　IP 地址查询效果图

然后通过网络爬虫等技术，对 IP 转换位置信息的请求进行分析。通过分析，进行 IP 转换位置信息功能的编写，代码如下：

```
#-*- coding: utf-8 -*-

import logging
import urllib.request
import ssl
import json

logging.basicConfig(level=logging.NOTSET)
ssl._create_default_https_context = ssl._create_unverified_context

url = "该地址需要替换为自己的抓包结果?query=xxxxxxxx.183&resource_id=6006"
resp_attr = urllib.request.urlopen(url=url)
resp_date = resp_attr.read().decode("gbk")
location_str = json.loads(resp_date)["data"][0]["location"]
location_dare = location_str.split(" ")[0] if " " in location_str else location_str
print(location_dare)
```

运行该程序，可以看到输出的地理位置是吉林省吉林市，如图 4-47 所示。

```
[anycodes@anycodesdembp Desktop %
[anycodes@anycodesdembp Desktop % python3 demo.py
吉林省吉林市
anycodes@anycodesdembp Desktop %
```

图 4-47　IP 地址查询程序执行效果图

至此，我们就完成了从 IP 到所在地的转换。接下来需要将所在地信息转化为天气信息，可以通过抓包工具获取天气信息，也可以通过搜索引擎搜索指定地区的天气信息，如图 4-48 所示。

图 4-48　天气查询效果图

通过对页面进行基本分析，可以获取所在地天气，代码如下：

```python
#-*- coding: utf-8 -*-

import logging
import ssl
import urllib.parse
import urllib.request

logging.basicConfig(level=logging.NOTSET)
ssl._create_default_https_context = ssl._create_unverified_context

quote_str = urllib.parse.quote("吉林省吉林市天气")
url = "该地址需要替换为自己的抓包结果?wd=%s" % (quote_str)
resp_attr = urllib.request.urlopen(url)
resp_data = resp_attr.read().decode("utf-8")
page_source = resp_data.replace("\n", "").replace("\r", "")
weather_split_str = '<p class="op_weather4_twoicon_weath"'
weather = page_source.split(weather_split_str)[1].split('title="">') [1].split('</p>')[0].strip()
temp_split_str = '<p class="op_weather4_twoicon_temp">'
temp = page_source.split(temp_split_str)[1].split('</p>')[0].strip()
print(weather, temp)
```

代码运行结果如图 4-49 所示，可以看到，已经获得了吉林省吉林市的天气信息。

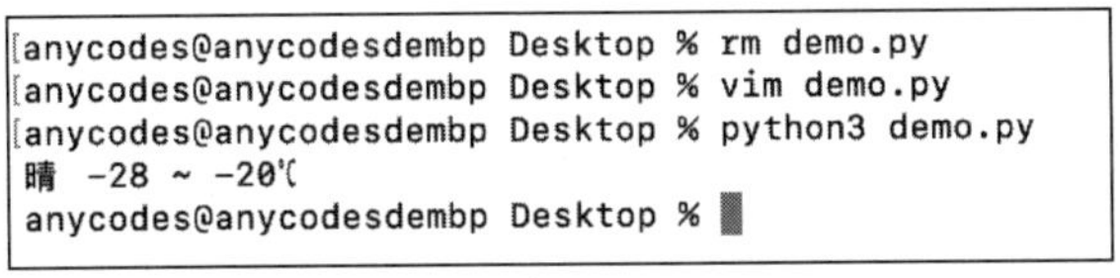

```
[anycodes@anycodesdembp Desktop % rm demo.py
[anycodes@anycodesdembp Desktop % vim demo.py
[anycodes@anycodesdembp Desktop % python3 demo.py
晴  -28 ~ -20℃
anycodes@anycodesdembp Desktop %
```

图 4-49 天气查询小程序的执行效果图

至此，只需要将上述模块进行拼装，即可实现通过 IP 地址查询天气信息的后台服务，按照阿里云函数计算 Python 3.9 运行时的开发规范，参考代码如下：

```python
import ssl
import json
import urllib.request
import urllib.parse

ssl._create_default_https_context = ssl._create_unverified_context

def get_loaction(ip):
    try:
        url = "该地址需要替换为自己的抓包结果/api.php?query=%s&resource_id=6006" % (ip)
        resp_attr = urllib.request.urlopen(url)
        location_temp = json.loads(resp_attr.read().decode("gbk")) ["data"][0]["location"]
        return location_temp.split(" ")[0] if " " in location_temp else location_temp
    except Exception as e:
        print('get_loaction ERROR: ', e)
```

```python
        return None

def get_weather(address):
    try:
        quote_str = urllib.parse.quote(address + "天气")
        url = "该地址需要替换为自己的抓包结果/s?wd=%s" % (quote_str)
        resp_attr = urllib.request.urlopen(url)
        resp_data = resp_attr.read().decode("utf-8")
        page_source = resp_data.replace("\n", "").replace("\r", "")
        weather_split_str = '<p class="op_weather4_twoicon_weath"'
        weather = page_source.split(weather_split_str)[1].split ('title="">')[1].split('</p>')[0].strip()
        temp_split_str = '<p class="op_weather4_twoicon_temp">'
        temp = page_source.split(temp_split_str)[1].split('</p>')[0].strip()
        return {"weather": weather, "temp": temp}
    except Exception as e:
        print('get_weather ERROR: ', e)
        return None

def handler(environ, start_response):
    ip = environ["REMOTE_ADDR"]
    address = get_loaction(ip)
    weather = get_weather(address)
    print(ip, address, weather)
    status = '200 OK'
    response_headers = [('Content-type', 'application/json')]
    start_response(status, response_headers)
    return [json.dumps(weather).encode("utf-8")]
```

执行代码，然后可以在函数计算平台查看执行结果，如图4-50所示。

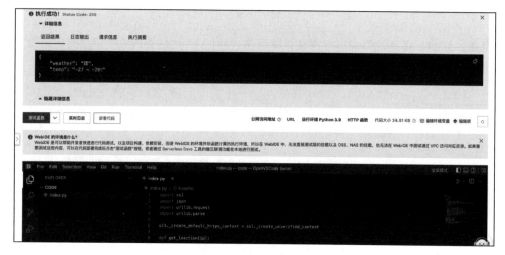

图4-50 在函数计算平台查看执行结果

此时可以通过PostMan等软件对函数计算所分配的域名进行测试，如图4-51所示。

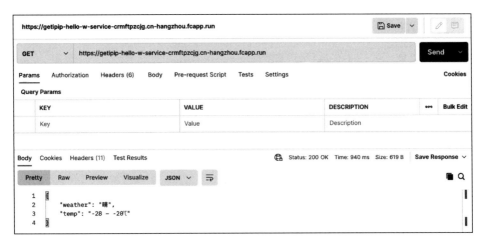

图 4-51　通过 PostMan 对域名进行测试

通过测试可以看到，响应结果和预期设想一致，接下来便可以进行小程序或快应用的开发了。此处以小程序为例进行详细说明。

1）在小程序开发工具中，建立一个新的页面，如图 4-52 所示，并在页面下建立一个 image 文件夹，存放下雨天的图片、晴天的图片以及风等天气的图片（这里仅存放一张下雨天的图片作为示例）。

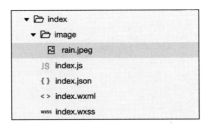

图 4-52　小程序开发目录结构图

2）对不同的页面进行编辑。

index.wxml 页面主要用于放置页面布局：

```
<view wx:if="{{pic == 0}}">
  <image class='background-image' src='image/rain.jpeg' mode="aspectFill"> </image>
</view>
<view wx:elif="{{pic == 1}}">
  <image class='background-image' src='image/sun.jpeg' mode="aspectFill"> </image>
</view>
<view wx:else="{{pic == 2}}">
  <image class='background-image' src='image/wind.jpeg' mode="aspectFill"> </image>
</view>
<view class='container'>
<view>天气：{{weather}}</view>
```

```
<view>温度：{{temp}}</view>
</view>
```

index.wxss 页面主要用于存放样式信息：

```
/* 头部 */
.header-container {
  display: flex;
  flex-direction: row;
  height: 200rpx;
  background-color: #fff;
  align-items: center;
  position: relative;
}
.container{
  /* width: 400rpx;
  height: 200rpx; */
  text-align: center;
  line-height: 100rpx;
}
```

index.js 页面主要用于存放页面相关动作，这里通过 wx.request() 请求 API，在加载页面的时候发出网络请求，然后获得结果并进行渲染。以下是部分核心代码：

```
Page({
  /
   * 页面的初始数据
   */
  data: {
    'weather': "none",
    'temp': "none",
    "pic": 0
  },
  /
   * 生命周期函数--监听页面加载
   */
  onLoad: function (options) {
    var that = this;//把this对象复制到临时变量that
    wx.request({
      url: '函数部署后的地址',
      data: {
      },
      success: function (res) {
        console.log(res.data);
        that.setData({ weather: res.data.weather, temp: res.data.temp });//和页面进行绑定可以动态地渲染到页面
        if (res.data.weather.indexOf("雨") >= 0) {
          that.setData({pic: 0})
        } else if (res.data.weather.indexOf("晴") >= 0) {
          that.setData({ pic: 1 })
        } else if (res.data.weather.indexOf("风") >= 0) {
          that.setData({ pic: 2 })
```

```
            }
        },
        fail: function (res) {
            console.log(res.data);
            that.setData({ weather: "error" });//和页面进行绑定可以动态地渲染到页面
        }
    })
}
```

完成小程序的开发之后,可以进行简单的测试,如图 4-53 所示。

图 4-53　Serverless 架构下天气查询小程序效果图

完成上述后端服务的部署、前端小程序的开发后,整体的交互过程为:当用户打开该小程序之后,小程序会自动根据用户的 IP 获得用户所在地天气,然后根据不同的天气信息,显示不同的图片,并在图片下方显示出天气信息与温度信息等。

4.6.3　总结

在实际生产生活中,通过用户的一次请求返回相关数据是非常常见的业务场景。除了本节介绍的返回当地天气信息,还可以根据用户所在的城市,返回用户所在城市的新闻信息,发生在周边的动的态信息,周边的人的活动信息,甚至周边的交通信息、房价信息、促销信息等。当然,如果将这些信息融合到一个小程序中,就可以实现一个用户所在地的信息平台,包括天气、新闻、交通等众多信息资源。而这些功能,都可以基于爬虫技术与 Serverless 架构,配合小程序或者快应用等实现快速实践、部署、更新。

4.7 WebAssembly：前端技术新篇章

4.7.1 背景

在 Serverless 飞速发展的过程中，前端技术也在飞速地更新迭代与变革。WebAssembly 在近些年成为行业的热门话题之一，本文将基于 WebAssembly 对 Serverless 架构进行探索。本节内容受到了阿里巴巴工程师在内部分享的文章的启发，将对 Web 的发展、WebAssembly 技术简介、WebAssembly 实战案例进行相关内容的分享与探索。

在 Web 从 CGI、JSP、ASP 等 SSR（Server-Side Rendering）技术发展到 CSR（Client-Side Rendering）技术的过程中，前端的责任越来越大，相应的，本地处理工作越来越多，代码量越来越多，相关懒加载、Web Workers 等技术也发展起来，但是从整体来看依然是由后端载入代码至前端进行代码解译再执行，而节省代码解译的时间是 WebAssembly 出现的初衷。

4.7.2 WebAssembly 简介

WebAssembly 源于 Mozilla 发起的 asm.js 项目，它的定位是补充而非取代 JavaScript。WebAssembly 是二进制格式，容易翻译为原生代码，它的本地解码速度比 JS 解析快得多，这让高性能的 Web 应用在浏览器上运行成为可能，比如视频游戏、计算机辅助设计、视频和图像编辑、科学可视化等。未来，现有的生产力应用和 JavaScript 框架都有可能使用 WebAssembly，以显著降低加载速度、提升运行性能。开发者可以将针对 CPU 密集计算的 WebAssembly 库整合到现有的 Web 应用中。WebAssembly 的优点很多，包括更快的加载速度、增强 Web 技术生态、可移植非 JS 代码运行在浏览器等。

在正式了解 WebAssembly 之前，可以先探索一下 JavaScript 代码在 V8 引擎中的工作原理：

1）JavaScript 源代码进入解析器（Parser），Parser 会将其转化成抽象语法树（AST）。

2）根据抽象语法树，解释器（Interpreter）会生成引擎能够直接阅读和执行的字节码（Bytecode）。

3）接着，编译器（Compiler）将字节码逐行翻译成可高效执行的机器码（Machine Code）。

- 对于执行次数较多的函数，引擎会将其编译成机器码并进行 JIT 优化（Just-In-Time 编译），下次再执行这个函数的时候，就会直接执行编译好的机器码。

如图 4-54 所示，与 C++、Java 这些强类型语言不同，JavaScript 是一种弱类型语言，需要在运行过程中动态编译。一个 JS 变量可能在上一秒是 Number，下一秒就变成 Array，这种灵活性使得代码在引擎中的优化有限。

图 4-54　JavaScript 代码在 V8 引擎中的工作原理示意图

前端除了存在代码解译瓶颈的问题外，还存在语言单一、非 JS 代码无法移植等问题。前后端曾流行统一语言框架如 GWT、Script# 等，但前端代码解译瓶颈仍无解）。因此，asm.js 应运而生。它通过编译器将非 JS 语言转为 JS 语言，同时将语言特性限制在适合提前优化和改进其他性能的范围内，旨在具有比标准 JavaScript 更接近于本地（原生）代码的性能特征。

下面将通过 Emscripten（一种将 C/C++ 的代码透过 LLVM-IR 编译后高效运行在浏览器的工具，类似的工具还有 Mandreel 和 now Duetto）把 C 语言转换成 JavaScript 语言：

```
// C
int f(int i) {
  return i + 1;
}

// JavaScript
function f(i) {
  i = i|0; // 1.1 => 1
  return (i + 1)|0;
}

// asm.js
function asmModule(stdlib, foreign, buffer) {
  "use asm"; // 标识下面一段使用asm.js编译器解析执行

  function f(i) {
    i = i|0; // 取整数，如 1.2|0 => 1
    return (i + 1)|0; // 整数+1
  }

  return {
    calc: f,
  }
}

const asm = asmModule();
console.log(asm.calc(1)) // 2
```

转换过程如图 4-55 所示。

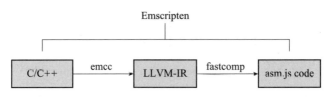

图 4-55　把 C 语言转换成 JavaScript 语言的过程示意图

使用 use asm 标识的代码由 asm.js 编译器解析执行，一旦 JavaScript 引擎发现运行的是 asm.js，就知道这是经过优化的代码，可以跳过语法分析这一步，直接转成汇编语言。另外，浏览器还会调用 WebGL 通过 GPU 执行 asm.js，即 asm.js 的执行引擎与普通的 JavaScript 脚本不同。这些都是 asm.js 运行较快的原因。据称，asm.js 在浏览器里的运行速度比原生代码快 50% 左右，Firefox/Edge/Chrome 浏览器皆支持 asm.js。

但是，asm.js 并不能解决所有问题：

- asm.js 是 JavaScript 的严格子集，开发者无法使用 JS 的所有功能，受限于 asm.js 可提供的能力范围。
- 即使使用 use asm 标识，仍然需要解析成汇编语言再对应到机器码，这会耗损性能。

所以 WebAssembly（Wasm）就出现了。WebAssembly 跳过了 Parser 和 Interpreter 这两步，编译后的字节码（通过 Emscripten 和 Binaryen 产生）可直接在浏览器中运行，极大地提高了代码在浏览器中的运行速度，如图 4-56 所示。

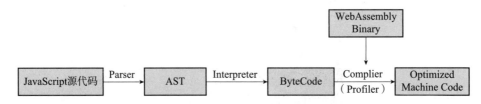

图 4-56　WebAssembly 代码在 V8 引擎中的工作原理示意图

把 C 语言转换成 Wasm 代码的过程如图 4-57 所示。

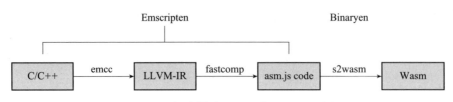

图 4-57　C 语言转成 Wasm 代码过程示意图

比较 asm.js 与 WebAssembly 的加载速度，如图 4-58 所示。

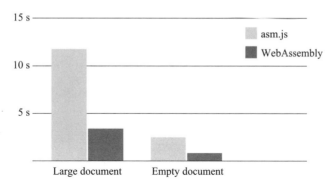

图 4-58　asm.js 与 WebAssembly 的加载速度对比

除了提升运行速度外，WebAssembly 还具有以下优点：

- 特有的二进制格式有效地减小了包体积，进一步提升了浏览器的加载速度。
- 支持多种语言（C/C++、Rust、Go、AssemblyScript 等）编译成 Wasm 代码，提高了代码移植到浏览器的能力。
- 安全的沙箱运行环境，在浏览器中同样支持同源策略等权限限制。

值得一提的是，WebAssembly 已经在 2019 年加入 W3C 规范，主流浏览器厂商（Firefox、Chrome、Safari、Edge 等）相继支持 WebAssembly，并不断完善标准。WebAssembly 使用过程如图 4-59 所示。

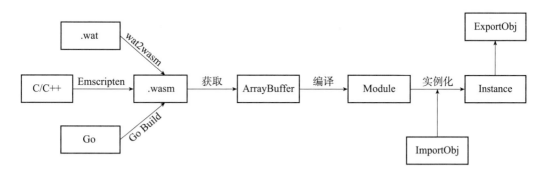

图 4-59　WebAssembly 使用过程示意图

实例化代码如下：

```
// example 1: 异步加载代码
var importObject = { imports: { imported_func: arg => console.log(arg) } };

WebAssembly.instantiateStreaming(fetch('simple.wasm'), importObject)
.then(obj => obj.instance.exports.exported_func()); // 返回 module 与 instance
```

```
// example 2
// foo(n) { return n * 400;}
WebAssembly.compile(new Uint8Array(
  '00 61 73 6d 01 00 00 00 01 09 02 60 00 00 60 01 7f 01 7f 03 03 02 00 01 05 04
01 00 80 01 07 07 01 03 66 6f 6f 00 01 08 01 00 0a 3a 02 02 00 0b 35 01 01 7f 20
00 41 04 6c 21 01 03 40 01 01 01 0b 03 7f 41 01 0b 20 01 41 e4 00 6c 41 cd 02 20
01 1b 21 01 41 00 20 01 36 02 00 41 00 21 01 41 00 28 02 00 0f 0b 0b 0e 01 00 41
00 0b 08 00 00 00 00 2c 00 00 00'.split(/[\s\r\n]+/g).map(v => parseInt(v, 16))
)).then(mod => {
  let instance = new WebAssembly.Instance(mod);
  // test
  console.log('foo(1) =>', instance.exports.foo(1));
  console.log('foo(2) =>', instance.exports.foo(2));
  console.log('foo(3) =>', instance.exports.foo(3));
  window.instance = instance;
});

// ouput
// foo(1) => 400
// foo(2) => 800
// foo(3) => 1200
```

Wasm module（每个 module 里都有一个类似 main 函数的区块）组成结构示意图如图 4-60 所示。

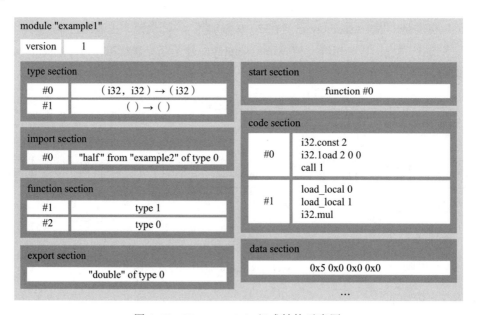

图 4-60　Wasm module 组成结构示意图

另外 WebAssembly 过去多使用在移植后端非 JS 代码的应用上，对于前端人员而言，可二次开发性不高,所以现在又有了基于 TypeScript 语法的 AssemblyScript 诞生,编译目标是 Wasm 而不是 JavaScript,提供给 JS/TS 程序员一个优化代码的工具。而 WASI(WebAssembly System Interface)的出现,使得 WebAssembly 也能应用在非浏览器的环境中,为 Serverless 的更大规模落地提供了更多的想象空间。

4.7.3　WebAssembly 实战案例:HoloWeb 代码格式化

HoloWeb 的编辑器格式化原来采用的方案是后端提供格式化接口,由后端服务器处理格式化,但遇到的痛点是当代码量过大时,如超过 6 万行时,代码会占用服务器过多的执行时间,且太多人同时执行也容易出现性能瓶颈,而若限制前端格式化代码量会造成使用体验不佳。

利用前端 WebAssembly 的能力,可以有效地利用客户端的计算资源来处理 SQL 格式化问题。以 HologreSQL 为例,它兼容 PostgreSQL 的语法。虽然大部分工具如 pgFormatter 通过 Antlr 解析 AST 来进行格式化,但 pgFormatter 采用基于字符串处理的方法实现,并使用 Perl 语言编写。通过 Emscripten,Perl 代码可以转换为 .wasm 代码。在这个示例中,我们使用 WebPerl 工具,并通过 WebAssembly.instantiateStreaming 等方法生成实例,从而实现 SQL 的即时格式化。整个流程如图 4-61 所示。

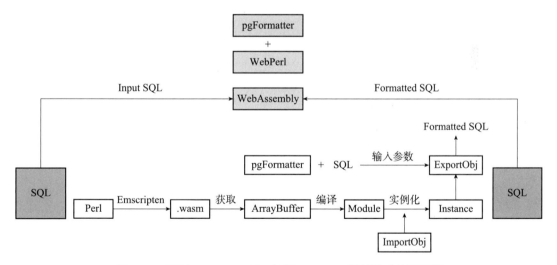

图 4-61　通过 WebAssembly 实现 HoloWeb 代码格式化原理图

pgFormatter 线上案例效果如图 4-62 所示,后端 Docker 运行 Perl 来进行格式化。HoloWeb 前端运行 Perl 代码来进行格式化(结果与上文相同),如图 4-63 所示。

图 4-62　pgFormatter 线上案例效果图

图 4-63　HoloWeb 前端运行 Perl 代码来进行格式化

在格式化时，遇到了两个问题：

❑ WebAssembly（Wasm）文件加载时间过长：针对 WebAssembly 文档过大，导致下载时间过长的问题，可以采用缓存和 Web Worker 的策略进行改善。具体方法是将 Wasm 文件转换为 PNG 格式，利用浏览器对图片默认的缓存机制以及 fetch API 的缓存功能来优化。这样，文件的下载和加载仅在首次请求时花费较多时间，之后便可以从缓存中快速获取。同时，引入 Web Worker 可以在页面加载时在后台顺序地加载 Wasm 文件或其他必需的资源。这种方式极大地减少了对主线程资源的占用和干扰。

❑ 大量代码格式化时的体验差：当处理大量代码格式化任务时，由于这些任务通常在主线程执行，可能会导致主线程阻塞，影响整体用户体验，因此，可以使用 Web

Worker 在后台执行格式化任务来解决此问题。由于 Wasm 文件的下载也是通过 Web Worker 实现的,因此两个不同的 Worker 可以通过 SharedArrayBuffer 进行高效的数据共享,减少通过 postMessage 传递消息的复杂性和开销,从而提高整体的执行效率和响应速度。这种方法有效地减轻了主线程的负担,保证了应用的流畅运行。

针对上述问题进行相应的优化,优化结果是:第二次访问 HoloWeb,Wasm 相关二进制代码只需 30 ms 即可从缓存内载入完成,如图 4-64 所示。

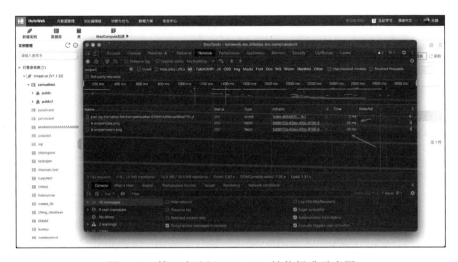

图 4-64　第二次访问 HoloWeb 性能提升示意图

如图 4-65 所示,对 6 万行代码进行格式化(需要消耗不少时间),格式化行为背景执行,前端主执行区不卡顿,仍可进行其他页面操作。

图 4-65　对 6 万行代码进行格式化效果图

4.7.4 总结

从 2021 WebAssembly 调查报告可看出 WebAssembly 对 Web 的未来影响是期待的，自 2019 年 WebAssembly 加入 W3C 规范以来，已经有越来越多的应用采用了 WebAssembly 解决方案，但是 WebAssembly 开发易用性及组件生态仍有待提升。

4.8 传统框架的 Serverless 化与 Serverless 框架

4.8.1 背景

随着 Serverless 架构越来越流行，如何提高开发者的综合效能，成为 Serverless 架构普及的关键。所以如何将传统框架部署到 Serverless 架构以及是否要推出原生的 Serverless 开发框架，成为一众开发者探索的核心内容。关于将传统框架部署到 Serverless 架构（即传统框架的 Serverless 化）以及推出 Serverless 原生框架，不同的开发者有着不同的想法。

1）将传统框架部署到 Serverless 架构上：

- ❑ 意义：这种做法主要是为了获得现有的技术栈和框架的优势，同时获得 Serverless 架构的优势，如自动扩展、不需要管理服务器、成本效益高等。这样做可以让团队继续使用熟悉的工具和语言，同时减少新技术的学习成本。
- ❑ 重点：转换现有的应用和框架以适应 Serverless 环境，通常涉及对应用的重构，比如将应用分解为更小的、独立的功能单元。这种方法充分利用了现有的资源，并使应用能够更灵活地适应未来的需求。

2）推出 Serverless 原生框架：

- ❑ 意义：Serverless 原生框架是专门为 Serverless 环境设计的，它充分利用了 Serverless 架构的特性，如事件驱动、无状态和自动扩展。这类框架旨在简化 Serverless 应用的开发和部署，提高开发效率和应用性能。
- ❑ 重点：这类框架通常更轻量，易于扩展，是专为 Serverless 架构的特定优化而设计的。它们让开发者能够更专注于业务逻辑的编写，而不必过多关注底层的基础设施。

总的来说，将传统框架迁移到 Serverless 架构是一种渐进式策略，有助于现有项目和团队平稳过渡到 Serverless 架构；而 Serverless 原生框架是为充分利用 Serverless 架构的特性而设计的，适用于新建项目或重构项目的场景。在实际项目中，团队可基于具体需求、现有技术栈，以及未来发展方向进行选择。

4.8.2 传统框架 Serverless 化

传统框架 Serverless 化是 Serverless 领域非常常见的话题，面对一个看似"全新的开发范式"，抛弃曾有的开发手段是不现实的，所以继续使用传统框架进行业务逻辑开发，快速部署到 Serverless 架构是非常必要的。

以阿里云函数计算为例，基于函数计算的 Custom Runtime 以及 Custom Container 运行时，我们可以快速地对传统框架进行部署，并通过熟悉的命令启动。另外，阿里云函数计算所提供的 HTTP 触发器也支持标准的 HTTP/HTTPS、WebSocket 协议等，这让传统框架部署到 Serverless 架构实现了低成本甚至零成本的改造。下面以 Next.js 项目为例进行详细说明。

1）初始化 next.js 项目：

```
npx create-next-app next-serverless
```

2）配置 next.config.js：

```
module.exports = {
  output: 'standalone',
}
```

这将在 .next/standalone 中创建一个文件夹，自动输出一个最小的 server.js 文件，可以直接使用该文件来代替 next start。

3）对项目进行依赖安装与相关的构建操作。需要注意的是，项目默认不会复制 public 以及 .next/static 文件夹，理想情况下这些由 CDN 处理，但是本案例并未配置 CDN，所以需要通过命令将对应的目录复制到 .next/static 文件夹：

```
npm install --production --registry=https://registry.npmmirror.com
npm run build
cd ./.next
mv static standalone/.next/static
```

4）完成上述操作之后，即可快速地将该项目部署到阿里云函数计算。部署方案有很多种，列举如下。

方案一　通过控制台进行部署：登录阿里云函数计算控制台，创建 Custom Runtime 函数，并上传业务逻辑。

方案二　通过 Serverless Devs 进行部署，也便于后期与 CI/CD 进行集成：可以先编写 s.yaml 描述文件，然后通过 s deploy 命令进行一键部署，其中 s.yaml 部分可以参考以下代码：

```
edition: 1.0.0
name: web-framework-app
access: "default"
```

```yaml
services:
  framework:
    component: fc
    props:
      region: "cn-hangzhou"
      service:
        name: "web-framework"
      function:
        name: "next"
        codeUri: './.next/standalone'
        runtime: custom
        timeout: 60
        caPort: 3000
        customRuntimeConfig:
          command:
            - node
            - server.js
      triggers:
        - name: httpTrigger
          type: http
          config:
            authType: anonymous
            methods:
              - GET
      customDomains:
        - domainName: auto
          protocol: HTTP
          routeConfigs:
            - path: '/*'
```

部署完成之后，可以通过系统提供的测试域名进行页面的访问，如图 4-66 所示。

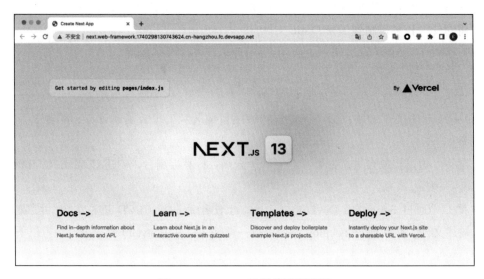

图 4-66　Next.js 示例项目预览图

除 Next.js 项目之外，阿里云函数计算应用中心还提供近 30 种语言框架的操作案例，如图 4-67 所示。

图 4-67　函数计算应用中心提供的操作案例列表

当然，要完成传统框架 Serverless 化，除了要把示例应用运行在 Serverless 架构之外，还有其他很多事情需要处理，列举如下。

1）日志存储：日志收集是系统排查、诊断问题的最重要的手段和依据。传统的 Node.js 框架将日志输出到本地的系统日志文件或者输入输出流中。由于 Serverless 实例是动态的，无法持久化存储这些数据，因此 Serverless 平台会对接分布式日志系统，用户只需要将日志通过 console.log() 打印到标准输出流即可。如图 4-68 所示，这是阿里云函数计算平台打印的函数日志详情。

图 4-68　函数计算平台打印的函数日志详情

2）全局状态：有些状态希望能够在多个请求之前进行共享，在传统的 Node.js 中，可以定义一个全局的状态进行共享。由于 Serverless 是一个分布式系统，因此需要引入一个第三方的内存数据存储的组件，比如 Redis。

3）文件存取：文件存储分为临时存储和持久化存储，临时存储可以通过 Serverless 每个实例的临时目录（一般会有 512MB～10GB 的硬盘空间）进行存储，例如函数接收到用户上传的图片，进行临时存储，并根据临时存储的结果进行图片的存取；持久化存储可以借助第三方的存储系统实现，比如基于 S3 协议的对象存储或者文件存储服务。前者可以方便地通过 API 进行交互，后者可以在不改变代码的情况下，使用标准文件读取方法 fs 进行文件相关的操作。

4.8.3　Serverless First 框架：Midway

Midway 曾是传统的 Web 栈框架，与业界现有的 Egg.js、Nest.js 等框架类似，从中后台到移动端应用，它们的前端都广泛采用这些框架来构建自身的业务系统。但是传统的 Node.js 框架并不是面向 Serverless 设计的，主要体现在以下几点：

1）启动速度堪忧：冷启动是 Serverless 应用无法回避的问题，冷启动时间过长，会严重影响用户体验，这是在线业务无法接受的。以阿里云函数计算为例，在未进行优化的 Egg.js 项目中，冷启动速度为 3205ms，其中函数实例的启动时间最长，为 3040ms，如图 4-69 所示。

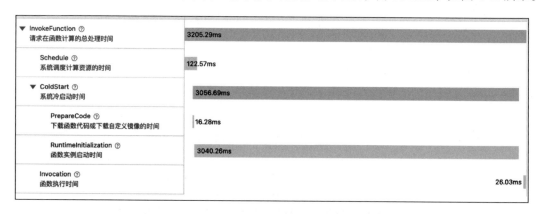

图 4-69　Egg.js 框架函数计算冷启动耗时示意图

2）多云部署：由于 Serverless 并没有统一的标准，开发者应用如果有多云部署需求，需要手动针对云厂商做适配。这部分工作非常烦琐，而且维护成本非常高。

3）传统框架迁移困难：传统 Node.js 框架，例如 Egg.js、Koa、Express.js 迁移到 Serverless 平台需要有统一的范式或者工具协助，在迁移的过程中，涉及持久化模块、缓存模块等，也要付出较大精力去进行改造。

综上所述，如今的 Midway 是一套面向 Serverless 平台的开发方案，主要有以下特点。

- 跨云厂商：一份代码可在多个云平台间快速部署，不用担心产品会被云厂商绑定。
- 云端一体化：提供了多套和社区前端 React、Vue 等融合一体化开发的方案。
- 代码复用：通过框架的依赖注入能力，让每一个逻辑单元都天然可复用，可以快速方便地组合以生成复杂的应用。
- 传统迁移：通过框架的运行时扩展能力，让 Egg.js、Koa、Express.js 等传统应用无缝地迁移至各云厂商的云函数。

创建 Midway 案例与部署 Midway 项目非常简单，通过其官方提供的开发者工具即可完成全部流程。

1）使用官方脚手架初始化应用，并选择 faas-v3。

```
$ npm init midway
? Hello, traveller.
  Which template do you like? …

  ◉ v3
    koa-v3 - A web application boilerplate with midway v3(koa)
    egg-v3 - A web application boilerplate with midway v3(egg)
  > faas-v3 - A serverless application boilerplate with midway v3(faas)
    component-v3 - A midway component boilerplate for v3
    quick-start - A midway quickstart exmaple for v3

  ◉ v2
    web - A web application boilerplate with midway and Egg.js
    koa - A web application boilerplate with midway and koa
```

2）执行部署命令 npm run deploy 即可部署到阿里云函数计算，部署完成之后，系统会分配测试域名，如图 4-70 所示。

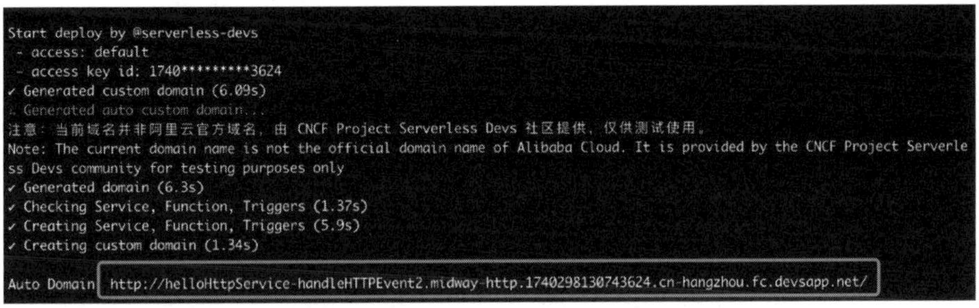

图 4-70　Midway 项目部署效果图

3）通过测试域名进行访问验证，如图 4-71 所示。

通过上述操作，即可完成 Midway 示例应用的部署，此时可以通过查看冷启动时间，如图 4-72 所示。

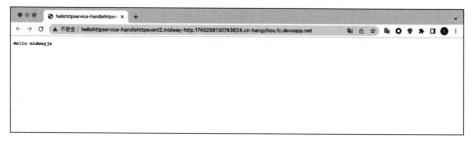

图 4-71　Midway 示例项目效果图

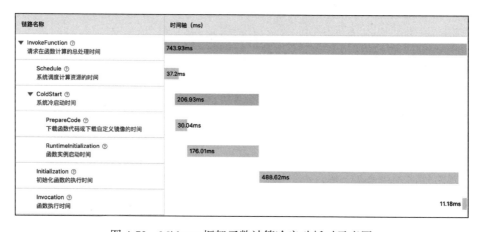

图 4-72　Midway 框架函数计算冷启动耗时示意图

通过图 4-72 可以看到，相比 Egg.js 的冷启动时间 3000ms Midway 表现非常可观，基本可以在 1000ms 内可完成所有的冷启动的过程。

第 5 章

Serverless 架构下的前端生产实战案例

本章将介绍 Serverless 架构下的前端生产实战。本章将深入探索 Serverless 架构在前端应用开发中的实际运用,并通过一系列具体的生产实战案例,为读者呈现这一架构在实战中的强大潜力。本章旨在通过详细的案例分析,展示 Serverless 架构在前端项目中从概念到上线的整个开发流程,包括设计、开发、部署、优化等关键步骤。通过学习这些实战案例,读者将了解如何将 Serverless 技术与前端开发相结合,解决实际问题,提高开发效率,优化用户体验。

5.1 网页全景录制及 Puppeteer 功能设计与实现

5.1.1 背景

在日常生产过程中我们经常会遇到类似这样的需求:

- 生成网页截图或者 PDF。
- 抓取 SPA(Single-Page Application)进行服务器渲染(SSR)。
- 用高级爬虫爬取大量异步渲染内容的网页。

- 模拟键盘输入、表单自动提交、登录网页等,实现 UI 自动化测试。
- 捕获站点的时间线,以便追踪网站、分析网站性能。

这些需求无疑都和浏览器有着或深或浅的关系,此时,Puppeteer 就可以发挥作用了。

5.1.2 Puppeteer 简介

Puppeteer 是一个 Node.js 库,提供一个高级 API 来通过 DevTools 协议控制 Chromium 或 Chrome。Puppeteer 可以获取页面 DOM 节点、网络请求和响应、程序化操作页面行为,进行页面的性能监控和优化,获取页面截图和 PDF 等。Puppeteer 的结构也反映了浏览器的结构,如图 5-1 所示。

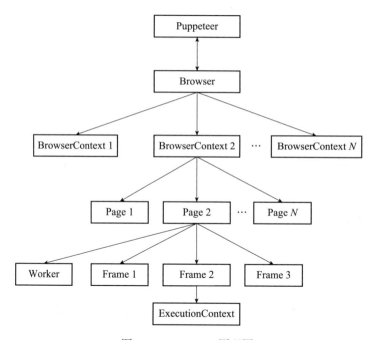

图 5-1 Puppeteer 原理图

1)Browser:浏览器实例,可以拥有浏览器上下文。可通过 puppeteer.launch 或 puppeteer.connect 创建一个 Browser 对象。

2)BrowserContext:该实例定义了一个浏览器上下文,可拥有多个页面,在创建浏览器实例时会默认创建一个浏览器上下文(不能关闭),此外可以利用 browser.createIncognitoBrowserContext() 创建一个匿名的浏览器上下文(不会与其他浏览器上下文共享 cookie/cache)。

3)Page:至少包含一个主框架,除了主框架外还有可能存在其他框架,例如 iframe。

4)Frame:页面中的框架,在每个时间点,页面通过 page.mainFrame() 和 frame.childFrames()

方法暴露当前框架的细节。该框架中至少有一个执行上下文。

5）ExecutionContext：表示一个 JavaScript 的执行上下文。

6）Worker：具有单个执行上下文，便于与 WebWorker 交互。

Puppeteer 使用起来非常简单，只需要简单几行代码即可实现网页的访问等功能。例如可以通过 puppeteer.launch() 函数，根据相应的配置参数创建一个 Browser 实例：

```
const path = require('path');
const puppeteer = require('puppeteer');

const chromiumPath = path.join(__dirname, '../', 'chromium/chromium/chrome.exe');

async function main() {
    // 启动Chrome浏览器
    const browser = await puppeteer.launch({
        // 指定该浏览器的路径
        executablePath: chromiumPath,
        // 是否为无头浏览器模式，默认为无头浏览器模式
        headless: false
    });
}

main();
```

可以在 main() 方法中实现网页访问的功能：

```
async function main() {
    // 启动Chrome浏览器
    // ……

    // 在一个默认的浏览器上下文中创建一个新页面
    const page1 = await browser.newPage();

    // 空白页访问该指定网址
    await page1.goto('https://51yangsheng.com');

    // 创建一个匿名的浏览器上下文
    const browserContext = await browser.createIncognitoBrowserContext();
    // 在该上下文中创建一个新页面
    const page2 = await browserContext.newPage();
    page2.goto('https://www.baidu.com');
}
```

此时即可根据具体需求对网页进行截屏、录制或者数据提取等操作。

5.1.3 Serverless 架构下的网页截屏功能

以阿里云函数计算为例，可以通过 Serverless 架构的天然分布式思想，通过 Puppeteer 软件快速构建出一款高可用、低成本的网页截屏工具。它的核心思路是，将 Puppeteer 项目部署

到函数计算，然后客户端可以通过 HTTP 触发器触发函数计算进行网页的截屏操作，完成之后将结果返回到客户端。在这个过程中，由于函数计算可以自动进行弹性伸缩，所以当任务量较多时，函数计算会自动启动更多实例来应对流量峰值，当任务量较少时，函数计算也会自动释放额外资源以降低成本。

为了实现这个功能，开发者只需按照函数计算的开发规范进行函数的创建以及核心代码的编辑，核心代码参考如下：

```
const browser = await puppeteer.launch({
  headless: true,
  args: [
    '--no-sandbox',
    '--disable-setuid-sandbox',
  ]
});

const page = await browser.newPage();
await page.emulateTimezone('Asia/Shanghai');
await page.goto('https://www.baidu.com', {
  'waitUntil': 'networkidle2'
});

await page.screenshot({ path: '/tmp/example', fullPage: true, type: 'png' });

await browser.close();
```

为了更便捷地部署和体验应用，可以在阿里云函数计算应用页面寻找"puppeteer 网页截图"应用，如图 5-2 所示。

图 5-2　寻找"puppeteer 网页截图"应用

然后单击"立即创建"按钮，根据引导填写对应的参数信息，如图 5-3 所示。

为了便于进行二次开发，此处选择"通过代码仓库部署"，并授权对应的代码仓库，完成之后单击"创建并部署"按钮，应用创建流程如图 5-4 所示。

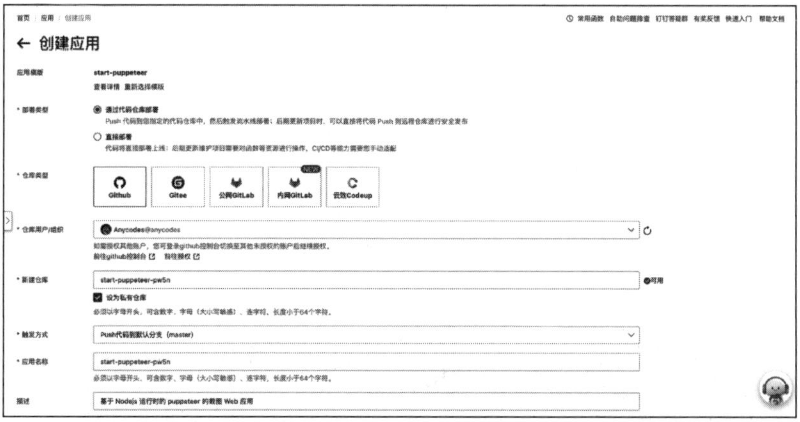

第 5 章　Serverless 架构下的前端生产实战案例　❖　181

图 5-3　应用中心应用创建页

图 5-4　应用中心应用创建流程

系统将按照流程完成代码到代码仓库的同步、应用的创建以及测试环境的部署，稍等片刻即可看到应用详情页显示部署完成，如图 5-5 所示。

图 5-5　应用中心应用详情页

此时，单击访问域名即可看到系统默认网站的截图，也可以通过传入 url 参数指定要截屏的网站地址，例如 http://html2png.puppeteer-test-pw5n.1583208943291465.cn-hangzhou.fc.devsapp.net/?url=anycodes.cn。

稍等片刻，即可看到如图 5-6 所示的截屏结果。

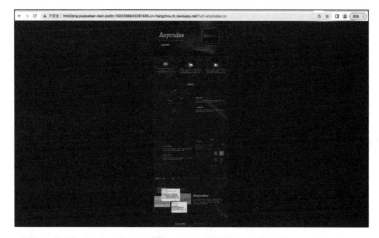

图 5-6　网站截屏结果

5.1.4　二次开发方案

应用创建体验完成之后，在某些情况下可能无法满足定制化需求，此时可以在当前应用基础上进行二次开发。

1. 基于 WebIDE 进行二次开发

在对应环境中，找到云端开发选项，如图 5-7 所示，进入二次开发页面。

图 5-7　应用中心云端开发选项

首次使用时，需要单击"初始化仓库"按钮，此时 WebIDE 会加载代码仓库中的代码，如图 5-8 所示。

图 5-8　加载代码仓库中的代码

完成二次开发之后，只需单击"保存代码到仓库"按钮即可实现重新部署，如图 5-9 所示。

图 5-9　应用中心应用触发部署页

2. 在本地进行二次开发

除了在云端通过 WebIDE 进行代码的二次开发之外，开发者还可以复制代码仓库中的代码，在本地进行代码的开发。代码开发完成之后，可以直接通过 Serverless Devs 开发工具进行本地调试，待完成调试后将代码直接推送回代码仓库的指定分支，此时系统会自动触发部署逻辑以更新线上指定环境的应用。

5.1.5　总结

本节介绍了一种比较简单易行的、从零开始搭建分布式 Puppeteer Web 服务的方法。利用该方法，我们既不需要关心如何安装依赖也不需要关心如何上传依赖，就可以轻松地完成部署。部署完成后，即可享受函数计算带来的优势，例如：

- 无须采购和管理服务器等基础设施，只需专注业务逻辑的开发，可以大幅缩短项目交付时间，减少人力成本。
- 提供日志查询、性能监控、报警等功能以快速排查故障。
- 免运维，毫秒级别弹性伸缩，快速实现底层扩容以应对峰值压力，性能优异。
- 成本极具竞争力。

5.2 盲盒抽奖活动系统设计及实现

5.2.1 背景

线上 H5 创意动画结合线下实体奖励是一种常见的互联网营销活动。为了抓住关键时间节点，活动从策划到落地的周期一般都比较短，而短时间内落地线上服务对于做技术开发的人员来说有着不小的挑战。尤其是当有更多需求，比如增加后台管理以及关键前端访问数据埋点等需求时，挑战的难度往往会加倍。开发者除了需要满足核心业务诉求，往往还需关注核心业务诉求以外的其他状况，比如系统访问安全、高并发流量如何应对、系统运行指标的可观测性等。

以前这类需求往往需要更多的角色参与，如产品、前端、后端、设计、测试、运营、运维等人员，使得投入产出比比较低，活动持续性比较差。使用 Serverless + 低代码的技术后，开发者可以大幅缩减做此类活动的成本，让它变成持续性的活动，从而大大提高运营效果。

以本节所实现的"盲盒抽奖活动"为例，在实际生产过程中，该活动仅投入 2.5 个人便完成了活动策划、产品设计、前后端实现、系统部署运维等全部工作。同时，借助 Serverless 的服务能力，可以轻松应对系统访问安全、高并发流量、系统可观测性等非业务挑战。功能性的补齐 + 效率提升让运营取得了非常好的效果，而活动服务的模板化沉淀又为后续同类活动奠定了良好的基础。

5.2.2 技术架构

由于该抽奖活动是为了让更多开发者体验 Serverless 架构带来的技术红利，因此在整体设计上是"开发者自己部署前端自己抽奖"的过程。相对传统的抽奖活动而言，该活动实际上是非中心化的。为了让抽奖功能不因非中心化部署而出现作弊的情况，该盲盒抽奖应用将额外增加一个中心化的中奖逻辑及后台管理模块。通过 Serverless 架构对该项目进行设计，盲盒抽奖系统架构图如图 5-10 所示。

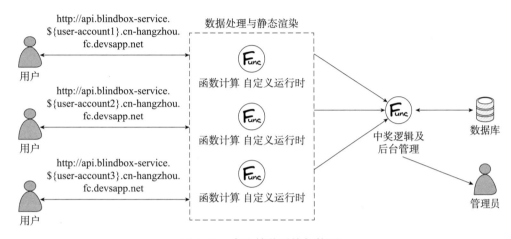

图 5-10　盲盒抽奖系统架构图

在架构图中，用户需要按照所提供的教程，通过 Serverless Devs 开发者工具自主将前端页面部署到函数计算平台（即图 5-10 中的数据处理与静态渲染模块），这一部分是部署在开发者账号下的体验服务；另一部分是中心化的中奖逻辑及后台管理模块，开发者所部署的前端模块通过 RESTful API 请求中心化模块，以获得中奖结果信息。整个流程如图 5-11 所示。

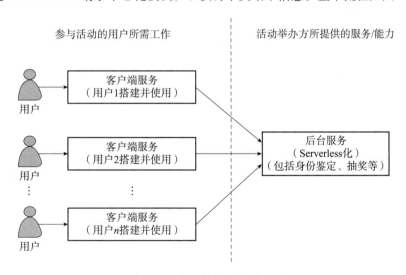

图 5-11　盲盒抽奖系统流程图

当然，如果抛弃本次"让开发者体验 Serverless 架构带来的技术红利"的需求，单纯设计一款基于 Serverless 架构的标准盲盒抽奖系统，则整体架构应如图 5-12 所示。用户只负责抽奖，所有的 DNS 服务、API 网关服务、函数计算服务，以及对象存储服务等，都由活动方提供并完成中心化部署。

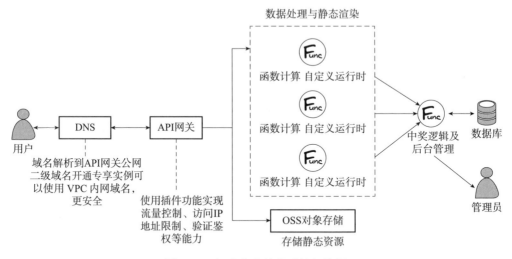

图 5-12　标准盲盒抽奖系统架构图

5.2.3　技术实现

1. 前端技术实现

前端通过低代码开发工具 hype4 实现，如图 5-13 所示。

图 5-13　低代码模式下盲盒抽奖系统前端开发

通过对设计稿图片进行处理（例如切图等操作），基于低代码添加动画效果，为接口访问能力添加一级场景切换能力。整个项目的前端开发进度非常迅速，对比传统前端开发流程，动态效果的实现效率比纯手写的实现效率提升 2～3 倍。

2. 数据层 Serverless 服务

此处所谓的数据层实际上就是 SSF，这层仅做数据转发和静态渲染。通过 Express.js 框架，并借助阿里云函数计算的 Custom Runtime 的快速部署能力，可以快速实现该功能的发布与上线。

需要注意的是，如图 5-14 所示，这里涉及了阿里云用户 AccountId 的获取，其实这是因"开发者自己部署前端自己抽奖"的需求而添加的部分，主要目的是将用户信息传递到中心化服务，以验证用户是否具备抽奖资格等。在完全中心化部署的方案中，可以忽略这一部分内容。

图 5-14　数据层 Serverless 服务项目展示

3. 后台抽奖逻辑实现

（1）核心业务逻辑

后端服务基于 Python Web 框架——Django 实现，主要方法如下：

- 获取用户的 uid 信息并进行校验，以确保 uid 信息的准确性。该客户端服务是通过 Serverless Devs 开发者工具进行部署的。
- 当日奖品池的构建。
- 用户中奖信息的初步确定。

- 用户中奖信息的复核。
- 返回最终的结果给客户端。

具体业务逻辑如图 5-15 所示。

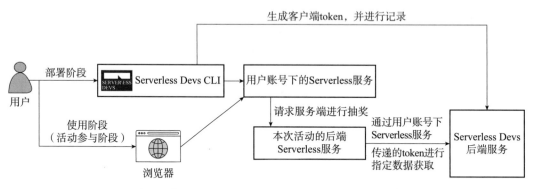

图 5-15　盲盒抽奖系统后台业务逻辑图

1）用户在本地通过 Serverless Devs 开发者工具将盲盒抽奖系统的客户端服务，部署到用户自己的账号下。在部署期间，需要给用户下发一个临时域名（这个临时域名需要用到用户的 uid），Serverless Devs 在下发临时域名的过程中，会生成客户端 token，并记录到 Serverless Devs 后端服务中。这个 token 实际上就是鉴定用户身份的重要标记。

2）用户部署完成之后，会返回一个 Serverless Devs 下发的临时域名，供用户学习和测试使用。

3）用户通过浏览器打开该临时域名，可以看到抽奖的相关页面并进行抽奖操作。

4）用户单击抽奖操作之后会发起请求，请求用户账号下的 Serverless 服务，该服务会根据用户的 uid 信息等进行相关的处理，并将真正的抽奖请求发送到本次活动的后端 Serverless 服务上。

5）本次活动的后端 Serverless 服务接收到用户的抽奖请求时，会做如下操作：

- 获取用户账号下的 Serverless 服务发起抽奖请求时所传递的 uid 信息。
- 使用获得的 uid 信息在临时域名下发系统中进行数据匹配，确定用户本次使用了临时域名下发系统，并下发了对应的域名。
- 完成抽奖操作。

（2）抽奖核心实现

对活动规模进行评估后，设定一套简单的、易于实现的、可以针对小规模抽奖活动的抽奖功能流程，如图 5-16 所示。

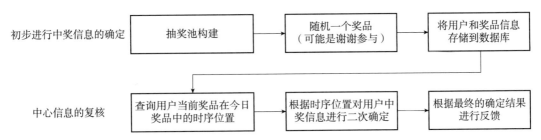

图 5-16　盲盒抽奖系统核心抽奖功能流程图

实现代码参考如下：

```python
@csrf_exempt
def prize(request):
    uid = request.POST.get("uid", None)
    if not uid:
        return JSONResponse({"Error": "Uid is required."})

    temp_url = "<获取uid的合法性和有效性，重要判断依据>?uid=" + str(uid)
    if JSON.loads(urllib.request.urlopen(temp_url).read().decode("utf-8"))["Response"] == '0':
        return JSONResponse({"Error": "Uid is required."})

    token = randomStr(10)
    # 获取当日奖品
    prizes = {}
    for eve_prize in PrizeModel.objects.filter(date=time.strftime("%Y-%m-%d", time.localtime())):
        prizes[eve_prize.name] = {
            "count": eve_prize.count,
            "rate": eve_prize.rate
        }
    # 构建抽奖池
    prize_list = []
    for evePrize, eveInfo in prizes.items():
        temp_prize_list = [evePrize, ] * int((100 * eveInfo['rate']))
        prize_list = prize_list + temp_prize_list
    none_list = [None, ] * (100 - len(prize_list))
    prize_list = prize_list + none_list
    pre_prize = random.choice(prize_list)
    # 数据入库
    try:
        UserModel.objects.create(uid=uid,
                                 token=token,
                                 pre_prize=pre_prize,
                                 result=False)
    except:
        try:
            if not UserModel.objects.get(uid=uid).result:
                return JSONResponse({"Result": "0"})
```

```python
        except:
            pass
        return JSONResponse({"Error": "Everyone can only participate once."})
    if not pre_prize:
        return JSONResponse({"Result": "0"})
    user_id = UserModel.objects.get(uid=uid, token=token).id
    users_count = UserModel.objects.filter(pre_prize=pre_prize, id__lt=user_id, date=
time.strftime("%Y-%m-%d", time.localtime())).count()
    #是否获奖的最终判断
    if users_count >= prizes.get(pre_prize, {}).get("count", 0):
        return JSONResponse({"Result": "0"})
    UserModel.objects.filter(uid=uid, token=token).update(result=True)

    return JSONResponse({"Result": {
        "token": token,
        "prize": pre_prize
    }})
```

（3）系统安全设定

在用户中奖之后，系统会生成一个 token。token 与 uid 是用来判断用户是否中奖的重要依据，这里涉及一个安全层面的问题：为什么有了 uid，还要增加一个 token 来进行组合判断呢？

其实原因很简单，提交中奖信息和查询中奖信息，如果是通过 uid 来直接进行处理的，很有可能会有用户通过遍历等手段非法获取其他用户提交的信息，而这一部分信息很有可能涉及用户提交的收货地址等。所以为了安全，增加了一个 token，以在一定程度上提高暴力获取的复杂度。而实现这一部分的方法也很简单：

- 通过用户的 uid 和 token 进行相关用户信息的获取。
- 如果请求方法是 GET 方法，则直接返回用户的中奖信息（即收货信息）。
- 如果请求方法是 POST 方法，则允许用户修改中奖信息（即收货信息）。

实现代码参考如下：

```python
@csrf_exempt
def information(request):
    uid = request.GET.get("uid", None)
    token = request.GET.get("token", None)
    if None in [uid, token]:
        return JSONResponse({"Error": "Uid and token are required."})
    userInfor = UserModel.objects.filter(uid=uid, token=token)
    if userInfor.count() == 0:
        return JSONResponse({"Error": "No information found yet."})
    if not userInfor[0].result:
        return JSONResponse({"Error": "No winning information has been found yet."})
    if request.method == "GET":
        return JSONResponse({
```

```
            "Result": {
                "prize": userInfor[0].pre_prize,
                "name": userInfor[0].name,
                "phone": userInfor[0].phone,
                "address": userInfor[0].address
            }
        })
    elif request.method == "POST":
        name = request.POST.get("name", None)
        phone = request.POST.get("phone", None)
        address = request.POST.get("address", None)
        if None in [name, phone, address]:
            return JSONResponse({"Error": "Name, phone and address are required."})
        userInfor.update(name=name,
                         phone=phone,
                         address=address)
        return JSONResponse({"Result": "Saved successfully."})
```

综上所述，该系统在安全层面尝试处理以下 3 种常见问题：

1）如何保证用户的 token 等信息的唯一性以及不可伪造性。这一部分在浏览器端是不太容易实现的，因为用户可能换浏览器，但是在函数计算平台的函数服务中就相对容易实现了，所以这里采用在域名下发阶段对指定时间段下发过的域名信息进行记录，再在后期进行对比的方式，以保证用户确实通过 Serverless Devs 开发者工具进行了项目部署，下发了临时域名，并在规定的时间内参加了活动。当然，用户在活动期间注册多个阿里云账号来参加该活动，这是允许的。

2）如何保证奖品不会被超发。这里采用了一个比较简单的方法，也是小型平台更容易实现的方法，即先给用户一个奖品标记，然后根据用户奖品在数据库中的时序位置，进行最终中奖信息的判断。例如，用户的奖品是一个机械键盘，在数据库中是机械键盘的第 6 位置，但是一共只有 5 个机械键盘，所以此时会对用户的中奖信息进行二次核对并标记未中奖。当然，这种做法仅适用于小规模活动，如果是大型活动，为判断用户是否中奖而进行多次数据库的读写操作在一定程度上是不合理的。

3）在用户中奖并提交了奖品邮寄信息后，如何保证该信息的安全，不被其他人暴力遍历出来。此处增加了一个随机 token，以增加奖品邮寄信息被暴力遍历出来的复杂度，进一步保障安全。

5.2.4 效果预览

在用户按照要求将应用部署到自己的账号下之后，可以在函数计算服务中查到对应的函数信息，如图 5-17 所示。

根据函数计算所提供的临时域名，可以打开部署后的函数对应的抽奖页面，如图 5-18 所示。

图 5-17 盲盒抽奖系统部署结果图

图 5-18 盲盒抽奖系统前端抽奖页面展示

5.2.5 总结

追求生产效率的提升始终是企业生产的重要话题，Serverless 架构和低代码在各自的技术领域有着独立的分工，也有着共同的提高生产效率的特性，同时掌握这两个生产力工具或许会是信息产业人员的重要竞争力。

5.3 基于 Serverless 架构的头像漫画风处理小程序

5.3.1 背景

随着各种社交软件逐渐风靡，很多用户试图在上面展示自己的个性，形式包括具有辨识度的名字、具有辨识度的头像，甚至一句非常搞笑或者有哲理的个性签名。笔者同样如此，一直想拥有一个漫画版的头像，既风趣幽默又能一目了然。奈何一直没有找到合适的工具，所以打算基于人工智能技术实现这样一个功能，并部署到 Serverless 架构再通过小程序对外提供服务，让更多人拥有个性化的头像。

5.3.2 技术实现

1. 服务端实现

在进行服务端功能实现之前,需要先明确最核心的问题:通过什么算法实现图片漫画风处理?此处采用业界鼎鼎有名的动漫风格转化滤镜库 AnimeGAN 的 v2 版本,其官方宣传图展示的效果如图 5-19 所示。

图 5-19 AnimeGAN 算法漫画风效果展示

明确算法之后可以进行代码的编写,通过 Python Web 框架 Bottle 进行 RESTful API 的实现。由于项目要部署到 Serverless 架构,因此在进行业务逻辑开发时要额外注意:

- ❑ 在初始化实例时进行模型的加载,尽可能地减少频繁的冷启动带来的影响。
- ❑ 在函数模式下,往往只有 /tmp 目录是可写的,所以图片会被缓存到 /tmp 目录下。
- ❑ 虽然函数计算是"无状态"的,但是实际上也有复用的情况,所有数据在存储到 /tmp 的时候进行了随机命名。
- ❑ 虽然部分云厂商支持上传二进制文件,但是大部分 Serverless 架构对其并不友好,所以这里依旧采用 Base64 上传的方案。

根据上述注意事项,可以将代码开发分为两部分:

1)初始化:加载 bryandlee_animegan2-pytorch_main 模型,初始化全局变量、方法。
2)实现业务逻辑:

- ❑ 获取客户端通过 RESTful API 请求传递的图片,并缓存到 /tmp 目录。
- ❑ 进行图片的预测(即生成漫画风图片)。

❑ 返回 Base64 编码后的图片信息。

参考代码如下:

```python
from PIL import Image
import io
import torch
import base64
import bottle
import random
import json

cacheDir = '/tmp/'
modelDir = './model/bryandlee_animegan2-pytorch_main'
getModel = lambda modelName: torch.hub.load(modelDir, "generator",
pretrained=modelName, source='local')
models = {
    'celeba_distill': getModel('celeba_distill'),
    'face_paint_512_v1': getModel('face_paint_512_v1'),
    'face_paint_512_v2': getModel('face_paint_512_v2'),
    'paprika': getModel('paprika')
}
randomStr = lambda num=5: "".join(random.sample('abcdefghijklmnopqrstuvwxyz', num))
face2paint = torch.hub.load(modelDir, "face2paint", size=512, source='local')


@bottle.route('/images/comic_style', method='POST')
def getComicStyle():
    result = {}
    try:
        postData = json.loads(bottle.request.body.read().decode("utf-8"))
        style = postData.get("style", 'celeba_distill')
        image = postData.get("image")
        localName = randomStr(10)

        # 图片获取
        imagePath = cacheDir + localName
        with open(imagePath, 'wb') as f:
            f.write(base64.b64decode(image))

        # 内容预测
        model = models[style]
        imgAttr = Image.open(imagePath).convert("RGB")
        outAttr = face2paint(model, imgAttr)
        img_buffer = io.BytesIO()
        outAttr.save(img_buffer, format='JPEG')
        byte_data = img_buffer.getvalue()
        img_buffer.close()
        result["photo"] = 'data:image/jpg;base64, %s' % base64.b64encode(byte_data).decode()
```

```python
    except Exception as e:
        print("ERROR: ", e)
        result["error"] = True
    return result

app = bottle.default_app()
if __name__ == "__main__":
    bottle.run(host='localhost', port=8099)
```

除了要实现上述对图片进行处理的业务逻辑之外，该项目还需要提供一个 RESTful API，为客户端提供可支持的图片风格以及示例图片，参考代码如下：

```python
@bottle.route('/system/styles', method='GET')
def styles():
    return {
        "AI动漫风": {
            'color': 'red',
            'detailList': {
                "风格1": {
                    'uri': "images/comic_style",
                    'name': 'celeba_distill',
                    'color': 'orange',
                    'preview': 'https://serverless-article-picture.oss-cn-hangzhou.aliyuncs.com/1647773808708_20220320105649389392.png'
                },
                "风格2": {
                    'uri': "images/comic_style",
                    'name': 'face_paint_512_v1',
                    'color': 'blue',
                    'preview': 'https://serverless-article-picture.oss-cn-hangzhou.aliyuncs.com/1647773875279_20220320105756071508.png'
                },
                "风格3": {
                    'uri': "images/comic_style",
                    'name': 'face_paint_512_v2',
                    'color': 'pink',
                    'preview': 'https://serverless-article-picture.oss-cn-hangzhou.aliyuncs.com/1647773926924_20220320105847286510.png'
                },
                "风格4": {
                    'uri': "images/comic_style",
                    'name': 'paprika',
                    'color': 'cyan',
                    'preview': 'https://serverless-article-picture.oss-cn-hangzhou.aliyuncs.com/1647773976277_20220320105936594662.png'
                },
            }
        },
    }
```

完成代码开发之后，即可通过 Serverless Devs 开发者工具将项目部署到阿里云 Serverless 架构。在 Serverless 架构的技术红利加持下，上述看似普通的业务逻辑将具备高可用、低成本的特性，且基于 Serverless 的天然分布式架构以及自动弹性伸缩能力，开发者无须付出更多精力在底层资源上，而可以将更多精力放在业务逻辑上。

2. 小程序端实现

小程序端可以采用 ColorUI 作为样式组件库，只需一个页面即可承载整体的业务逻辑，如图 5-20 所示。

图 5-20　漫画风小程序开发示意图

小程序开发过程将分为 3 个步骤。

1）对公共模块 / 公共组件进行抽象。尽管只有一个页面，但是也需要对网络请求模块等公共组件 / 模块进行抽象。这一部分可以抽象到 app.js 文件中：

```
doRequest: async function (uri, data, option) {
    const that = this
    return new Promise((resolve, reject) => {
        wx.request({
            url: that.url + uri,
            data: data,
            header: {
                "Content-Type": 'application/json',
            },
            method: option && option.method ? option.method : "POST",
            success: function (res) {
```

```
        resolve(res.data)
      },
      fail: function (res) {
        reject(null)
      }
    })
  })
}
```

2）形成页面布局文件。有了 ColorUI 的加持，开发者还需要对相关的组件进行组合，形成预期的页面结构。参考代码如下：

```
<scroll-view scroll-y class="scrollPage">
  <image src='/images/topbg.jpg' mode='widthFix' class='response'></image>

  <view class="cu-bar bg-white solid-bottom margin-top">
    <view class="action">
      <text class="cuIcon-title text-blue"></text>第一步：选择图片
    </view>
  </view>
  <view class="padding bg-white solid-bottom">
    <view class="flex">
      <view class="flex-sub bg-grey padding-sm margin-xs radius text-center" bindtap="chosePhoto">本地上传图片</view>
      <view class="flex-sub bg-grey padding-sm margin-xs radius text-center" bindtap="getUserAvatar">获取当前头像</view>
    </view>
  </view>
  <view class="padding bg-white" hidden="{{!userChosePhoho}}">
    <view class="images">
      <image src="{{userChosePhoho}}" mode="widthFix" bindtap="previewImage" bindlongpress="editImage" data-image="{{userChosePhoho}}"></image>
    </view>
    <view class="text-right padding-top text-gray">* 点击图片可预览，长按图片可编辑</view>
  </view>

  <view class="cu-bar bg-white solid-bottom margin-top">
    <view class="action">
      <text class="cuIcon-title text-blue"></text>第二步：选择图片处理方案
    </view>
  </view>
  <view class="bg-white">
    <scroll-view scroll-x class="bg-white nav">
      <view class="flex text-center">
        <view class="cu-item flex-sub {{style==currentStyle?'text-orange cur':''}}" wx:for="{{styleList}}"
              wx:for-index="style" bindtap="changeStyle" data-style="{{style}}">
          {{style}}
        </view>
      </view>
```

```
        </scroll-view>
    </view>
    <view class="padding-sm bg-white solid-bottom">
        <view class="cu-avatar round xl bg-{{item.color}} margin-xs" wx:for="{{style
List[currentStyle].detailList}}"
            wx:for-index="substyle" bindtap="changeStyle" data-substyle="{{substyle}}"
bindlongpress="showModal" data-target="Image">
            <view class="cu-tag badge cuIcon-check bg-grey" hidden="{{currentSubStyle ==
substyle ? false : true}}"></view>
            <text class="avatar-text">{{substyle}}</text>
        </view>
        <view class="text-right padding-top text-gray">* 长按风格圈圈可以预览模板效果</view>
    </view>

    <view class="padding-sm bg-white solid-bottom">
      <button class="cu-btn block bg-blue margin-tb-sm lg" bindtap="getNewPhoto"
disabled="{{!userChosePhoho}}"
          type="">{{ userChosePhoho ? (getPhotoStatus ? 'AI将花费较长时间' : '生成图片')
: '请先选择图片' }}</button>
    </view>

    <view class="cu-bar bg-white solid-bottom margin-top" hidden= "{{!resultPhoto}}">
      <view class="action">
          <text class="cuIcon-title text-blue"></text>生成结果
      </view>
    </view>
    <view class="padding-sm bg-white solid-bottom" hidden="{{!resultPhoto}}">
      <view wx:if="{{resultPhoto == 'error'}}">
          <view class="text-center padding-top">服务暂时不可用，请稍后重试</view>
          <view class="text-center padding-top">或联系开发者微信: <text class="text-blue"
data-data="zhihuiyushaiqi" bindtap="copyData">zhihuiyushaiqi</text></view>
      </view>
      <view wx:else>
        <view class="images">
          <image src="{{resultPhoto}}" mode="aspectFit" bindtap="previewImage"bindlo
ngpress ="saveImage" data-image="{{resultPhoto}}"></image>
        </view>
        <view class="text-right padding-top text-gray">* 点击图片可预览，长按图片可保存
</view>
      </view>
    </view>


    <view class="padding bg-white margin-top margin-bottom">
      <view class="text-center">采用 Serverless Devs 搭建</view>
      <view class="text-center">Powered By Anycodes <text bindtap="showModal" class="text-
cyan" data-target="Modal">{{"<"}}作者的话{{">"}}</text></view>
    </view>


    <view class="cu-modal {{modalName=='Modal'?'show':''}}">
      <view class="cu-dialog">
```

```
<view class="cu-bar bg-white justify-end">
  <view class="content">作者的话</view>
  <view class="action" bindtap="hideModal">
    <text class="cuIcon-close text-red"></text>
  </view>
</view>
<view class="padding-xl text-left">
    大家好，我是刘宇，很感谢你关注和使用这个小程序。这个小程序是我用业余时间做的一个头像生成小工具，虽然它基于"人工智障"技术，现在怎么看怎么别扭，但是我会努力让这个小程序变得"智能"起来的。如果你有什么好的建议欢迎联系我的<text class="text-blue" data-data="service@52exe.cn" bindtap="copyData">邮箱</text>或者<text class="text-blue" data-data="zhihuiyushaiqi" bindtap="copyData">微信</text>。另外值得一提的是，本项目基于阿里云Serverless架构，通过Serverless Devs开发者工具建设。
  </view>
 </view>
</view>

<view class="cu-modal {{modalName=='Image'?'show':''}}">
  <view class="cu-dialog">
    <view class="bg-img" style="background-image: url('{{previewStyle}}');height: 200px;">
      <view class="cu-bar justify-end text-white">
        <view class="action" bindtap="hideModal">
          <text class="cuIcon-close "></text>
        </view>
      </view>
    </view>
    <view class="cu-bar bg-white">
      <view class="action margin-0 flex-sub  solid-left" bindtap="hideModal">关闭预览</view>
    </view>
  </view>
</view>

</scroll-view>
```

3）除了页面布局文件之外，还要编写页面对应的 JavaScript 文件，该文件包括页面的一些渲染行为，以及一些交互动作。

初始化 app 对象：

```
const app = getApp()
```

初始化数据 / 变量：

```
data: {
    styleList: {},
    currentStyle: "动漫风",
    currentSubStyle: "v1模型",
    userChosePhoho: undefined,
    resultPhoto: undefined,
    previewStyle: undefined,
```

```
    getPhotoStatus: false
},
```

页面加载时渲染：

```
onLoad() {
    const that = this
    wx.showLoading({
        title: '加载中',
    })
    app.doRequest(`system/styles`, {}, option = {
      method: "GET"
    }).then(function (result) {
        wx.hideLoading()
        that.setData({
            styleList: result,
            currentStyle: Object.keys(result)[0],
            currentSubStyle: Object.keys(result[Object.keys(result)[0]].detailList)[0],
        })
    })
},
```

切换风格对应的动作：

```
changeStyle(attr) {
    this.setData({
        "currentStyle": attr.currentTarget.dataset.style || this.data.currentStyle,
        "currentSubStyle": attr.currentTarget.dataset.substyle || Object.keys(this.data.styleList[attr.currentTarget.dataset.style].detailList)[0]
    })
},
```

选择本地照片对应的动作：

```
chosePhoto() {
    const that = this
    wx.chooseImage({
      count: 1,
      sizeType: ['compressed'],
      sourceType: ['album', 'camera'],
      complete(res) {
        that.setData({
          userChosePhoho: res.tempFilePaths[0],
          resultPhoto: undefined
        })
      }
    })
},
```

通过获取头像选择照片对应的动作：

```
headimgHD(imageUrl) {
    imageUrl = imageUrl.split('/'); //把头像的路径切成数组
    //把大小数值为 46、64、96、132 的转换为0
```

```
        if (imageUrl[imageUrl.length - 1] && (imageUrl[imageUrl.length - 1] == 46 ||
imageUrl[imageUrl.length - 1] == 64 || imageUrl[imageUrl.length - 1] == 96 ||
imageUrl[imageUrl.length - 1] == 132)) {
            imageUrl[imageUrl.length - 1] = 0;
        }
        imageUrl = imageUrl.join('/'); //重新拼接为字符串
        return imageUrl;
    },
    getUserAvatar() {
        const that = this
        wx.getUserProfile({
            desc: "获取你的头像",
            success(res) {
                const newAvatar = that.headimgHD(res.userInfo.avatarUrl)
                wx.getImageInfo({
                    src: newAvatar,
                    success(res) {
                        that.setData({
                            userChosePhoho: res.path,
                            resultPhoto: undefined
                        })
                    }
                })
            }
        })
    },
```

点击生成图片对应的动作（即进行图片漫画风处理的动作）:

```
getNewPhoto() {
    const that = this
    wx.showLoading({
        title: '图片生成中',
    })
    this.setData({
        getPhotoStatus: true
    })
    app.doRequest(this.data.styleList[this.data.currentStyle].detailList[this.data.
currentSubStyle].uri, {
        style: this.data.styleList[this.data.currentStyle].detailList[this.data.
currentSubStyle].name,
        image: wx.getFileSystemManager().readFileSync(this.data.userChosePhoho, "base64")
    }, option = {
        method: "POST"
    }).then(function (result) {
        wx.hideLoading()
        that.setData({
            resultPhoto: result.error ? "error" : result.photo,
            getPhotoStatus: false
        })
    })
```

用户查看漫画风图片之后，进行图片保存的动作：

```
saveImage() {
    wx.saveImageToPhotosAlbum({
        filePath: this.data.resultPhoto,
        success(res) {
            wx.showToast({
                title: "保存成功"
            })
        },
        fail(res) {
            wx.showToast({
                title: "异常，稍后重试"
            })
        }
    })
},
```

除此之外还涉及图片的预览与编辑功能等：

```
previewImage(e) {
    wx.previewImage({
        urls: [e.currentTarget.dataset.image]
    })
},
editImage() {
    const that = this
    wx.editImage({
        src: this.data.userChosePhoho,
        success(res) {
            that.setData({
                userChosePhoho: res.tempFilePath
            })
        }
    })
},
```

5.3.3 效果预览

完成服务端的开发和部署与小程序端的开发和发布之后，即可通过小程序体验这个功能，使用效果如图 5-21 所示。

1）在用户进入小程序之后，需要上传一张本地照片或选择当前头像作为预处理照片。

2）在多种风格中选择一个风格，可以通过长按风格圆圈进行预览，如图 5-22 所示。

图 5-21　漫画风小程序使用效果示意图

图 5-22　漫画风小程序风格预览示意图

3）单击"生成图片"按钮并稍等片刻，即可看到漫画风的图片已经生成。

5.3.4　总结

Serverless 架构已经逐渐成为诸多企业或者个人开发者上云的首选，将 Serverless 架构的天然技术优势与小程序生态相结合，不仅可以提高研发效能、加快业务迭代效率，也可以使项目具有更高的性能、更低的成本。在本案例中，Serverless 架构承载了诸多场景，包括小程序 / 移动开发后端场景、人工智能场景等。事实也证明，Serverless 架构确实可以承载更多有趣的工作。

5.4　Serverless WebSocket：弹幕应用系统设计及实现

5.4.1　背景

Serverless 的理念是即时弹性，用完即走。服务并非长时间运行，这就意味着像 WebSocket 这种长连接的请求模式看起来并不适合 Serverless 架构，但是否有其他的办法既能满足长连接模式请求，也能够利用 Serverless 本身的特性呢？答案是肯定的。以阿里云函数计算为例，目前阿里云函数计算的 HTTP 触发器除了支持标准的 HTTP/HTTPS 规范之外，还支持 WebSocket 协议以及 gRPC 协议。另外，除了 HTTP 触发器，通过 API 网关触发器也可以实现 Serverless 架构下的 WebSocket 长连接。本节将以 API 网关与函数计算作为技术架构，实现一款弹幕应用系统。

弹幕应用系统主要用在活动现场。活动现场需要有一块用于显示弹幕信息的大屏幕，活动主持人可以为活动参与者提供对应的弹幕二维码，活动参与者通过扫描弹幕二维码即可进入弹幕房间，在弹幕房间输入弹幕，就可以顺利地在大屏幕上显示对应的弹幕。在 CNCF Sandbox 项目 Serverless Devs 的线下活动中，经常会使用此系统作为参与者与分享者的交互方法。简单来说，在分享者分享的过程中，参与者可以通过手机发送弹幕，将疑问和心得通过活动现场的大屏幕投放出来，分享者如果看到有趣的问题或者深刻的感悟，可以随时与参与者进行沟通与交流，这大大增加了活动的趣味性与科技感。

5.4.2　技术架构

弹幕应用系统架构采用 Serverless 计算平台与相对应的 BaaS 产品联动，从 DNS 到 API 网关再到函数计算的基于 Serverless 架构的 WebSocket 技术方案。弹幕应用系统架构图如图 5-23 所示。

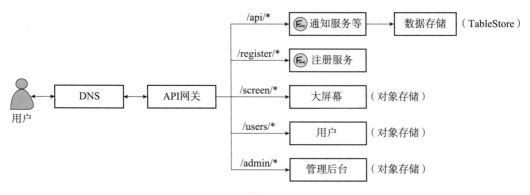

图 5-23　弹幕应用系统架构图

弹幕应用客户端由大屏幕、个人用户、管理员三部分组成，服务端由一个注册设备的服务和一个 RESTful API 服务组成。客户端与服务端的长连接由 API 网关承载：

1）当客户端发起 WebSocket 请求时，会与 API 网关建立长连接，API 网关在存储设备编号的同时会触发注册函数，注册函数会将设备编号存储到 TableStore 中。

2）当用户在客户端输入弹幕并发送时，数据会经由 API 网关服务投送至对应的函数进行管制判定：如果无管制则直接查找当前大屏幕设备，并进行网关的下行调用，进而下发到对应的大屏幕上，实现数据显示；如果对应消息或用户被管制，则查询在线的管理员设备，将弹幕下行通知到网关，由网关发送给管理员前端页面进行进一步的处理。

整体流程的时序图如图 5-24 所示。

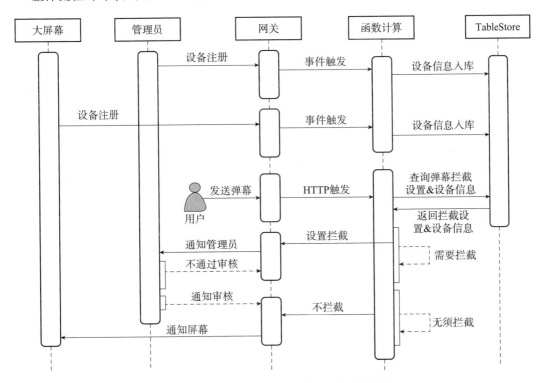

图 5-24 弹幕应用系统整体流程的时序图

5.4.3 技术实现

1. 数据库相关

这一部分将根据以上分析设计数据库相关结构。数据表主要包括用于存储设备信息的 equipment 表、用于存储弹幕信息的 barrage 表以及用于存储过滤信息的 interceptor 表。除了数据表之外，还涉及 Serverless 架构下数据库连接对象的初始化、优化方案以及数据库的 CRUD 操作等。

（1）数据库设计

数据库需要存储设备相关信息，主要包括客户端设备以及显示设备等，设备表（equipment）的整体结构如表 5-1 所示。

表 5-1　设备表（equipment）

字段	类型	说明
id	string	设备表主键
deviceId	string	设备 ID
docId	string	备用字段
type	string	设备类型（screen|admin）

弹幕表用于存储弹幕信息，主要包括弹幕的来源、弹幕的内容以及弹幕的基础信息，例如颜色、字体大小以及审核状态等，弹幕表（barrage）的详细信息如表 5-2 所示。

表 5-2　弹幕表（barrage）

字段	类型	说明
gid	string	分区键
id	integer	主键自增
fromId	string	弹幕作者 id
fromName	string	来源作者名称
color	string	弹幕颜色
fontSize	string	弹幕字体大小
checkStatus	integer	弹幕状态：0（未处理）、1（审批通过）、2（审批未通过）
sendTime	string	弹幕发送时间
checkTime	string	弹幕更新时间
message	string	弹幕内容

过滤器表（interceptor）主要用于区分状态，通过状态进行过滤操作，例如拦截状态、不拦截状态等。该表的整体设计如表 5-3 所示。

表 5-3　过滤器表（interceptor）

字段	类型	说明
id	integer	主键/分区键
status	integer	拦截状态：0（不拦截）、1（拦截）、2（拦截加过滤）
filterWords	string	过滤字段

（2）数据库初始化

为了减少数据库初始化次数，我们可以在函数的 initializer 方法中进行初始化，当函数未被释放的时候可以直接使用数据库的实例而不必重新连接。这样可以缩短请求响应时间，适用于单实例多并发的情况。

```javascript
exports.initializer = (context, callback) => {
  try {
    const ak = context.credentials.accessKeyId;
    const sk = context.credentials.accessKeySecret;
    const stsToken = context.credentials.securityToken;
    SAT.init(endpoint, instance, ak, sk, stsToken);
    internal = { tableClient: SAT, TableStore };
    callback();
  } catch (err) {
    callback(err.message);
  }
}
```

数据库实例初始化之后，我们通过赋值给全局变量来从其他的方法中取得实例，进行后续的操作。

（3）数据库 CRUD 操作

由于使用 TableStore 原生的 API 去做 CRUD 操作的用户体验不够友好，因此这里借助 TableStore 社区提供了一个很好的封装 SAT（Simple API Toolkit），使用它来做基础的增删改查会非常方便，代码看起来也非常整洁。

```javascript
// 单主键查询
const getInterceptor = async (ctx) => {
  const { tableClient } = ctx.req.requestContext.internal;
  const res = await tableClient.table('interceptor').get(1, cols = []);
  return res;
}

// 查询全部
const getAllEquipment = async (tableClient,TableStore) => {
   const res = await tableClient.table('equipment').getRange(TableStore.INF_MIN, TableStore.INF_MAX, cols = [])
   return Object.keys(res).map((key)=> res[key]);
}
// 双主键（一个分区键，一个自增键）的插入
const addBarrage = async (ctx) => {
  const { tableClient, TableStore } = ctx.req.requestContext.internal;
  const { fromId, fromName, color, fontSize = '28px', checkStatus = 0, message } = ctx.request.body;
  const currentTime = Date.now().toString();
  const newData = Object.assign({}, { fromId, fromName, color, fontSize, checkStatus: parseInt(checkStatus), message }, { sendTime: currentTime, checkTime: currentTime });
  const res = await tableClient.table('barrage', ['gid', 'id']).put([1, TableStore.PK_
```

```
AUTO_INCR], newData, c = 'I');
    return res;
}
// 更新
const updateBarrage = async (ctx) => {
    const { tableClient } = ctx.req.requestContext.internal;
    const { checkStatus } = ctx.request.body;
    const { id } = ctx.request.params;
    const currentTime = Date.now().toString();
    const res = await tableClient.table('barrage', ['gid', 'id']).update([1, parseInt(id)],
{ checkStatus: parseInt(checkStatus), checkTime: currentTime }, c = 'I')
    return res;
}
// 条件查询
const getBarrageByCondition = async (ctx) => {
    const { tableClient, TableStore } = ctx.req.requestContext.internal;
    const res = await tableClient.table('barrage').search('index', ['checkStatus', 0])
    return res;
}
```

2. 基于 API 网关的 WebSocket

4.2.2 节提到，要基于阿里云 API 网关实现 WebSocket 服务，需要了解三种管理信令，即注册信令、下行通知信令、注销信令。在当前项目下，注册信令相关操作为注册函数，在注册时，将用户的 ID/设备 ID 存储到对象存储中：

```
exports.register = async function (event, context, callback) {
    console.log('event: %s', event);
    const evt = json.parse(event);

    const deviceId = evt['headers']['x-ca-deviceid'];
    const docId = evt['queryParameters']['docId'];
    const type = evt['queryParameters']['type'];

    const resp = {
        'isBase64Encoded': 'false',
        'statusCode': '200',
        'body': {
            'deviceId': deviceId,
            'docId': docId,
            'type': type
        },
    };
    try {
        const tableClient = SAT;
        const c = 'I';
        const res = await tableClient.table('equipment', ['id']).put([deviceId], { deviceId,
docId, type }, c); //注册用户
        resp.body.res = res;
        callback(null, resp);
```

```
    } catch (err) {
      callback(err);
    }
  }
};
```

其他信令相关操作通过 notify 函数处理：

```
const notify = async function ({ agClient, deviceId, url, from, message, fontSize =
'12px', color = '#000' }) {
  try {
    const data = json.stringify({
      from,
      message,
      fontSize,
      color
    })
    const r = await axios({
      method: 'post',
      url,
      data,
      timeout: 6000,
      headers: {
        'x-ca-deviceid': deviceId,
      }
    });
    return r.data;
  } catch (err) {
    return err.message;
  }
};
```

notify 函数仅适用于业务内部，在对客户端暴露业务能力时，则通过 send 路径对外透出：

```
.post("/send", async (ctx, next) => {
  try {
    const ag = ctx.req.requestContext.ag;
    const { message = '', fromId = '', fromName = "serverlessdevs", color, fontSize
= '28px' } = ctx.request.body;
    const { tableClient, TableStore } = ctx.req.requestContext.internal;
    let result = {};
    const equipments = await getAllEquipment(tableClient, TableStore);
    // 查询一下当前的拦截器状态
    const interceptor = await getInterceptor(ctx);
    if (interceptor.status == 0) {
      // 直接通知屏幕
      const scressNotifyList = [];
      equipments.filter(equ => equ.type === 'screen').forEach((screen) => {
        scressNotifyList.push(new Promise(async (resolve, reject) => {
          try {
```

```javascript
          let r = await notify({ deviceId: screen.deviceId, url: notifyUrl, from:
fromName || fromId, message, color, fontSize });
          resolve(r);
        } catch (e) {
          reject(e);
        }
      }));
    })
    result = await Promise.all(scressNotifyList);
  } else {
    const barrageResult = await addBarrage(ctx); // 存储下来
    const [pk1, pk2] = barrageResult.row.primaryKey; // uid, id
    const id = pk2.value.toNumber();
    const adminNotifyList = [];
    equipments.filter(equ => equ.type === 'admin').forEach((admin) => {
      adminNotifyList.push(new Promise(async (resolve, reject) => {
        try {
          let r = await notifyAdmin({ deviceId: admin.deviceId, url: notifyUrl,
fromName: fromName || fromId, message, color, fontSize, id });
          resolve(r);
        } catch (e) {
          reject(e);
        }
      }));
    })
    result = await Promise.all(adminNotifyList); // 通知管理后台
  }
  ctx.body = result;
} catch (e) {
  ctx.body = e.message;
}
})
```

5.4.4 效果预览

完成项目之后，可以将项目部署到 API 网关、函数计算、对象存储、DNS 服务中。

API 网关：主要用于实现 WebSocket 能力，并对外暴露 RESTful API，部署后的 API 网关资源信息如图 5-25 所示。

函数计算：主要用于处理业务逻辑，属于计算平台，部署后的函数计算资源信息如图 5-26 所示。

对象存储：主要用于存储静态资源/网站资源，由于项目存在 3 个客户端，所以针对每个客户端都有对应的 Web 资源，部署后的对象存储资源信息如图 5-27 所示。

DNS 服务：主要用于静态资源加速，部署后的 DNS 服务资源信息如图 5-28 所示。

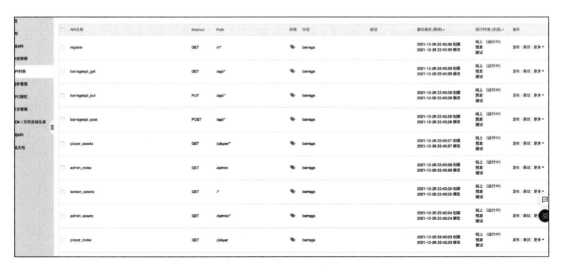

图 5-25　弹幕应用系统的 API 网关资源信息

图 5-26　弹幕应用系统的函数计算资源信息

图 5-27　弹幕应用系统的对象存储资源信息

图 5-28　弹幕应用系统的 DNS 服务资源信息

完成上述资源的部署以及域名绑定之后，可以通过客户端进行测试，如图 5-29 所示。

- ❏ 可以通过浏览器打开大屏幕端地址（如图 5-29 左侧部分）。
- ❏ 可以通过浏览器新的窗口打开客户端地址（如图 5-29 右侧部分）。
- ❏ 在客户端侧输入对应的内容，可以在大屏幕端看到实时同步信息。

图 5-29　弹幕应用系统使用效果预览

5.4.5　总结

本项目本身是一种对 Serverless 架构下的 WebSocket 能力的探索，开发者可以根据上面的思路开发出更多、更有趣的项目，比如聊天室、多人协作平台等。除了可以基于 API 网关的 WebSocket 能力让 Serverless 架构实现长连接之外，也可以通过函数计算本身具备的长连接能力进行体验与探索，例如第 10 章的实战案例就是使用了函数计算原生所支持的 WebSocket 能力。

5.5　HTML 与快应用实战：简易用户反馈功能实践

5.5.1　背景

在生活中，无论手机应用还是网页应用，我们经常会看到"意见反馈"功能，通过这个功能，用户可以将对产品的看法和期望提交给开发团队或运营团队。以 CNCF Sandbox 项目 Serverless Devs 官网为例，它的官网下方有快速反馈功能，为了配合该功能只需通过 Serverless 架构创建一个函数，在函数中对相应内容进行记录与反馈即可，整个过程非常轻量与方便。本文将基于 Serverless 架构 + HTML 网页与快应用实现一款简单的意见反馈软件。

5.5.2 技术架构

项目将分为三个部分：

- 服务端：构建 Serverless 架构，主要是在函数计算服务中创建处理业务逻辑的函数。
- HTML 端：通过 HTTP 触发器，触发函数计算，以实现用户反馈信息的记录或其他处理操作。
- 快应用端：与 HTML 端行为一致，只是运行在快应用引擎中。

简易用户反馈功能架构如图 5-30 所示。

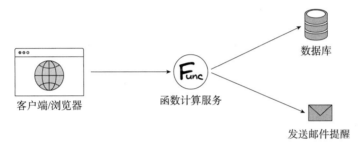

图 5-30　简易用户反馈功能架构图

5.5.3 技术实现

1. 服务端实现

为了简化服务端的内容，让功能更轻量化，此处将用户和反馈的内容进行整理，转发到运营人的邮箱中，整体的业务逻辑如下所示：

```python
# -*- coding: utf8 -*-
import smtplib
from email.mime.text import MIMEText
from email.header import Header
import logging

def sendEmail(content):
    sender = 'service@52exe.cn'
    mail_msg = content
    message = MIMEText(mail_msg, 'html', 'utf-8')
    message['From'] = Header("用户反馈", 'utf-8')
    message['To'] = Header("用户", 'utf-8')
    subject = "用户反馈"
```

```python
    message['Subject'] = Header(subject, 'utf-8')
    smtpObj = smtplib.SMTP_SSL("smtp.exmail.qq.com", 465)
    smtpObj.login(sender, '发件人邮箱密码')
    smtpObj.sendmail(sender, ['收件人邮箱地址'], message.as_string())

def handler(environ, start_response):
    context = environ['fc.context']
    request_uri = environ['fc.request_uri']
    #get request_body
    try:
        request_body_size = int(environ.get('CONTENT_LENGTH', 0))
    except (ValueError):
        request_body_size = 0
    request_body = environ['wsgi.input'].read(request_body_size)
    sendEmail(request_body)
    for k, v in environ.items():
      if k.startswith('HTTP_'):
        #process custom request headers
        pass
    status = '200 OK'
    response_headers = [('Content-type', 'text/plain')]
    start_response(status, response_headers)
    return ['我们已经收到了你的信息，会尽快给你回信'.encode("utf-8")]
```

2. 网页端实现

网页端主要通过 HTML 进行页面布局，通过网络请求模块进行数据提交。其中 JavaScript 实现的部分代码如下所示：

```javascript
function send() {
  const xmlhttp = window.XMLHttpRequest ? new XMLHttpRequest() : new ActiveXObject("Microsoft.XMLHTTP");
  xmlhttp.onreadystatechange = function () {
    if (xmlhttp.readyState === 4 && xmlhttp.status === 200) {
      alert("我们已经收到了你的信息，会尽快给你回信")
    }
  }
  xmlhttp.open("POST", "请求地址");
  xmlhttp.setRequestHeader("Content-Type", "text/plain");
  xmlhttp.send(json.stringify({
    "name": document.getElementById("name").value,
    "email": document.getElementById("email").value,
    "content": document.getElementById("content").value,
  }));
}
```

3. 快应用实现

在快应用中创建一个新的项目，主要涉及三部分内容。

Template 部分：主要是页面布局，这里包括三部分，分别是 Email 的输入框、反馈信息

的输入框以及确定按钮,参考代码如下:

```
<template>
  <div class="tutorial-page">
    <div class="item">
      <div class="input-item">
        <text class="input-hint">你的邮箱:</text>
        <input class="input-text" name="email" type="text" @change= "bindEmailChange"></input>
      </div>
    </div>

    <div class="item">
      <div class="item-content">
        <text class="input-hint">反馈内容:</text>
        <textarea id="textarea" placeholder="请输入文本内容" class="textarea" @change="bindContentChange"></textarea>
      </div>
    </div>

    <div class="item">
      <div class="item-content">
        <input class="input-button" type="button" value="提交信息" onclick= "postData"></input>
      </div>
    </div>
  </div>
</template>
```

Style 部分:主要是样式内容,类似于 HTML 项目中的 CSS 内容,参考代码如下:

```
<style>
  .title {
    font-size: 40px;
    text-align: center;
  }
  .textarea {
    border: 1px solid #000000;
    width: 500px;
    height: 800px;
  }
  .input-text {
    border: 1px solid #000000;
    width: 500px;
  }
  .tutorial-page {
    /* 交叉轴居中 */
    align-items: center;
    /* 纵向排列 */
    flex-direction: column;
  }
  .tutorial-page > .item {
```

```css
    /* 有剩余空间时,允许被拉伸 */
    /*flex-grow: 1;*/
    /* 空间不够用时,不允许被压缩 */
    flex-shrink: 0;
    /* 主轴居中 */
    justify-content: center;
    margin: 10px;
  }
</style>
```

Script 部分:主要是行为与交互部分,例如通过单击按钮进行邮件发送等操作,参考代码如下:

```html
<script>
import fetch from '@system.fetch'
import prompt from '@system.prompt'

export default {
  data : {
      email: "",
      content: "",
  },
  bindEmailChange(e){
    console.log(e.value)
    this.$app.$data['email'] = e.value
  },
  bindCententChange(e){
    console.log(e.value)
    this.$app.$data['content'] = e.value
  },
  postData () {
    fetch.fetch({
      url: '后端服务地址',
      responseType: 'text',
      method: "POST",
      data: {
        content: this.$app.$data['content'],
        email: this.$app.$data['email'],
        name: 'QuickApp'
      },
      success: function (response) {
        prompt.showToast({
          message: `${response.data}`
        })
      },
      fail: function (data, code) {
        prompt.showToast({
          message: `提交失败`
        })
      }
    })
```

        }
    }
</script>
```

完成上述代码的编写之后,在快应用的 IDE 中可以预览整体效果,并进行代码的调试,如图 5-31 所示。

图 5-31　简易用户反馈功能快应用开发示意图

### 5.5.4　效果预览

如图 5-32 所示,CNCF Sandbox 项目 Serverless Devs 官网最下方有"快速和我们反馈"功能,该功能就是基于上述内容实现的。

图 5-32　Serverless Devs 官网快速反馈功能
```

通过快应用和图 5-32 所示的网页进行反馈，可以在邮箱中查看对应的邮件内容，如图 5-33 所示。

图 5-33　简易反馈功能效果示意图

5.5.5　总结

至此，通过 Serverless 架构实现的简单的用户反馈功能已经基本完成。通过本节，希望以抛砖引玉的方法，为读者提供一种新的思路：Serverless 架构可以在很多轻量化的需求中发挥巨大的作用，凭借其低运维、低成本的特性，开发者只需要通过简单的几行代码，即可实现高可用的后端服务，通过 HTTP 触发器直接对外提供 RESTful API，无论从系统层还是从硬件层都无须付出更多精力，这种轻量的业务模型有助于业务的快速迭代与更新。

第 6 章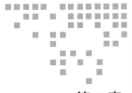

传统内容管理系统 Serverless 化升级实战

6.1 背景

内容管理系统是一种很常见的 Web 应用场景，可以用到个人独立站、企业官网展示等场景，具有很高的实用价值。一个标准的内容管理系统主要由三部分组成：主站展示、后台管理系统、API 服务。但是目前市面上的绝大部分内容管理系统都是基于传统架构设计并构建的，随着 Serverless 架构的逐渐风靡，拥有一款基于 Serverless 架构的内容管理系统成了"众望所归"。它一方面可以完全基于 Serverless 架构设计、开发和构建，另一方面可以将现有的内容管理系统 Serverless 化，从传统架构升级为 Serverless 架构。

本章将以 GiiBee CMS 为例，对该系统进行 Serverless 架构重构。GiiBee CMS 项目采用的技术栈是基于前端 JavaScript 语言实现的：API 服务是使用 Nest.js 实现的，后台管理系统是标准的 Vue.js 框架与 Element UI 组件库结合而成的单页面应用，展示首页使用了 Nuxt.js 框架（该框架既可作为 SSR，也可作为 SSG 的前端渲染框架）。三个部分各自独立又相互联系，整体看是一个完整的项目，却又非常契合 Serverless 架构的分布式理念。

本章将介绍 GiiBee CMS 框架 Serverless 化升级改造的基本思路、改造细节、性能优化方案及业务可观测设计等，涉及开发者普遍关心的 Serverless 生产中的常见问题，例如数据库的连接、日志的采集、动静态分离的配置、Serverless 架构下的应用调试、应用灰度方案等，以最真实地展现传统内容管理系统 Serverless 化的实施落地细节。

6.2 需求明确

当前实战案例的需求非常明确：将 GiiBee CMS 项目 Serverless 化，使其原生所具备的三个模块可以顺利地运行在 Serverless 架构中。

根据该需求可以衍生出若干子任务。

- 执行任务：将若干模块部署到 Serverless 架构之后，项目依旧可以正常使用。这会涉及项目的数据库的连接方式、缓存文件的处理、持久化数据方案以及路由流量划分规则等。
- 性能任务：从传统架构部署到 Serverless 架构，不仅要发挥 Serverless 架构所具备的天然优势，也要通过产品间的集成和联动，让项目本身具备更高的可用性，例如做流量划分（通过不同的路径，将请求划分到函数计算、对象存储等不同产品）时，API 网关和 DCDN 边缘程序（EdgeRoutine，ER）谁的性能更高、易用性更好等将成为该任务所需要考虑的问题。
- 可维护性任务：尽管 Serverless 架构强调的是低运维甚至是免运维，但是在实际生产过程中，项目本身的业务逻辑难免会出现一些错误或异常，如何快速感知、监控、查询以及分析将是非常重要的环节，所以后期可维护性相关任务将和项目的可观测能力紧密相关。

6.3 技术选型

作为传统架构下的内容管理系统，GiiBee CMS 在设计之初并未有任何针对 Serverless 架构或天然分布式架构所设计的模块，所以对 GiiBee CMS 进行分析之后，判断需要进行 Serverless 化改造的内容相对较多，主要如下：

- 前端静态资源：主要包括网站首页图片、产品图片等，原项目中静态资源存放在 server/public/uploads 目录下，跟服务端的耦合度比较高，而服务端最终需要运行到函数计算 FaaS 服务中，无写权限，因此需要对这部分做一些处理。有两种方案可以参考。

- 将目录映射到 NAS 上，利用 NAS 进行读写，这种改造成本较低，不过缺点是依然依赖主业务服务。
- 单独将静态资源文件存储到 OSS，实现跟业务服务的解耦，缺点是改造成本比第一个方案高。

❑ 日志：在后端服务中，日志写入受限时，可以将日志独立写入专业日志存储服务，如阿里云日志服务（SLS），提高效率和可扩展性。

❑ 数据库：数据库部分也要单独准备可访问的链接地址、账号、密码等，这些同样需要修改源码。

❑ 配置项：比如上面提到的数据库信息、日志地址信息、静态资源地址信息等，这些配置项在 Serverless 架构模式下都需要单独抽离出来，以环境变量的方式替换存在于源码中的信息，以便安全和灵活地设置。

除了上面几个基本项外，剩下的就是根据业务功能做适当的调整了，比如修改路径、增加功能性等。此外，部署配置部分的内容也需要在源代码中体现，比如使用函数计算 Custom Runtime 部署后端 API 服务，就需要准备好 bootstrap 启动文件。

综上所述，GiiBee CMS 在 Serverless 化的过程中，主要涉及如下几个方面的技术选型。

❑ 函数计算：作为 Serverless 架构计算平台，主要承载项目后端服务的核心模块，为客户端提供 OpenAPI 支持，这部分将采用 Custom Runtime 实现。

❑ 云数据库：将单机数据库从项目中剥离，提供云上数据库的支持；可以选购传统的 RDS 服务，也可以选购 Serverless RDS 等服务。

❑ 对象存储：用于静态资源的存储，改造成本略高，可以替换为 NAS，但不利于公网直接访问。

❑ 日志服务：与函数计算等产品搭配使用，用于存储日志信息，便于后期的排障环节。

❑ 其他：在进行静态资源处理或者动态请求时，可能涉及 CDN 或 DCDN 等产品。

6.4 项目设计

6.4.1 基础架构设计

GiiBee CMS 所涉及的三个核心模块（OpenAPI 端、管理端、项目首页）是独立部署的，访问时却是统一的，这就需要 OpenAPI 端、管理端、项目首页三个模块共用同一个域名，此时需要有前置网关入口做请求分流。针对这个情况，在 Serverless 架构下可以采用 API 网关方案与 DCDN 边缘程序方案。

1）API 网关方案：优点是只需要进行基础的配置，即可实现整体的功能，相对简单；缺点是用户获取网站内容并且在本地预览时受到网络性能、资源量、接口速度、页面渲染性能等诸多因素的影响，所以在缓存或者网络性能上，API 网关比 CDN/DCDN 略逊色，毕竟 CDN/DCDN 可以通过边缘节点快速响应一些静态资源/缓存资源。API 网关方案项目架构如图 6-1 所示。

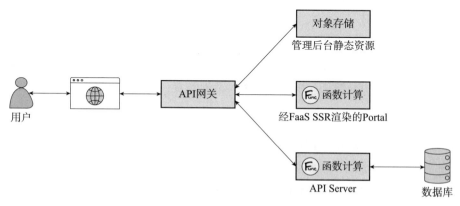

图 6-1　API 网关方案项目架构图

2）DCDN 边缘程序方案：优点是可以充分利用内容分发网络的优势，根据用户访问地域找到最近的服务节点以快速给予响应；缺点是涉及边缘程序部分，需要自行实现分流操作，部分开发成本增加，难度较大。DCDN 边缘程序方案项目架构如图 6-2 所示。

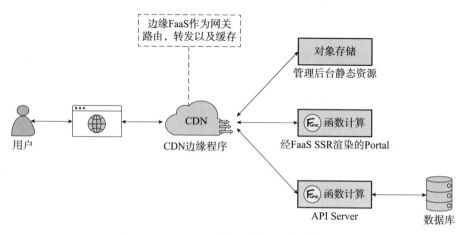

图 6-2　DCDN 边缘程序方案项目架构图

6.4.2　Jamstack 与性能提升设计

Jamstack 是一系列技术栈的整合，包括 SSG、GitOps、Headless CMS、CDN、Edge Function、Serverless Function 等，它解决的核心问题是网站访问性能问题。传统 Web 应用与 Jamstack 应用的架构对比如图 6-3 所示。

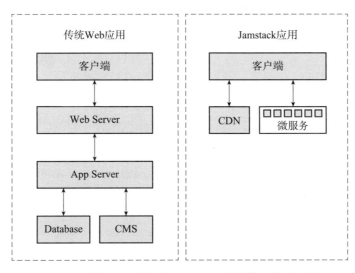

图 6-3　传统 Web 应用与 Jamstack 应用的架构对比图

在 Jamstack 涉及的技术栈中，有两个技术需要额外探索：GitOps 与 SSG 技术。实际上，它们是两个完全独立的技术体系，此处之所以放在一起，是因为二者本质上都算 EDA 模式，是触发 SSG 的前置条件。

如图 6-4 所示，GitOps 是为了响应源码触发的变动，Headless CMS 是为了响应数据修改触发的变动，为了保障网站预置渲染的时效，二者缺一不可。从架构图上看，Jamstack 与传统方式最大的区别是用户通过内容分发网络获取网站内容，但是一般 CDN 只能提供对静态资源的缓存，对于动态的数据是无法过多处理的，所以需要在 CDN 节点上提供可编程能力，使其可以获得动态的 API 内容。

通过阿里云 DCDN 所提供的边缘程序可以实现在边缘节点自定义进行路由的划分以及缓存的配置，并实现动态请求的更多处理逻辑。基于阿里云 Serverless 架构，融入 DCDN 等产品，完善上面的架构图，即可实现通过 Jamstack 架构进行性能提升，升级后的 Jamstack 架构如图 6-5 所示。

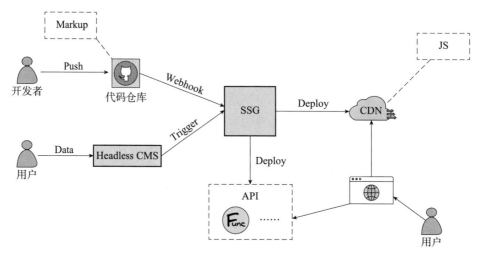

图 6-4 Jamstack 项目架构图

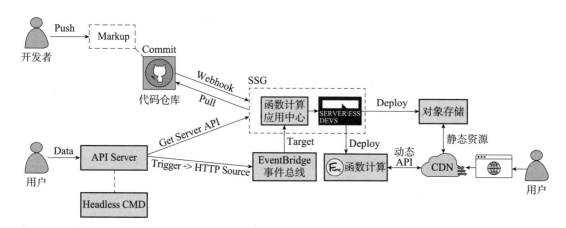

图 6-5 升级后的 Jamstack 架构图

另外需要额外探索的是 SSR 与 SSG，尽管之前的设计思路利用了 SSR 技术，并且以独立的服务部署到函数计算上，但 SSR 本身是需要先从后端接口服务拉取数据，做好服务端渲染后再返回给客户端的，受接口服务的响应性能影响较大。为了进一步提高用户获取网站内容的效率，此处可以采用预渲染技术（即 SSG），利用 Nuxt.js 的特性，提前拿到后台数据形成静态界面，这样可以不依赖于后端服务，直接将静态资源存储到 OSS 上，并结合边缘程序以及内置的缓存能力，极大地提升站点的访问性能。以手机版项目为例，SSR 方案手机版性能测试结果如图 6-6 所示，SSG 方案手机版性能测试结果如图 6-7 所示。可见，SSG 方案是优于 SSR 方案的。

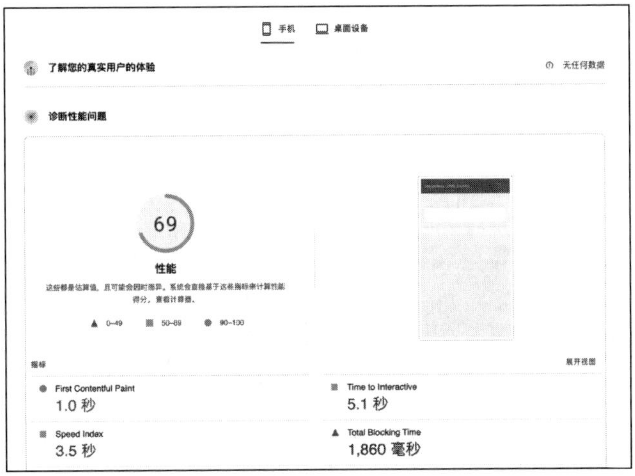

图 6-6　SSR 方案手机版性能测试结果

图 6-7　SSG 方案手机版性能测试结果

6.5　开发实现

6.5.1　模块 Serverless 化升级

1. Server 端升级

GiiBee CMS 的核心部分是 Server 端，采用 Nest.js 框架，为客户端提供 OpenAPI 服务，

这是后台管理和前台展示的重要依赖。

为了兼容函数计算服务的运行时环境，需要将源码中涉及配置的部分抽离出来，比如数据库配置、日志地址配置、静态资源访问路径配置等，以更加灵活地实现自动化集成和构建流程，同时安全性也更高一些，这样可以有效避免因为代码泄漏而导致敏感信息被其他人获取。当 ENV 配置为生产条件时，生产所需数据库配置将从函数的执行环境中获取，如图 6-8 所示。

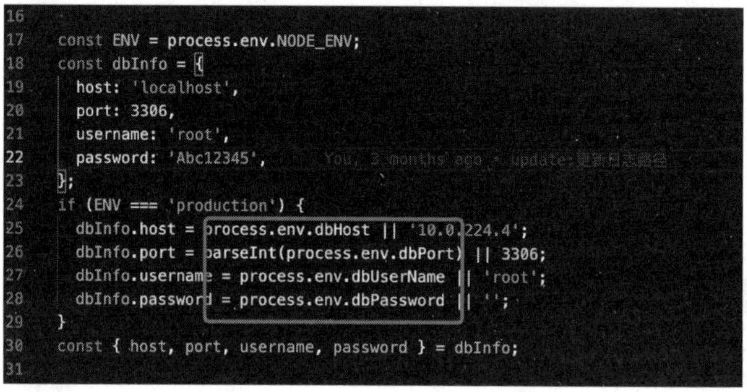

图 6-8　Server 端代码升级案例

得益于函数计算的 Custom Runtime 与 HTTP 触发器对传统 Web 框架的支持，开发者只需要在 bootstrap 启动文件中声明项目的启动脚本，即可将传统 Web 项目以低成本的方式部署到 Serverless 架构，例如当前项目的启动脚本可以是：

```
#!/usr/bin/env bash

export PORT=3000
node dist/main.js
```

需要注意的是，上述脚本暴露的端口要和源码中的启动端口一致，然后使用 node 命令运行编译后的服务文件即可，如通过层文件选择了不同的 Node.js 版本，此处的 node 还需修改成对应版本的绝对路径。

2. Admin 端升级

Admin 端主要是管理员用来进行网站管理的网页端，要升级改造这一部分，可以在 .env.development 文件中将 VUE_APP_BAE_HOST 的值设置为 Server 端部署服务后的 Endpoint 信息，完成之后通过 npm run dev 启动项目并测试效果。涉及的代码内容如下：

```
# just a flag
ENV = 'development'

# base api
VUE_APP_BASE_API = '/api'

# base host http://localhosat//3000/ => http://modern-app-new.modern-app-new.
```

```
xxxx.cn-hangzhou.fc.devsapp.net/
VUE_APP_BASE_HOST = 'http://localhost:3000/'
```

3. Portal 端升级

相比管理后台只需要做静态托管而言，在 Portal 端需要考虑的点更多，比如性能、SEO 以及安全性等。Portal 端采用 Nuxt.js 框架进行开发。Nuxt.js 框架是常见的 Node.js 语言的开发框架，支持 SSR（服务端渲染）、SPA（单页面应用）、SSG（静态站点渲染）等渲染模式。结合该项目特点，综合考虑灵活、性能等因素，本案例将采用 SSR 的渲染方式。

- ❑ 渲染配置项：在开发完毕进行构建时的设置选项，配置项在 nuxt.config.js 中，需要修改 target 值，从 static 改成 server，即从静态渲染 SSG 变为服务端渲染 SSR：

```
target: "server",
```

接下来是设置服务端的访问地址，SSR 渲染的时候会先拿到服务端的数据再生成页面，相应设置如下：

```
http: {
  //debug: true,
  baseURL: "http://xxxx.com/" //Used as fallback if no runtime config is provided
},
```

- ❑ 编写启动入口文件：SSR 本质上是在服务端运行的，需要部署到函数计算服务上，因此跟上面的 API 部署类似，须编写 bootstrap 启动文件，内容也非常简单，是一个 npm 的启动命令，这里利用的也是框架的启动命令项。参考代码如下：

```
#!/usr/bin/env bash

export PORT=3001
npm start
```

6.5.2 API 网关配置与优化

当完成 Server 端、Admin 端以及 Portal 端改造之后，须按照基础架构设计采用 API 网关或 CDN 边缘程序将项目进行结合。以 API 网关为例，需要进行三个路由的配置：

- ❑ 访问 Server 端的路由，属于动态请求，即路由到函数计算服务对外暴露的 OpenAPI 服务。
- ❑ 访问 Admin 端的路由，属于管理员后台模块的路由。
- ❑ 访问 Portal 端的路由，属于网站前台首页的路由。

通过 API 网关配置页面，不需要编写代码，即可快速完成分组建设与 API 的创建，如图 6-9 所示。

图 6-9　API 网关服务 API 列表页

从图 6-9 可以看到，除了预期的三个路由之外，还增加了一个 apigo 的路由。API 编辑页如图 6-10 所示。

图 6-10　API 网关服务 API 编辑页

apigo 的出现是因为本次改造对文件上传服务进行单独处理。另外需要注意的是，通过 API 网关触发函数计算会有多条路径，例如：

- 通过配置 HTTP(s) 服务，将函数计算所下发的域名配置到 API 网关，作为后台服务地址。
- 通过函数计算选项，选择函数所在地区、服务等进行联动。

在本项目的升级改造过程中，由于 GiiBee CMS API 服务端使用了 jwt 验证，从 API 网关到函数计算会重新修改 header 内容导致服务侧无法读取到用户的标识进而验证失败（API 网关触发函数的时候会写入标识来让对方识别，属于产品集成的问题），因此此处配置时选择 HTTP(s) 方案作为实现方案。

在生产实践中，发现上述以 API 网关作为路由，实现 GiiBee CMS 不同模块联动的方案存在一个很明显的问题：性能瓶颈。通过对方案架构图进行更多的探索发现，API 网关要承载过多的静态资源甚至大文件的频繁读取，同时也要承载动态 OpenAPI 请求，这就导致共享实例下的 API 网关在某些情况下会出现性能瓶颈，如图 6-11 所示。

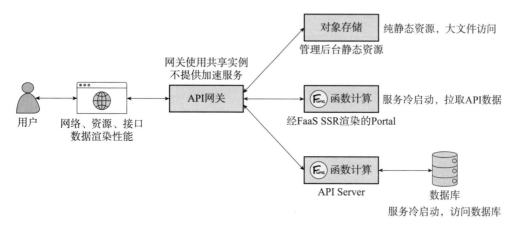

图 6-11　API 网关选型下项目架构与瓶颈分析图

所以可以通过 DCDN 方案对上述架构进行升级：通过 DCDN 所提供的边缘程序（ER），可以让开发者在全球边缘节点上编写 JavaScript 业务代码，比如处理请求路径并进行后端服务的调用返回，以及替代 API 网关作为应用服务的分流入口。DCDN 边缘程序的原理如图 6-12 所示。

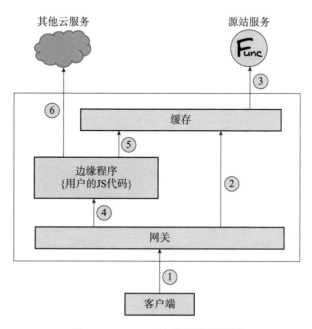

图 6-12　DCDN 边缘程序原理图

当然，利用 ER 还可以做更多的事情，例如：缓存请求进一步加速用户获取网站内容的速度、根据请求标识做 A/B 测试验证产品功能、改写返回内容以满足特异性需求以及身份验证等。

综上所述，在 ER 的加持下，可以轻松地实现对请求做正则区分，分别代理到相应的后端服务，比如静态资源、后端函数服务等，示例代码如下所示：

```javascript
const staticUrl = 'http://xxxx.oss-cn-hangzhou.aliyuncs.com';  //静态资源的oss地址，包含管理后台地址（CSR）以及Portal(SSG)
const apiUrl = 'http://modern-app-new.modern-app-new.xxxxxx.cn-hangzhou.fc.devsapp.net'; //api接口地址
const portalUrl = 'http://modern-app-portal.xxxxxxx.cn-hangzhou.fc.devsapp.net';
//官网主页地址 SSR
const init = {
    headers: {
        "content-type": "text/html;charset=UTF-8",
    },
}

const API_ROUTER_REG = /^\/(prod-api|api)/g;
const UPLOAD_ROUTER_REG = /^\/(uploads)\/?/g;
const ADMIN_OR_PORTAL_ROUTER_REG = /^\/(admin|portal)\/?/g;

const API_PATH = '/api';
async function gatherResponse(response) {
    const headers = response.headers
    const contentType = headers.get("content-type") || ""
    if (contentType.includes("application/json")) {
        return json.stringify(await response.json())
    } else if (contentType.includes("application/text")) {
        return response.text()
    } else if (contentType.includes("text/html;charset=UTF-8")) {
        return response.text()
    } else {
        return response.blob()
    }
}

async function handleRequest(request) {
    try {
        const requestHeaders = request.headers || init;
        const body = request.body;
        const method = request.method;
        const url = new URL(request.url)
        const { pathname, search } = url;
        const cacheResponse = await cache.get(request.url);
        if(cacheResponse) {
            return cacheResponse;
        }
        let response = {};
        if (pathname.match(API_ROUTER_REG)) {
```

```
            const matchedData = pathname.match(API_ROUTER_REG)[0];
            let finalurl = (apiUrl + pathname + search).replace(matchedData, API_PATH);
            response = await fetch(finalurl, { headers: requestHeaders, method,body });
        } else if (pathname.match(UPLOAD_ROUTER_REG)) {
            let finalurl = apiUrl + pathname + search;
            response = await fetch(finalurl, { headers: requestHeaders, method ,body})
        } else if(pathname.match(ADMIN_OR_PORTAL_ROUTER_REG)){
            let finalurl = staticUrl + pathname + search;
            response = await fetch(finalurl, { headers: requestHeaders, method });
        } else {
            let finalurl = portalUrl + pathname + search;
            response = await fetch(finalurl, init);
        }

        const results = await gatherResponse(response)
        const finalResponse =  new Response(results, response.headers);
        try {
             await cache.put(request.url,finalResponse);
        } catch(e) {}

        return finalResponse;
    } catch (e) {
        return new Response(json.stringify({ message: e.message }), {
            headers: {
                "content-type": "application/json;charset=UTF-8"
            }
        })
    }
}

addEventListener("fetch", event => {
    return event.respondWith(handleRequest(event.request))
})
```

6.5.3 可观测能力完善

可观测能力的建设可以帮助研发人员或者技术运营/运维人员，进行数据分析、系统优化，提高系统性能，进一步提高数据价值，例如通过可观测系统所展示的数据，进行相关业务指标分析，获得更高的转化效果等。

1. 模块可观测能力

因为前端更接近用户，所以它的可观测诉求更接近业务域的诉求。前面提到，业务域的可观测关注点在用户体验、商机线索等。因为商机线索涉及更加具象化的业务模型、产品画像，以及背后的商业数据分析，与前端的职责范围差异较大，所以暂不在本书讨论范围。我们回到前端人员更关注的用户体验部分，再具象化一些，就是更关注页面性能、API 访问速度、异常报错及前后端链路追踪这些能力的监测方面。

为了快速实现前端可观测能力的建设，此处将采用阿里云 ARMS 前端监控产品。

1）开通前端监控功能，并根据需要新建前端监控实例，可以通过选择 Web & H5 选项快速将前端项目接入前端监控。

2）通过前端监控实例所提供的异步加载方式获取探针：

```
<script !(function(c,b,d,a){c[a]||(c[a]={});c[a].config= { pid:"<your pid>", appType:"web", imgUrl:"https://arms-retcode.aliyuncs.com/r.png?", sendResource:true, enableLinkTrace:true, behavior:true }; with(b)with(body)with(insertBefore(createElement("script"),firstChild))setAttribute("crossorigin","",src=d) })(window,document,"https://retcode.alicdn.com/retcode/bl.js","__bl"); </script>
```

需要注意的是，Nuxt.js 是 SSR 及 SSG 的渲染框架，生成的是多页面应用，为了能够在全局插入监控探针，还需要写一个自定义的插件。编写自定义插件 /plugins/monitor.client.js，核心代码如下：

```
export default function () { const script = document.createElement('script')
const parentEl = document.body       script.innerText = `!(function(c,b,d,a)
{c[a]||(c[a]={});c[a].config={pid:"<your pid>",appType:"web",imgUrl:"https://arms-
retcode.aliyuncs.com/r.png?",sendResource:true,enableLinkTrace:true,behavior:tr
ue};  with(b)with(body)with(insertBefore(createElement("script"),firstChild))set
Attribute("crossorigin","",src=d)  })(window,document,"https://retcode.alicdn.
com/retcode/bl.js","__bl");`       parentEl.append(script); }
```

完成插件开发之后，在 nuxtjs.config.js 中进行引入：

```
export default {
  ...
  // Plugins to run before rendering page: https://go.nuxtjs.dev/config-plugins
  plugins: ["~/plugins/http","~/plugins/monitor.client"],

  ...
};
```

3）查看数据发送情况：执行 npm run dev 命令启动本地项目，打开浏览器查看关于 https://arms-retcode.aliyuncs.com 的请求，如图 6-13 所示。

图 6-13　前端监控数据上报示例

4）进入前端监控控制台查看前端监控数据，如图 6-14 所示。

图 6-14　前端监控数据展示

2. 边缘网关可观测能力

边缘网关产品支持基础的访问流量数据监测，但业务部分的数据监测需要用户自己添加。由于边缘网关运行时环境为 Service Worker，有诸多限制，因此这里采用 EventBridge 进行数据传输中转，将日志数据转入日志服务，整体架构如图 6-15 所示。

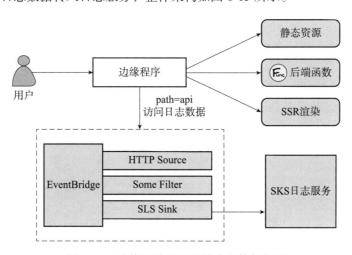

图 6-15　边缘网关可观测能力整体架构图

简单来说，只需要在 EventBridge 程序中用原生的 fetch 方法向由 EventBridge 创建的 endpoint 发起请求即可，其余的都交给 eb 转发给 SIS。

1）开通 EventBridge 服务，创建一条自定义总线，并在自定义总线中创建 HTTP/HTTPS 触发的事件源。

2）选择"日志服务"作为处理该 HTTP 事件源的事件规则的事件目标。

3）查看事件源中的 HTTP/HTTPS 触发信息，复制公网请求 URL，在 ER 应用程序中增加访问 EventBridge 的代码：

```
...

async function handleRequest(request) {
    try {
        ...

        try { //这里开始插入访问EventBridge的代码
            await fetch(ebUrl, {method,body: json.stringify({path: pathname}) });
        }catch(e){}
        return finalResponse;
    } catch (e) {
        return new Response(json.stringify({ message: e.message }), {
            headers: {
                "content-type": "application/json;charset=UTF-8"
            }
        })
    }
}

addEventListener("fetch", event => {
    return event.respondWith(handleRequest(event.request))
})
```

上面实例代码没有明文显示请求地址，而是将 EventBridge 的请求地址存放到边缘存储。这样做的好处是，将配置部分跟逻辑代码分离，方便做替换变更，同时避免重要信息在源代码中泄露。此时可以看到相关的日志等，如图 6-16 所示。

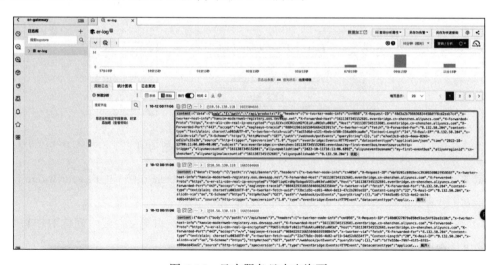

图 6-16　日志服务日志查询页

6.6 项目预览

完成 GiiBee CMS 项目的 Serverless 化之后，可以对 Admin 端以及 Portal 端进行相应的测试与预览。

通过项目绑定的测试域名，可以查看项目首页信息，如图 6-17 所示。

图 6-17　GiiBee CMS 项目首页

也可以进行相关子页的查看，如图 6-18 所示。

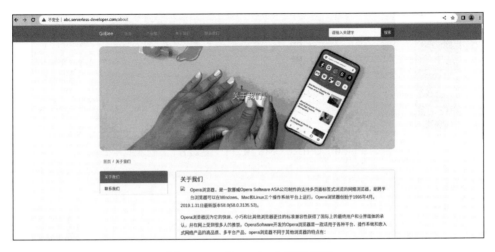

图 6-18　GiiBee CMS 项目子页

当路由地址调整为 /admin/* 之后，系统会自动从 Portal 端切换到 Admin 端，例如在未登录的状态下要求用户进行登录。管理员登录完成，即可进入 CMS 系统的管理后台进行内容的管理操作，如图 6-19 所示。

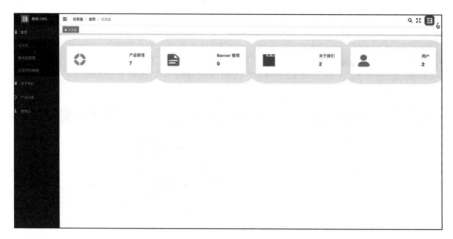

图 6-19　GiiBee CMS 项目管理后台首页

例如，查看产品列表，对产品信息进行增、删、改、查等操作，如图 6-20 所示。

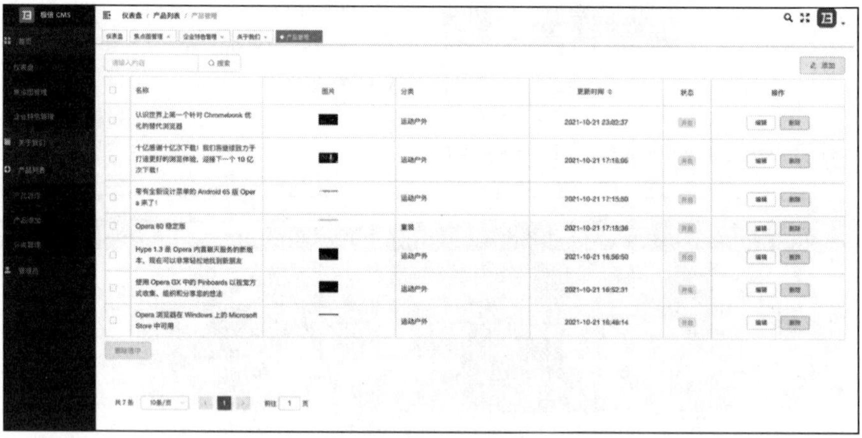

图 6-20　GiiBee CMS 项目管理后台产品列表页

6.7　总结

如今，越来越多的人开始关注 Serverless 架构，开发者除了会考虑如何基于 Serverless 架构构建新项目之外，更多会考虑如何快速实现存量业务的 Serverless 化，即如何将存量业务迁移到 Serverless 架构。本章抛砖引玉，以 GiiBee CMS 项目为例，针对前端业务框架以及后端 OpenAPI 能力迁移提供若干探索的思路，希望读者通过对本实战案例的阅读，将更多云上产品与 Serverless 架构结合，搭建一套更完善的应用部署上线的流程。

本实战案例涉及 Serverless 架构中的计算平台、存储模块，也涉及云上的日志服务、事件总线，同样也有必不可少的 CDN / DCDN 服务以及 API 网关服务。事实证明，在云原生时代或者 Serverless 时代，All In One 的产品已经逐渐消失，取而代之的是对每个领域更为专注和专业的产品进行组合，实现 All On Serverless 或 All On Cloud 的技术架构。

第 7 章

基于 Serverless 架构的人工智能相册系统

7.1 背景

古话讲"读万卷书,不如行万里路",笔者本人喜欢旅行,每次在和朋友旅行的过程中,都会拍摄一些照片,用以记录当时的景色或者心情。从照片的产生到对照片进行处理的过程中,有几个重要的问题需要关注:

- 在旅游结束时往往会与朋友交换旅行中的照片,目前的做法是通过微信或隔空投送功能等相互发送并保存。
- 在行程结束后的一段时间,如需寻找某张照片,需要明确拍摄时间范围,再进行图片的筛选,在照片数量比较多的情况下会非常浪费时间。
- 日积月累,手机会存储大量照片,这些照片占据了大量的手机空间,并且在更换手机设备时,这些照片的传输会浪费大量的时间。

所以,作为一名乐于旅行的人,笔者本人非常希望有这样一款相册应用:它不仅可以存储旅程中的照片;也可以拥有丰富的权限管理能力,便于在旅途中与朋友共同维护一个相册;还可以通过人工智能技术,帮助用户快速找到目标图片。作为一名开发者,笔者希望开发出的应用可以在用户使用波峰时保持良好的性能,在使用波谷时尽可能地降低成本。此外,应用要具备足够的自运维能力,即无须笔者投入过多精力对应用的服务器等资源进行维护。

7.2 需求明确

通过对痛点的分析与需求细化,项目的核心需求点主要集中在小程序端以及高可用、自运维的后端技术架构两个方面。其中关于小程序端的需求如下。

1)具有基本相册的功能。

- 相册相关:相册的创建、修改、删除,查看等。
- 照片相关:照片的上传、删除。

2)具有丰富的权限管理能力。

- 针对相册:可以创建类型丰富的相册类型。例如:
  - ➢ 私有相册:个人私有相册,只有所有者能查看和管理。
  - ➢ 共享相册:可以分享的相册,所有者具有管理权,其他人具有查看权。
  - ➢ 共建相册:可以共建的相册,所有者和指定共建者可以共同查看和管理相册。

- 针对图片:可以对图片进行多种模式的分享,包括直接分享、指定用户分享、指定次数分享、闪照模式分享(即被分享者可以查看若干秒照片,之后被查看者端的照片会自动销毁)。
- 针对用户:针对陌生人、好友以及黑名单用户设置不同的权限,例如陌生人可以在获得被分享的相册和图片时进行查看,好友可以看到已分享的相册和照片,黑名单用户不可查看用户的相册和照片。

3)具有快速索引能力:有了用户手动标签与人工智能的助力,可以通过文本进行图片的检索。此处人工智能方面的助力主要包括如下方面。

- 图片描述:即 Image Caption 能力,通过对图片的理解,可以描述出图片的具体内容,如图 7-1 所示。
- 图像识别:在当前项目中,图像识别是指识别图片上的文字以及目标检测两部分,如图 7-2 所示。

图 7-1　Image Caption 效果预览

图 7-2　OCR 识别与目标检测效果预览

- 文本相似度算法：通过搜索的文字内容与数据库中图片的描述信息进行计算，获取最为相似的若干图片作为检索结果。数据库中图片的描述信息包括用户手动添加的描述信息以及标签信息、图片的元信息（经纬度对应的国家、省份、城市以及拍照时间等）、通过 Image Caption 技术提取出的描述信息，通过 OCR 技术提取出的图片文字信息以及通过目标检测能力提取的图片事物信息等。

关于自运维的后端技术架构的需求如下：

- 需要平衡性能与成本，即在流量峰值时，可以保持顺畅连接，保持可用性与稳定性，在流量波谷时，可以自动释放更多资源以保证成本最低。
- 项目上线之后，整体的后端技术架构要具有一定的自运维能力，无须开发者频繁地对服务器等底层资源进行维护操作。

7.3　技术选型

基于后端技术架构需求，首先明确 Serverless 架构所带来的技术红利以及所主张的"把更专业的事情交给更专业的人，开发者只需要关注自身的业务逻辑即可"思想，与期望效果非常匹配，所以项目后端技术将采用 Serverless 架构实现。以阿里云 Serverless 架构为例：

- 函数计算：作为 Serverless 计算平台，主要承载核心的业务逻辑，通过 RESTful API 对小程序暴露对应的接口；通过对象存储等触发器进行异步任务处理，例如对上传的图片进行压缩、基于人工智能的处理等。
- 对象存储：用于存储用户上传的照片信息以及压缩后的照片信息等。
- CDN：用于对静态资源进行加速，例如照片文件等。
- 硬盘挂载：在当前项目中，主要用于存储 SQLite 数据库以及一部分人工智能的模型文件或配置文件等；值得注意的是，如果项目本身存在较大的用户量或较大的流量，在 Serverless 架构下，存储在 NAS 中的 SQLite 数据库可能无法非常好地胜任对应的工作，此时可以将数据库升级为 MySQL 数据库，例如阿里云 RDS 等。

基于人工智能的加持部分，将采用三个开源项目/框架进行相应实现：

- OCR 识别：采用百度开源的 PaddleOCR 项目，PaddleOCR 项目拥有非常优秀的 OCR 识别能力，支持多种语言，识别率也非常高。
- 目标检测：采用 ImageAI 项目，ImageAI 是一个 Python 库，用户可以使用简单的几行代码构建具有独立的深度学习和计算机视觉功能的应用程序和系统。
- 图像描述（Image Caption）：将采用开源项目 https://github.com/DeepRNN/image_captioning，通过该项目与项目提供的模型，可以快速构建 Image Caption 的能力。

针对小程序部分，将采用 JavaScript 技术栈搭配 ColorUI 进行实现。ColorUI 是一个 CSS 库，目前已经可以适配微信小程序，通过引入关键的 CSS 文件，即可在项目中快速使用精美的布局、组件以及部分动态效果。示例代码如下：

```
@import "colorui/main.wxss";
@import "colorui/icon.wxss";
@import "app.css"; /* 你的项目css */
```

7.4 项目设计

7.4.1 基础架构设计

根据需求以及技术选型结果，项目基础架构设计简图如图 7-3 所示。

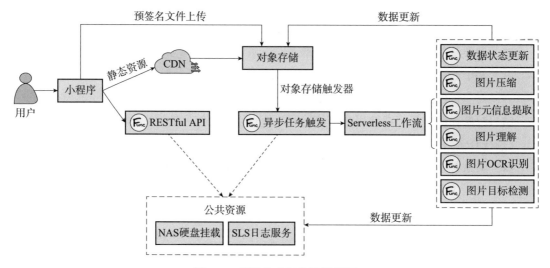

图 7-3　项目基础架构设计简图

服务端存在 8 个函数，分别对外提供：RESTful API、异步任务触发、数据状态更新、图片压缩、图片元信息提取、图片理解、图片 OCR 识别以及图片目标检测。辅助计算平台的 BaaS 产品包括对象存储、CDN、NAS 硬盘挂载以及 SLS 日志服务等。

同时，为了更符合传统的开发习惯和提升开发效率，也为了在开发期间在本地有一个更加亲切的调试环境、方案，该项目将采用一些传统 Web 框架来直接进行开发，最后通过工具推到线上的环境中，如图 7-4 所示。

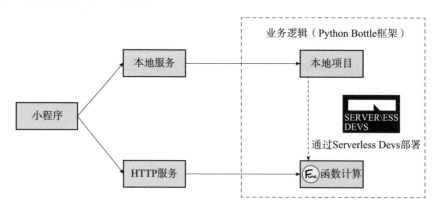

图 7-4　项目本地开发与线上服务切换简图

7.4.2　小程序 UI 设计

小程序 UI 设计草图如图 7-5 所示。

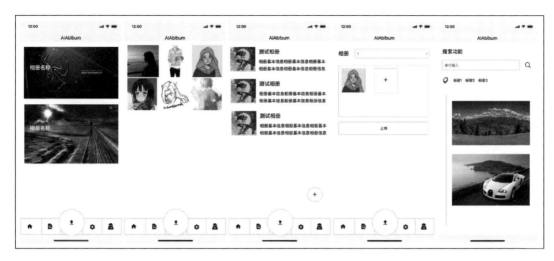

图 7-5　小程序 UI 设计草图

页面主要分为如下几个部分。

- 相册列表：用于展示当前用户可以查看的相册列表，包括用户自己创建的相册以及共建的相册；相册内如果有照片，会默认选择第一张照片当作封面，否则会随机选择一个默认封面作为相册的封面。
- 图片列表：用于展示相册的照片内容，主要包括以下细节。
  - 可以通过手势操作，调整图片列表中的图片尺寸，实现在一行显示更多图片内容。
  - 图片列表所显示的图片为缩略图，通过点击图片可以查看详情，查看详情时将加载原图。
- 相册管理：可以在此处查看具有管理权限的相册列表，并可以对指定相册进行更新（例如修改相册名、修改相册描述等）、删除等操作，同时也可以新建相册。
- 图片上传：可以在此页面通过选择指定相册，并选择要上传的图片，实现图片的上传功能。
- 图片检索：可以通过输入文本进行图片的检索。

7.4.3　数据库设计

根据业务需求进行数据库的相关设计，如图 7-6 所示。

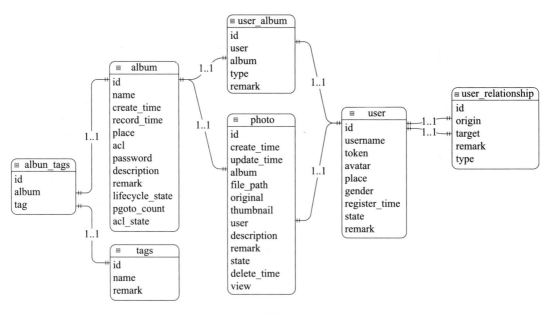

图 7-6 数据库设计图

相册表主要用于存储相册详情，包括用户的相册名称、创建时间等，如表 7-1 所示。

表 7-1 相册表（Album）

字段	类型	描述
id	int	主键，相册 id
name	varchar	相册名
create_time	date	创建时间
record_time	date	记录时间
place	varchar	地点
acl	int	权限（0 私密，1 共享，2 共建）
password	varchar	密码
description	text	描述
remark	text	备注（可选）
lifecycle_state	int	生命状态（1 正常，0 删除）
photo_count	int	图片数量（默认 0）
acl_state	int	权限状态

标签表用于存储每个相册的标签，例如某个相册被使用者设置了地区、心情等标签，这些标签将存储到该表中，如表 7-2 所示。

表 7-2　标签表（Tags）

字段	类型	描述
id	int	主键，标签 id
name	varchar	相册名
remark	text	备注（可选）

相册标签关系表用于存储相册与标签之间的对应关系，如表 7-3 所示。

表 7-3　相册标签关系表（Album_Tags）

字段	类型	描述
id	int	主键，相册标签关系 id
album	外键	相册
tag	外键	标签

用户表即使用者信息存储表，该表主要包括使用者的信息详情，例如用户 id、用户名、用户 Token、头像地址、地区、性别、注册时间等字段，如表 7-4 所示。

表 7-4　用户表（User）

字段	类型	描述
id	int	主键，用户 id
username	varchar	用户名
token	varchar	用户 Token
avatar	varchar	头像地址
place	varchar	地区
gender	int	性别
register_time	date	注册时间
state	int	用户状态（1 可用，2 注销）
remark	text	备注（可选）

用户相册关系表用于存储用户和相册之间的关系信息，例如相册属于哪个用户，哪个用户拥有某个相册的管理权限、查看权限等，如表 7-5 所示。

表 7-5　用户相册关系表（User_Album）

字段	类型	描述
id	int	主键，用户相册关系 id
user	外键	用户

（续）

字段	类型	描述
album	外键	相册
type	int	关系类型
remark	text	备注（可选）

图片表是该小程序的核心表之一，主要用于存储图片信息，包括图片 id、创建时间、升级时间、相册、图片地址等，如表 7-6 所示。

表 7-6　图片表（Photo）

字段	类型	描述
id	int	主键，图片 id
create_time	date	创建时间
update_time	date	升级时间
album	外键	相册
file_path	varchar	图片地址
original	varchar	图片原图
thumbnail	varchar	图片压缩图
user	外键	用户
description	text	描述
remark	text	备注（可选）
state	int	图片状态（1 可用，-1 删除，-2 永久删除）
delete_time	date	删除时间
views	int	查看次数

用户关系表用于管理和存储用户关系，主要包括好友关系和黑名单关系，如表 7-7 所示。

表 7-7　用户关系表（User_Relationship）

字段	类型	描述
id	int	主键，用户关系 id
origin	外键	用户关系源
target	外键	用户关系目标
remark	text	备注（可选）
type	int	用户关系状态（1 好友，-1 黑名单）

7.5 开发实现

7.5.1 数据库相关

在开发之初,需要根据已经设计好的数据表进行数据库的创建以及表的创建。

1)创建相册表(Album):

```
CREATE TABLE Album   (
  id                    INTEGER PRIMARY KEY autoincrement      NOT NULL,
  name                  CHAR(255)                              NOT NULL,
  create_time           CHAR(255)                              NOT NULL,
  record_time           CHAR(255)                              NOT NULL,
  place                 CHAR(255),
  acl                   INT                                    NOT NULL,
  password              CHAR(255),
  description           TEXT,
  remark                TEXT,
  lifecycle_state       INT,
  photo_count           INT                                    NOT NULL,
  acl_state             INT,
  picture               CHAR(255)
)
```

2)创建照片表(Photo):

```
CREATE TABLE Photo   (
  id                    INTEGER PRIMARY KEY autoincrement      NOT NULL,
  create_time           TEXT                                   NOT NULL,
  update_time           TEXT                                   NOT NULL,
  album                 CHAR(255)                              NOT NULL,
  file_token            CHAR(255)                              NOT NULL,
  user                  INT                                    NOT NULL,
  description           CHAR(255)                              NOT NULL,
  remark                TEXT,
  state                 INT                                    NOT NULL,
  delete_time           TEXT,
  place                 TEXT,
  name                  CHAR(255),
  views                 INT                                    NOT NULL,
  delete_user           CHAR(255),
  "user_description"   TEXT
)
```

3）创建标签表（Tags）：

```
CREATE TABLE Tags  (
    id                  INTEGER PRIMARY KEY autoincrement      NOT NULL,
    name                CHAR(255)                              NOT NULL UNIQUE,
    remark              TEXT
)
```

4）创建用户表（User）：

```
CREATE TABLE User  (
    id                  INTEGER PRIMARY KEY autoincrement      NOT NULL,
    username            CHAR(255)                              NOT NULL,
    token               CHAR(255)                              NOT NULL UNIQUE,
    avatar              CHAR(255)                              NOT NULL,
    secret              CHAR(255)                              NOT NULL UNIQUE,
    place               CHAR(255),
    gender              INT                                    NOT NULL,
    register_time       CHAR(255)                              NOT NULL,
    state               INT                                    NOT NULL,
    remark              TEXT
)
```

5）创建用户关系表（UserRelationship）：

```
CREATE TABLE UserRelationship  (
    id                  INTEGER PRIMARY KEY autoincrement      NOT NULL,
    origin              INT                                    NOT NULL,
    target              INT                                    NOT NULL,
    type                INT                                    NOT NULL,
    relationship        CHAR(255)                              NOT NULL UNIQUE,
    remark              TEXT
)
```

6）创建相册标签关系表（AlbumTag）：

```
CREATE TABLE AlbumTag  (
    id                  INTEGER PRIMARY KEY autoincrement      NOT NULL,
    album               INT                                    NOT NULL,
    tag                 INT                                    NOT NULL
)
```

7）创建相册用户关系表（AlbumUser）：

```
CREATE TABLE AlbumUser  (
    id                  INTEGER PRIMARY KEY autoincrement      NOT NULL,
    user                INT                                    NOT NULL,
    album               INT                                    NOT NULL,
    type                INT                                    NOT NULL,
    album_user          CHAR(255)                              NOT NULL UNIQUE,
    remark              TEXT
)
```

7.5.2 后端代码

1. 应用初始化

应用存在诸多的方法和功能，这些方法和功能会涉及部分公共方法，为了提高代码的复用率，需要将部分公共模块进行抽象并声明。除此之外，有一些对象需要进行相应的初始化才可以被后续方法使用。

1）对象存储相关：

```
# oss bucket对象
bucket = oss2.Bucket(oss2.Auth(AccessKeyId, AccessKeySecret), OSS_REGION_ENDPOINT[Region]['public'], Bucket)
# 预签名操作
ossPublicUrl = OSS_REGION_ENDPOINT[Region]['public']
sourcePublicUrl = "http://%s.%s" % (Bucket, ossPublicUrl)
downloadUrl = "https://download.aialbum.net"
uploadUrl = "https://upload.aialbum.net"
replaceUrl = lambda method: downloadUrl if method == "GET" else uploadUrl
getSourceUrl = lambda objectName, method="GET", expiry=600: bucket.sign_url(method, objectName, expiry)
SignUrl = lambda objectName, method="GET", expiry=600: getSourceUrl(objectName, method, expiry).replace(sourcePublicUrl, replaceUrl(method))
thumbnailKey = lambda key: "photo/thumbnail/%s" % (key) if bucket.object_exists("photo/thumbnail/%s" % (key)) else "photo/original/%s" % (key)
```

2）响应结果相关：

```
response = lambda message, error=False: {'Id': str(uuid.uuid4()),
                                         'Body': {
                                             "Error": error,
                                             "Message": message,
                                         } if error else message}
```

3）初始化数据库连接对象：

```
# 数据库连接对象
connection = sqlite3.connect(Database, timeout=2)
```

4）其他相关方法/组件：

```
# 获取默认头像
defaultPicture = "%s/static/images/%s/%s.jpg"
getAvatar = lambda: defaultPicture % (downloadUrl, "avatar", random.choice(range(1, 6)))
getAlbumPicture = lambda: defaultPicture % (downloadUrl, "album", random.choice(range(1, 6)))
# 获取随机字符串
seeds = 'abcdefghijklmnopqrstuvwxyzABCDEFGHIJKLMNOPQRSTUVWXYZ' * 100
getRandomStr = lambda num=200: "".join(random.sample(seeds, num))
# md5加密
```

```
getMD5 = lambda content: hashlib.md5(content.encode("utf-8")).hexdigest()
# 获取格式化时间
getTime = lambda: time.strftime("%Y-%m-%d %H:%M:%S", time.localtime())
```

2. 数据库 CRUD 组件

由于项目本身存在大量 RESTful API，而这些 API 背后的逻辑基本都会涉及数据库相关的操作，因此在项目中可以抽象出数据库 CRUD 模块：

```python
# 数据库操作
def Action(sentence, data=(), throw=True):
    '''
    数据库操作
    :param throw: 异常控制
    :param sentence: 执行的语句
    :param data: 传入的数据
    :return:
    '''
    try:
        for i in range(0,5):
            try:
                cursor = connection.cursor()
                result = cursor.execute(sentence, data)
                connection.commit()
                return result
            except Exception as e:
                if "disk I/O error" in str(e):
                    time.sleep(0.2)
                    continue
                elif "lock" in str(2):
                    time.sleep(1.1)
                    continue
                else:
                    raise e
    except Exception as err:
        print(err)
        if throw:
            raise err
        else:
            return False
```

在其他的方法中，可以通过传入对应的参数，操作对应的数据库：

```
insertStmt = ("INSERT INTO User(`username`, `token`, `avatar`, `secret`, `place`, `gender`, `register_time`, `state`, `remark`) VALUES (?, ?, ?, ?, ?, ?, ?, ?, ?);")
Action(insertStmt, (username, token, avatar, tempSecret, place, gender, str(getTime()), 1, ''))
```

3. 照片上传

考虑到 Serverless 架构中的计算平台（即 FaaS 平台）通常都由事件驱动，而一般情况下云厂商对实践传输的体积进行了一定的限制，通常是 6MB 左右，如果直接上传图片，显然会出现大量的体积超限问题，因此在 Serverless 架构下，如何安全、高性能、优雅地上传文件就显得尤为重要。

为了实现大图片的上传，本案例将采用通过对象存储预签名的方案，整个过程分为两个阶段：

- 存储元数据以及获取预签名阶段：当客户端发起图片上传请求之后，服务端会根据参数信息将数据记录到数据库中，只不过此时数据的状态为"待上传"状态，同时将对象存储的预签名地址返回到客户端。
- 完成图片上传并进行异步处理阶段：当客户端在本地通过对象存储的预签名地址完成图片上传之后，对象存储会通过对象存储触发器触发函数计算并进行图片的相关处理，这其中就包括将对应图片数据的状态升级为"已上传"状态。

针对上述流程中的"存储元数据以及获取预签名阶段"，服务端的代码为：

```python
# 图片管理：新增图片
@bottle.route('/picture/upload/url/get', method='POST')
def getPictureUploadUrl():
    try:
        # 参数获取
        postData = json.loads(bottle.request.body.read().decode("utf-8"))
        secret = postData.get('secret', None)
        albumId = postData.get('album', None)
        index = postData.get('index', None)
        password = postData.get('password', None)
        name = postData.get('name', "")
        file = postData.get('file', "")

        tempFileEnd = "." + file.split(".")[-1]
        tempFileEnd = tempFileEnd if tempFileEnd in ['.png', '.jpg', '.bmp', 'jpeg', '.gif', '.svg', '.psd'] else ".png"

        file_token = getMD5(str(albumId) + name + secret) + getRandomStr(50) + tempFileEnd
        file_path = "photo/original/%s" % (file_token)

        # 参数校验
        if not checkParameter([secret, albumId, index]):
            return False, response(ERROR['ParameterException'], 'ParameterException')

        # 查看用户是否存在
        user = Action("SELECT * FROM User WHERE `secret`=? AND `state`=1;", (secret,)).fetchone()
        if not user:
            return response(ERROR['UserInformationError'], 'UserInformationError')

        # 权限鉴定
        if checkAlbumPermission(albumId, user["id"], password) < 2:
```

```
            return response(ERROR['PermissionException'], 'PermissionException')
        insertStmt = ("INSERT INTO Photo (`create_time`, `update_time`, `album`, "
`file_token`, `user`, `description`, "
                      "`delete_user`, `remark`, `state`, `delete_time`, `views`, "
`place`, `name`) "
                      "VALUES (?, ?, ?, ?, ?, ?, ?, ?, ?, ?, ?, ?, ?)")
        insertData = ("", getTime(), albumId, file_token, user["id"], "", "", "",
0, "", 0, "", name)
        Action(insertStmt, insertData)
        return response({"index": index, "url": SignUrl(file_path, "PUT", 600)})
    except Exception as e:
        print("Error: ", e)
        return response(ERROR['SystemError'], 'SystemError')
```

针对上述流程中的"完成图片上传并进行异步处理阶段",服务端的代码为:

```
def handler(event, context):
    events = json.loads(event.decode("utf-8"))["events"]
    for eveObject in events:
        # 路径处理
        file = eveObject["oss"]["object"]["key"]
        targetFile = file.replace("original/", "thumbnail/")
        localSourceFile = os.path.join("/tmp", file)
        localTargetFile = localSourceFile.replace("original/", "thumbnail/")

        # 获取图片信息
        searchStmt = "SELECT * FROM Photo WHERE `file_token`=%s;"
        photo = Action(searchStmt, (file.split('/')[-1], )).fetchone()

        # 升级图片
        updateStmt = "UPDATE Photo SET `state`=1 WHERE `file_token`=%s;"
        Action(updateStmt, (file.split('/')[-1], ))
```

4. 异步任务

所谓的异步任务是指当客户端完成图片上传之后,对象存储将触发函数计算并进行图片的进一步处理,这个过程是异步进行的,并且此过程中将存在诸多任务:

- ❏ 升级图片状态。
- ❏ 图片压缩与存储。
- ❏ 提取图片元信息。
- ❏ 图片理解。
- ❏ 图片 OCR 识别。
- ❏ 图片目标检测。

如图 7-7 所示,在具体实现的过程中,可以对上述异步任务中的 6 个任务进行编排。

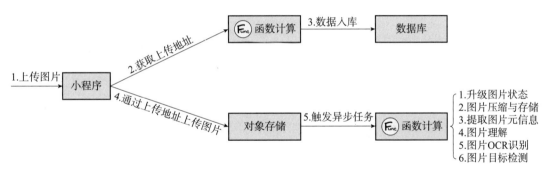

图 7-7　异步任务执行逻辑简图

- 6 个任务在同一个函数中实现（串行）：这种做法相对简单，但是容错率比较低，因为函数计算有着固定的超时时间配置，任何一个流程出现问题都会导致后续流程终止；同时在同一个函数中执行，对 CPU 与内存有更高的需求，会导致成本的进一步上升。
- 6 个任务在不同的函数中实现：
  - 串行：通过函数间调用实现整体的任务串联。这种做法难度适中，相比前者优势明显，由于每个任务都可以在独立的函数中实现，意味着不同的函数可以拥有不同的配置，包括内存配置、CPU 配置以及超时时间配置，所以这种方法将在成本与稳定性上有进一步提升。但是串行执行多个任务会导致整个流程过长，并且任务执行失败的重试逻辑需要开发者自行提供。
  - 并行：通过 Serverless 工作流触发 6 个函数并行执行对应的任务。尽管这种方法会更为复杂，并引入了新的云产品作为连接，但是该方法无论是从性能、成本以及体验上来讲，都是更为优秀的。通过 Serverless 工作流并行触发不同的函数执行不同的业务逻辑，可以大幅度节省时间成本，提高任务完成效率。同时，Serverless 自带编排能力，即针对失败的任务是否重试、重试次数以及失败后的处理逻辑等，都是可以进行自定义的。

针对上述内容，下面通过部分代码列举出部分异步任务的实现思路和方法。

1）图片格式转换：

```
def PNG_JPG(PngPath, JpgPath):
    img = cv.imread(PngPath, 0)
    w, h = img.shape[::-1]
    infile = PngPath
    outfile = JpgPath
    img = Image.open(infile)
    img = img.resize((int(w / 2), int(h / 2)), Image.ANTIALIAS)
```

```python
    try:
        if len(img.split()) == 4:
            r, g, b, a = img.split()
            img = Image.merge("RGB", (r, g, b))
            img.convert('RGB').save(outfile, quality=70)
            os.remove(PngPath)
        else:
            img.convert('RGB').save(outfile, quality=70)
            os.remove(PngPath)
        return outfile
    except Exception as e:
        print(e)
        return False
```

2）图片的压缩：

```python
image = Image.open(localSourceFile)
width = 450
height = image.size[1] / (image.size[0] / width)
imageObj = image.resize((int(width), int(height)))
imageObj.save(localTargetFile)
```

3）获取图片基础信息：

```python
def getPhotoInfo(img_path):
    img_exif = exifread.process_file(open(img_path, 'rb'))

    # 能够读取到属性
    if img_exif:
        # 纬度
        latitude_gps = img_exif['GPS GPSLatitude']

        # 经度
        longitude_gps = img_exif['GPS GPSLongitude']

        # 拍摄时间
        take_time = img_exif['EXIF DateTimeOriginal']
        take_time = str(take_time).split(' ')[0].replace(":", "-") + ' ' + str(take_time).split(' ')[1]

        # 纬度、经度、拍摄时间
        if latitude_gps and longitude_gps and take_time:
            # 对纬度、经度的原始值作进一步的处理
            latitude = format_lati_long_data(latitude_gps)
            longitude = format_lati_long_data(longitude_gps)

            # 注意：由于GPS获取的坐标在国内高德等主流地图上逆编码不够精确，这里需要转换为火星坐标系
            location = wgs84togcj02(longitude, latitude)

            return {
                "time": take_time,
```

```python
            "location": {
                "longitude": location[0],
                "latitude": location[1]
            }
        }
    return False
return False
```

其中经纬度信息的获取方式主要有如下几种。

WGS84 转 GCJ02（火星坐标系）：

```python
def wgs84togcj02(lng, lat):
    """
    WGS84转GCJ02(火星坐标系)
    :param lng:WGS84坐标系的经度
    :param lat:WGS84坐标系的纬度
    :return:
    """
    if out_of_china(lng, lat):  # 判断是否在国内
        return lng, lat
    dlat = transformlat(lng - 105.0, lat - 35.0)
    dlng = transformlng(lng - 105.0, lat - 35.0)
    radlat = lat / 180.0 * pi
    magic = math.sin(radlat)
    magic = 1 - ee * magic * magic
    sqrtmagic = math.sqrt(magic)
    dlat = (dlat * 180.0) / ((a * (1 - ee)) / (magic * sqrtmagic) * pi)
    dlng = (dlng * 180.0) / (a / sqrtmagic * math.cos(radlat) * pi)
    mglat = lat + dlat
    mglng = lng + dlng
    return [mglng, mglat]
```

GCJ02（火星坐标系）转 GPS84：

```python
def gcj02towgs84(lng, lat):
    """
    GCJ02(火星坐标系)转GPS84
    :param lng:火星坐标系的经度
    :param lat:火星坐标系的纬度
    :return:
    """
    if out_of_china(lng, lat):
        return lng, lat
    dlat = transformlat(lng - 105.0, lat - 35.0)
    dlng = transformlng(lng - 105.0, lat - 35.0)
    radlat = lat / 180.0 * pi
    magic = math.sin(radlat)
    magic = 1 - ee * magic * magic
    sqrtmagic = math.sqrt(magic)
    dlat = (dlat * 180.0) / ((a * (1 - ee)) / (magic * sqrtmagic) * pi)
    dlng = (dlng * 180.0) / (a / sqrtmagic * math.cos(radlat) * pi)
    mglat = lat + dlat
```

```python
        mglng = lng + dlng
    return [lng * 2 - mglng, lat * 2 - mglat]
```

坐标转换：

```python
def transformlat(lng, lat):
    ret = -100.0 + 2.0 * lng + 3.0 * lat + 0.2 * lat * lat + \
        0.1 * lng * lat + 0.2 * math.sqrt(math.fabs(lng))
    ret += (20.0 * math.sin(6.0 * lng * pi) + 20.0 *
            math.sin(2.0 * lng * pi)) * 2.0 / 3.0
    ret += (20.0 * math.sin(lat * pi) + 40.0 *
            math.sin(lat / 3.0 * pi)) * 2.0 / 3.0
    ret += (160.0 * math.sin(lat / 12.0 * pi) + 320 *
            math.sin(lat * pi / 30.0)) * 2.0 / 3.0
    return ret


def transformlng(lng, lat):
    ret = 300.0 + lng + 2.0 * lat + 0.1 * lng * lng + \
        0.1 * lng * lat + 0.1 * math.sqrt(math.fabs(lng))
    ret += (20.0 * math.sin(6.0 * lng * pi) + 20.0 *
            math.sin(2.0 * lng * pi)) * 2.0 / 3.0
    ret += (20.0 * math.sin(lng * pi) + 40.0 *
            math.sin(lng / 3.0 * pi)) * 2.0 / 3.0
    ret += (150.0 * math.sin(lng / 12.0 * pi) + 300.0 *
            math.sin(lng / 30.0 * pi)) * 2.0 / 3.0
    return ret


def out_of_china(lng, lat):
    """
    判断是否在国内，不在国内不做偏移
    :param lng:
    :param lat:
    :return:
    """
    if lng < 72.004 or lng > 137.8347:
        return True
    if lat < 0.8293 or lat > 55.8271:
        return True
    return False


def format_lati_long_data(data):
    """
    对经度和纬度数据做处理，保留6位小数
    :param data: 原始经度和纬度值
    :return:
    """
    # 删除左右括号和空格
    data_list_tmp = str(data).replace('[', '').replace(']', '').split(',')
    data_list = [data.strip() for data in data_list_tmp]

    # 替换秒的值
```

```
        data_tmp = data_list[-1].split('/')

        # 秒的值
        data_sec = int(data_tmp[0]) / int(data_tmp[1]) / 3600

        # 替换分的值
        data_tmp = data_list[-2]

        # 分的值
        data_minute = int(data_tmp) / 60

        # 度的值
        data_degree = int(data_list[0])

        # 由于高德API只能识别到小数点后6位
        # 需要转换为浮点数，并保留6位小数
        result = "%.6f" % (data_degree + data_minute + data_sec)
        return float(result)
```

除了上述基础的操作之外，还有基于人工智能的部分操作，列举如下。

❑ 通过 PaddleOCR 进行文字识别：

```
from paddleocr import PaddleOCR
result = urllib.request.urlopen(urllib.request.Request(url=OcrUrl, data=json.
dumps({"image": picture}).encode("utf-8"))).read().decode("utf-8")
result = result["text"]
```

❑ 通过 ImageAI 进行目标检测：

```
from imageai.Prediction import ImagePrediction

#模型加载
prediction = ImagePrediction()
prediction.setModelTypeAsResNet()
prediction.setModelPath("resnet50_weights_tf_dim_ordering_tf_kernels.h5")
prediction.loadModel()

predictions, probabilities = prediction.predictImage("./picture.jpg", result_count=5 )
for eachPrediction, eachProbability in zip(predictions, probabilities):
    print(str(eachPrediction) + " : " + str(eachProbability))
```

7.5.3 小程序相关

通过微信开发者工具可以进行小程序相关的开发，如图 7-8 所示。

图 7-8 小程序开发示意图

在开发之前需要：

- 明确当前项目类型是小程序开发，并非小游戏选项。
- 明确采用 JavaScript 技术栈搭建脚手架，并且不使用云开发。

除此之外还需要提前导入 ColorUI 相关组件，以确保在开发过程中可以直接引用。

1. 公共方法

完成小程序页面的开发后，开始对小程序的数据部分进行统一的抽象，例如请求后端的方法：

```
//统一请求接口
  doPost: async function (uri, data, option = {
    secret: true,
    method: "POST"
  }) {
    let times = 20
    const that = this
    let initStatus = false
    if (option.secret) {
      while (!initStatus && times > 0) {
        times = times - 1
        if (this.globalData.secret) {
          data.secret = this.globalData.secret
          initStatus = true
          break
        }
        await that.sleep(500)
      }
    } else {
      initStatus = true
```

```
      }
      if (initStatus) {
        return new Promise((resolve, reject) => {
          wx.request({
            url: that.url + uri,
            data: data,
            header: {
              "Content-Type": "text/plain"
            },
            method: option.type ? option.type : "POST",
            success: function (res) {
              console.log("RES: ", res)
              if (res.data.Body && res.data.Body.Error && res.data.Body.Error ==
"UserInformationError") {
                wx.redirectTo({
                  url: '/pages/login/index',
                })
              } else {
                resolve(res.data)
              }
            },
            fail: function (res) {
              reject(null)
            }
          })
        })
      }
    }
```

例如登录模块：

```
const that = this
const postData = {}
let initStatus = false
while (!initStatus) {
  if (this.globalData.token) {
    postData.token = this.globalData.token
    initStatus = true
    break
  }
  await that.sleep(200)
}

if (this.globalData.userInfo) {
  postData.username = this.globalData.userInfo.nickName
  postData.avatar = this.globalData.userInfo.avatarUrl
  postData.place = this.globalData.userInfo.country || "" + this.globalData.
userInfo.province || "" + this.globalData.userInfo.city || ""
  postData.gender = this.globalData.userInfo.gender
```

```
      }
      try {
        this.doPost('/login', postData, {
          secret: false,
          method: "POST"
        }).then(function (result) {
          if (result.secret) {
            that.globalData.secret = result.secret
          } else {
            that.responseAction(
              "登录失败",
              String(result.Body.Message)
            )
          }
        })
      } catch (ex) {
        this.failRequest()
      }
```

2. 客户端文件上传

正如前文所述，在 Serverless 架构下上传尺寸较大的图片时需要分为两个步骤。

- 步骤 1：获取 OSS 预签名地址。
- 步骤 2：进行图片上传。

其中步骤 1 在小程序端的实现相当于进行一次普通的 RESTful API 请求，例如：

```
app.doPost('/picture/upload/url/get', {
         album: that.data.album[that.data.index].id,
         index: i,
         file: uploadFiles[i]}).then(function (result) {}
```

步骤 2 的实现在小程序端会略显复杂，主要原因是小程序默认提供的 uploadFile 方法只支持 POST 方法，而阿里云对象存储的 SDK 预签名只支持 PUT 与 GET 方法，这就意味着用小程序默认提供的 uploadFile 方法无法将图片上传到对象存储；此时可以考虑采用小程序的 wx.request(Object object) 方法，并指定 PUT 方法来进行上传，例如：

```
wx.request({
           method: 'PUT',
           url: result.Body.url,
           data: wx.getFileSystemManager().readFileSync(uploadFiles[result.Body.index]),
           header: {
             "Content-Type": " "
           },
           success(res) {
           },
           fail(res) {
```

```
            },
            complete(res) {
            }
    })
```

3. 图片列表与手势操作

为了让这个工具更符合常见的相册系统，可以通过手势操作来对列表进行部分操作，效果如图 7-9 所示。

图 7-9　通过手势操作调整图片显示效果图

可以通过双指进行放大缩小的操作来调整相册每行显示的图片数量。这一部分对应的实现方案如下：

```
/**
 * 调整图片
 */
touchendCallback: function (e) {
  this.setData({
    distance: null
  })
},

touchmoveCallback: function (e) {
  if (e.touches.length == 1) {
    return
  }
```

```
      // 监测到两个触点
      let xMove = e.touches[1].clientX - e.touches[0].clientX
      let yMove = e.touches[1].clientY - e.touches[0].clientY
      let distance = Math.sqrt(xMove * xMove + yMove * yMove)
      if (this.data.distance) {
        // 已经存在前置状态
        let tempDistance = this.data.distance - distance
        let scale = parseInt(Math.abs(tempDistance / this.data.windowRate))
        if (scale >= 1) {
           let rowCount = tempDistance > 0 ? this.data.rowCount + scale : this.data.rowCount - scale
           rowCount = rowCount <= 1 ? 1 : (rowCount >= 5 ? 5 : rowCount)
           this.setData({
             rowCount: rowCount,
             rowWidthHeight: wx.getSystemInfoSync().windowWidth / rowCount,
             distance: distance
           })
        }
      } else {
        // 不存在前置状态
        this.setData({
          distance: distance
        })
      }
    }
```

7.6 项目预览

最终完成开发的小程序主要包括 6 个栏目和 14 个页面。这些页面主要包含如下内容。

- 首页：

  - 相册列表页：用于列举用户的相册（包括自己创建的相册以及与其他人共建的相册），通过点击对应相册可以查看对应照片列表。
  - 照片列表页：在首页所展示的默认照片列表页中可以查看用户最新上传的若干张照片，在通过点击相册进入的照片列表页中可以查看当前相册下的全部照片。

- 照片搜索页：可以通过关键字进行图片的检索。
- 照片上传页：可以通过选择指定相册进行照片的上传。
- 相册管理页：主要用于对相册信息的增删改查操作等。

  - 增加相册：通过该页面可以进行相册的创建。
  - 修改相册：通过该页面可以进行相册的更新。

- 删除相册：通过单击删除按钮可以删除相册，相册一旦被删除将无法恢复，但是照片会被存在"后悔药"页面。

❏ 个人中心页：主要是个人信息展示与社交关系、账号管理等。

- 后悔药页面：用于存放已删除的照片，相当于回收站功能。
- 互动站页面：用于查看所有和自己有过互动的用户信息，例如对方查看自己所分享的照片之后，就代表对方与自己有过互动，此时就可以在当前页面查看对方的基础信息（昵称和头像），同时也可以与对方解除关系或将他拉进黑名单。
- 黑名单页面：用于存储被自己屏蔽的用户，即黑名单用户无法查看自己分享的内容。
- 关于我们页面：用于介绍小程序的开发者以及小程序的部分信息。
- 账号注销功能：通过单击该按钮，可以实现账号的注销功能，账号注销即意味着存储的照片等信息均会被删除。

❏ 登录注册：此模块主要用于展示用户协议和引导账号授权。它符合小程序开发规范，并通过授权获取的 openid 来识别用户身份。

部分页面的 UI 效果如下。

1）注册登录页面 UI 效果如图 7-10 所示。

图 7-10　注册登录页面 UI 效果图

2）小程序首页（相册列表）、相册详情页（照片列表页）、个人中心页以及照片上传页面 UI 效果如图 7-11 所示。

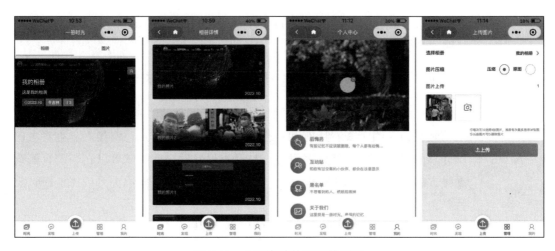

图 7-11　小程序其他页面效果图

7.7　总结

随着 Serverless 架构的发展，Serverless 可以在更多的领域发挥更重要的作用。本章实现了一个基于人工智能相册的小程序。得益于小程序本身以及 Serverless 架构的技术红利，该项目的研发效能得到飞速提升，并且具有极致弹性、按量付费、服务端免运维等优点。

第 8 章 Chapter 8

基于 Serverless 架构的企业宣传小程序

8.1 背景

某传统制造业公司需要制作一个小程序进行产品宣传与功能介绍，内容主要包括图片、视频等相关素材，而这里的图片与视频素材又将以组的形式出现，即以几张图片或者几个视频为一组进行展示，用以介绍某个功能或者某款产品。由于该公司没有专业的开发团队以及运维人员，并且公司现有成员在软件开发维护层面造诣不深，所以该公司的目的如下：

- 不希望在小程序上线之后有过多技术层面的维护工作，希望可以"没人用的时候最好别收费，有很多人用的时候也别宕机"。
- 强烈希望有一个完善的后台管理系统，可以通过简单的操作来上传图片、视频并将多个图片视频进行关联随时发布或回滚。

8.2 需求明确

通过与需求方进行需求沟通，明确项目的核心需求点，主要包括小程序功能、管理平台功能以及其他需求点。

8.2.1 小程序功能

1）小程序首页需要有若干的图片和视频（其中图片个数与视频个数可以自定义）：

- 视频可以直接在首页进行播放。
- 图片可以通过点击以查看进一步的介绍。

2）需要有单独的视频播放页面，并且可能涉及一个或者多个视频在同一个页面的播放。

3）有一些设计图尺寸比较大，以全屏图片形式展示会看不到细节，需要通过手势放大或者缩小图片，以进一步查看局部细节。

4）有一些内容的详情可能是外部链接（即 HTML5 页面）。

5）当内容详情为一组图片时，需要全屏显示图片并自动滚动播放，滚动速度可以在后台进行配置。

6）小程序本身是可以进行分享的，包括某个具体功能页面的分享。

8.2.2 管理平台功能

1）用户登录管理后台之后，可以上传图片和视频等素材信息。

2）管理后台可以设定小程序端的各类素材信息以及关联关系，例如首页的素材内容、素材之间的关联（例如点击某个图片素材，跳转到一组图片素材组成的详情页中）、HTML5 素材的配置等。

3）可以配置一些素材的限制或阈值，例如图片自动滚动的速度等。

4）如果因为配置导致线上小程序出现故障，可以通过后台快速回滚配置以最大限度保证小程序的可用性。

8.2.3 其他需求点

1）需要有监控告警能力，在小程序不可用时进行相应的告警与提醒。

2）需要在成本与可用性之间寻找到一个平衡，即"没人用的时候最好别收费，有很多人用的时候也别宕机"。

8.3 技术选型

基于用户的"没人用的时候最好别收费，有很多人用的时候也别宕机"需求，项目将采用 Serverless 架构进行建设，其核心价值在于：

- 开发者可以快速完成项目的开发与上线。
- 项目上线后，可以做到服务端近乎零运维，后续不再需要专业运维人员或者投入额外精力进行服务器的扩容缩容以及维护等。
- 项目上线后，对于有较为明显波动的业务（例如有活动时小程序的用户量会突增，无活动时/晚间小程序的用户量较低），可以基于按量付费模型，通过提升资源利用率而降低业务的支出成本。

当项目的计算平台采用 Serverless 架构之后，项目的配套基础设施需要采用对应云平台提供的基础服务：

- 对象存储：存放静态资源，包括管理员管理网站的页面资源（例如 HTML、JavaScript、CSS 等文件），也包括管理员上传的图片以及视频等资源。
- 云数据库：主要用于存放数据关系、用户信息等相关内容。
- CDN：主要用于缓存相对应的静态资源，例如存储到对象存储中的一些资源等。

基于用户的"制作一个小程序进行产品介绍与宣传"与"强烈希望有一个完善的后台管理系统"需求，项目将采用以下技术手段或者系统模块：

- 小程序：通过小程序开发技术开发一个小程序，向用户介绍和宣传产品、功能等。
- Web 网站：通过 HTML、JavaScript 以及 CSS 等技术，开发一个基础的后台管理系统，满足管理员管理小程序素材的基本诉求。
- 后端接口系统：通过 Python 语言开发一套后端接口，以确保用户可以通过小程序获取对应的信息，管理员通过 Web 网站可以对小程序进行管理等。

8.4 项目设计

8.4.1 基础架构设计

项目整体基于 Serverless 架构实现，基础架构设计如图 8-1 所示。

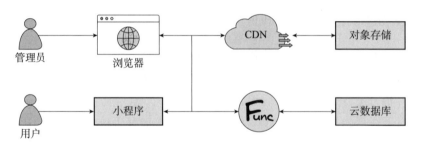

图 8-1　企业宣传小程序基础架构设计图

项目主要包括两种使用路径，分别是：

❑ 管理员通过浏览器可以访问托管到对象存储的静态网站，该静态网站是小程序的管理后台；当管理员在浏览器打开该网站之后，会向托管在函数计算上的接口服务发出请求，以获得对小程序的管理能力。

❑ 用户可以通过小程序访问托管在函数计算上的接口服务，并对托管在对象存储中的静态资源（图片、视频等）进行加载。

8.4.2　小程序 UI 设计

小程序 UI 草图设计如图 8-2 所示。

图 8-2　企业宣传小程序 UI 草图设计图

1）主色调为红色，目的是搭配该公司的整体 vi 设计。

2）页面主要分为三个，列举如下。

❑ 首页：采用上下布局，上半部分进行图片轮播（展示功能点或产品介绍封面图，通过点击图片可以跳转到对应的图片详情页、视频详情页或 HTML5 页面）。

- 图片轮播页：整体以轮播图片形式为主，主要分为两个层面。
  - 层面一：图片可以自动播放，也可以直接手动滑动播放，自动播放的时间阈值后台可控。
  - 层面二：如果图片有下一级详情，点击图片会递归到当前页面或对应的视频详情页、HTML5 页面；如果无下一级，可以通过点击图片弹出浮层，并支持通过手势控制其放大缩小，以便用户查看细节。
- 视频详情页：针对某个视频或者一组视频提供视频详情页，按照预计，视频个数是 1～3 个，即最少的视频详情页会有 1 个视频，最多的会有 3 个视频，所以该页面将以页面高度 $h1$ 为基础、视频高度 $h2$ 为占用高度进行均分，即在有 n 个视频的前提下，第 m 个视频距离上边距为 $((h1-h2 \times n)/(n+1)) \times m + h2$。

8.4.3 数据库设计

项目数据库主要用于存储素材信息以及发布信息，其设计如图 8-3 所示。

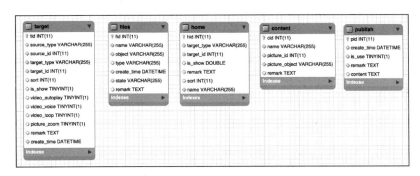

图 8-3　企业宣传小程序数据库设计图

通常情况下，在 MySQL 数据库中，表与表之间会存在一定的关系，此时可以选择直接使用外键，也可以考虑使用某些字段表示彼此之间的关系。其中使用外键的优缺点如下所示。

- 优点：
  - 实现表与关联表之间的数据一致性。
  - 可以迅速建立一个可靠性非常高的数据库结构，而不用让应用程序层去做过多的检查。
  - 可以提高系统的鲁棒性、健壮性。
  - 可以实现开发人员和数据库设计人员的分工。

- 缺点：
  - 数据库需要维护外键的内部管理。
  - 外键等于把数据的一致性事务实现全部交给数据库服务器完成。
  - 有了外键，当进行一些涉及外键字段的增、删、更新操作之后，需要触发相关操作去检查，这会消耗更多资源。
  - 外键还会因为需要请求对其他表内部加锁而出现死锁情况。
  - 容易出现数据库 I/O 的瓶颈。

不使用外键的优缺点也非常明显。

- 优点：
  - 减少了数据库表与表之间各种关联的复杂性。
  - 牺牲应用服务器资源，换取数据库服务器的性能。
  - 将主动权把控在自己手里。
  - 去掉外键相当于优化数据库性能。

- 缺点：
  - 所有外键的约束，需要自己在逻辑层实现。
  - 会出现数据错误覆写，错误数据进库的情况。
  - 消耗了服务器的性能。
  - 业务层里夹带持久层特性，耦合。

当前小程序是一款小型软件，可以采用外键进行关联，但是考虑到同时存在递归引用和非递归引用页面的情况（即图片的详情页可以是图片，也可以是其他，例如视频或 HTML5 等），并且不排除后续的详情类型的增加（例如，增加文字或者其他类型的详情页），所以为了保证一定的拓展性以及降低部分复杂度，在当前数据库设计中采用了无外键的模式：

- target 表：用于存储上下文关系，即通过用户的点击操作，上游文件类型对应的下游具体内容，例如对应图片类型中的某个图片、视频详情的某组视频等。
- file 表：用于存储用户上传的文件，包括文件类型（便于 target 表做区分）、文件名（便于用户管理），以及一些状态信息，例如是否可用、创建时间等。
- home 表：用于存储首页展示的资源以及资源之间的排序。
- content 表：用于存储资源组，包括图片资源组、视频资源组，即将 file 表的内容进行标签化、分组化。

❑ publish 表：为满足用户的"要求可以通过后台快速回滚配置"需求，通过 publish 表持久化用户每次发布的数据结构，一旦发布出现问题，可以通过调整 publish 表中的 is_use 字段的真值实现快速回滚。

8.5 开发实现

8.5.1 数据库相关

在开发之初，需要根据已经设计好的数据库表进行数据库以及表的创建。

1）创建 content 表：

```
CREATE TABLE `content` (
  `cid` int(11) NOT NULL AUTO_INCREMENT,
  `name` varchar(255) NOT NULL,
  `picture_id` int(11) NOT NULL,
  `picture_object` varchar(255) NOT NULL,
  `remark` text,
  PRIMARY KEY (`cid`)
) ENGINE=InnoDB AUTO_INCREMENT=117 DEFAULT CHARSET=utf8
```

2）创建 files 表：

```
CREATE TABLE `files` (
  `fid` int(11) NOT NULL AUTO_INCREMENT,
  `name` varchar(255) NOT NULL,
  `object` varchar(255) NOT NULL,
  `type` varchar(255) DEFAULT NULL,
  `create_time` datetime NOT NULL DEFAULT CURRENT_TIMESTAMP,
  `state` varchar(255) NOT NULL,
  `remark` text,
  PRIMARY KEY (`fid`),
  UNIQUE KEY `object` (`object`)
) ENGINE=InnoDB AUTO_INCREMENT=264 DEFAULT CHARSET=utf8
```

3）创建 home 表：

```
CREATE TABLE `home` (
  `hid` int(11) NOT NULL AUTO_INCREMENT,
  `target_type` varchar(255) NOT NULL,
  `target_id` int(11) NOT NULL,
  `is_show` double DEFAULT '1',
  `remark` text,
  `sort` int(11) DEFAULT '0',
  `name` varchar(255) NOT NULL,
  PRIMARY KEY (`hid`)
) ENGINE=InnoDB AUTO_INCREMENT=45 DEFAULT CHARSET=utf8
```

4)创建 publish 表:

```sql
CREATE TABLE `publish` (
  `pid` int(11) NOT NULL AUTO_INCREMENT,
  `create_time` datetime NOT NULL DEFAULT CURRENT_TIMESTAMP,
  `is_use` tinyint(1) NOT NULL,
  `remark` text NOT NULL,
  `content` text,
  PRIMARY KEY (`pid`)
) ENGINE=InnoDB AUTO_INCREMENT=121 DEFAULT CHARSET=utf8
```

5)创建 target 表:

```sql
CREATE TABLE `target` (
  `tid` int(11) NOT NULL AUTO_INCREMENT,
  `source_type` varchar(255) NOT NULL,
  `source_id` int(11) NOT NULL,
  `target_type` varchar(255) NOT NULL,
  `target_id` int(11) NOT NULL,
  `sort` int(11) DEFAULT '0',
  `is_show` tinyint(1) DEFAULT '1',
  `video_autoplay` tinyint(1) DEFAULT NULL,
  `video_voice` tinyint(1) DEFAULT NULL,
  `video_loop` tinyint(1) DEFAULT NULL,
  `picture_zoom` tinyint(1) DEFAULT NULL,
  `remark` text,
  `create_time` datetime NOT NULL DEFAULT CURRENT_TIMESTAMP,
  PRIMARY KEY (`tid`)
) ENGINE=InnoDB AUTO_INCREMENT=252 DEFAULT CHARSET=utf8
```

8.5.2 后端代码

1. RESTful API 实现方案

基于 Serverless 架构实现的 RESTful API 可以有多种实现方案,以阿里云函数计算为例:

- 可以通过 API 网关与函数计算的配合实现 RESTful API。
- 可以直接使用阿里云函数计算本身具备的 HTTP 触发器实现 RESTful API。

二者的区别主要在于事件触发时的格式和内容,通过 API 网关触发函数计算,其事件格式如下:

```
{
    "path":"api request path",
    "httpMethod":"request method name",
    "headers":{all headers,including system headers},
    "queryParameters":{query parameters},
    "pathParameters":{path parameters},
    "body":"string of request payload",
```

```
"isBase64Encoded":"true|false, indicate if the body is Base64-encode"
}
```

其中：

- 如果 isBase64Encoded 的值为 true，表示 API 网关传给函数计算的 body 内容已进行 Base64 编码。函数计算需要先对 body 内容进行 Base64 解码后再处理。
- 如果 isBase64Encoded 的值为 false，表示 API 网关没有对 body 内容进行 Base64 编码，在函数中可以直接获取 body 内容。

HTTP 触发器支持标准的 HTTP/HTTPS 协议、WebSocket 协议以及 gRPC 协议，在该项目中，为了更方便，并没有引入更多云上产品，而是直接采用 HTTP 触发器触发。采用 HTTP 触发器触发，在实现 RESTful API 时有两种实现思路。

- 思路一：选择一个 Web 框架直接进行部署。
- 思路二：基于已有的运行时，通过原生开发规范进行代码的开发。

以 Python 运行时为例，采用思路一时，可以选择一个开发框架，以 Python Web 框架 Bottle 为例，将函数入口配置为文件名 . 默认 App 的变量名，并在文件中实例化对应的 App 对象即可：

```python
# index.py
import bottle
@bottle.route('/hello/<name>')
def index(name):
    return "Hello world, %s" % name
app = bottle.default_app()
```

如果采用原生开发规范进行开发，可以粗略地表现为：

```python
# index.py
def handler(environ, start_response):
    if environ['fc.request_uri'].startswith('/hello/'):
        start_response('200 OK', [('Content-Type', 'text/html')])
        return [('Hello world, %s' % environ['fc.request_uri'].replace('/hello/', '')).encode("utf-8")]
```

通过上面的对比不难发现：如果在 HTTP 触发器的基础上导入对应的框架，可以减少大部分的功能，例如 request 和 response 的处理、路由的处理等；如果采用原生开发方法，则要求自主完成对应的处理。所以，在进行 RESTful API 开发的过程中，可以考虑使用轻量化的 Web 框架直接进行实现。以小程序对应的路由内容为例，可以简化为：

```python
# index.py
import bottle

# 用于返回小程序首页对应的素材数据结构，主要包括图片和视频
```

```python
@bottle.route('/apis/v1/release/index')
def index(name):
    return "Hello world, %s" % name

# 用于返回小程序详情页对应的素材数据结构，可能包括图片、视频、HTML5页面地址等
@bottle.route('/apis/v1/release/content')
def content(name):
    return "Hello world, %s" % name

app = bottle.default_app()
```

2. 文件上传方案

在项目中进行图片、视频等素材的上传时可以考虑使用对象存储与函数计算结合的方式实现，以保证大文件的顺利上传，整个逻辑如下：

- 客户端发起上传预请求。
- 服务端进行鉴权，返回上传地址。
- 客户端根据上传地址进行文件上传。
- 通过对象存储触发器触发函数进行上传信息的整合/处理。

Serverless 架构下文件上传时序图如图 8-4 所示。

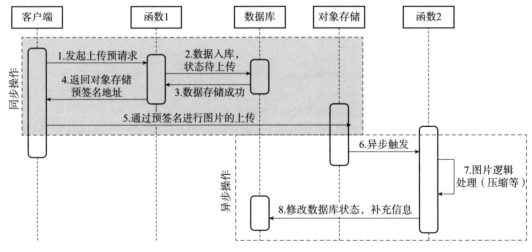

图 8-4　Serverless 架构下文件上传时序图

服务端的实现方案如下：

```python
#获取文件上传地址
#URI: /file/upload/url
#Method: GET
@bottle.route('/file/upload/url', "GET")
def getFileUploadUrl():
```

```python
    try:
        object = randomStr(100)
        return response({
            "upload": putSignUrl(object),
            "download": 'https://download.xshu.cn/%s' % (object)
        })
    except Exception as e:
        print("Error: ", e)
        return response(ERROR['SystemError'], 'SystemError')
```

客户端的实现方案如下。

获取上传地址：

```javascript
function UpladFileOSS() {
    const xmlhttp = window.XMLHttpRequest ? (new XMLHttpRequest()) : (new ActiveXObject("Microsoft.XMLHTTP"))
    xmlhttp.onreadystatechange = function () {
        if (xmlhttp.readyState == 4 && xmlhttp.status == 200) {
            const body = json.parse(xmlhttp.responseText)
            if (body['url']) {
                doUpload(body['url'])
            }
        }
    }
    const getUploadUrl = 'https://domain.com/file/upload/url'
    xmlhttp.open("POST", getUploadUrl, true);
    xmlhttp.setRequestHeader("Content-type", "application/json");
    xmlhttp.send();
}
```

上传文件：

```javascript
function doUpload(bodyUrl) {
    const xmlhttp = window.XMLHttpRequest? (new XMLHttpRequest()) : (new ActiveXObject("Microsoft.XMLHTTP"));
    xmlhttp.open("PUT", bodyUrl, true);
    xmlhttp.onload = function () {
        alert(xmlhttp.responseText)
    };
    xmlhttp.send(document.getElementById("fileOss").files[0]);
}
```

3. 数据库 CRUD 操作

由于项目存在小程序端与管理员端，因此可能涉及通过不同参数获取同类型的内容，例如：

- ❏ 在小程序端获取首页信息时需要通过参数告知后台，后台按照管理员的排序获取可显示的内容。
- ❏ 在管理员端获取首页信息时需要直接按照首页内容创建时间，全部返回。

综上所述，可以通过一个mini参数控制筛选条件，代码如下：

```python
def homeSearch(self, mini=False):
    getHomeFormat = lambda item: {"hid": item["hid"],
                                  "name": item["name"],
                                  "target_type": item["target_type"],
                                  "target_id": item["target_id"],
                                  "is_show": item["is_show"],
                                  "sort": item["sort"],
                                  "remark": item["remark"]}
    try:
        if mini:
            search_stmt = (
                'SELECT * FROM `home` WHERE `is_show`="1" ORDER BY -sort;'
            )
            return [getHomeFormat(eveContent) for eveContent in self.doAction(search_stmt, ()).fetchall()]
        else:
            search_stmt = (
                'SELECT * FROM `home`  ORDER BY -hid;'
            )
            return [getHomeFormat(eveContent) for eveContent in self.doAction(search_stmt, ()).fetchall()]
    except Exception as e:
        print(e)
        return False
```

此时，以小程序端为例，对应的接口方法为：

```python
def getReleaseIndex():
    tempResult = JSON.loads(mysql.publishSearch(mini=True)["remark"])
    tempHome = {}
    for eveCategory in tempResult["homes"]:
        if eveCategory not in tempHome:
            tempHome[eveCategory] = []
        for eveCategoryContent in tempResult["homes"][eveCategory]:
            if 'picture_object' in eveCategoryContent:
                eveCategoryContent["picture_url"] = getObjectUrl("/source/" + eveCategoryContent["picture_object"])
            if 'object' in eveCategoryContent:
                eveCategoryContent["url"] = getObjectUrl("/source/" + eveCategoryContent["object"])
            tempHome[eveCategory].append(eveCategoryContent)
    return response({"conf": tempResult["conf"], "home": tempHome})
```

除了可以采用直接操作数据库的方法之外，还可以考虑通过ORM等框架进行对应操作，例如Django框架本身具备非常优秀的ORM能力，Bottle和Flask等框架也可以与sqlalchemy框架结合实现ORM能力。通过ORM进行数据库的CRUD操作，在一定程度上可以降低复杂度，提升安全性，但是在过于复杂的CURD场景中，ORM可能会因为丧失部分灵活性，成为性能瓶颈。

8.5.3 小程序相关

1. 公共组件

公共组件主要是指提取和抽象出整个项目中反复出现或者经常使用的方法/代码片段，将其封装成公共方法，以便后续的使用。在当前项目中，公共组件主要包括网络请求模块及整体布局配置模块。

（1）网络请求模块

网络请求模块是指当前小程序端与服务端进行通信以获得对应的素材信息等内容相关的模块，该模块规约了域名信息以及请求方法、请求头等基础信息，使得调用者只需要传入对应的路径信息以及入参信息，即可获得目标结果；同时，针对结果内容进行了对应的拦截，如果请求状态不满足预期，或者返回结果包括错误信息等，则将直接跳转到对应的错误页面，对用户进行更为友好的提醒。

该模块的具体实现为：

```
request(uri, data, method = "GET") {
    return new Promise((resolve, reject) => {
        wx.request({
            url: this.BaseUrl + uri,
            data: data,
            method: method,
            success: function (res) {
                console.log(res)
                if (res.statusCode != "200") {
                    wx.redirectTo({
                        url: '/pages/error/index',
                    })
                } else {
                    if (res.data.error) {
                        wx.redirectTo({
                            url: '/pages/error/index',
                        })
                    } else {
                        resolve(res.data)
                    }
                }
            },
            fail: function (res) {
                wx.redirectTo({
                    url: '/pages/error/index',
                })
            }
        })
    })
},
```

（2）整体布局配置模块

整体布局配置模块主要包括一些基础数据的获取和处理，包括小程序的头部高度、状态等。代码实现如下：

```
onLaunch: function () {
    wx.getSystemInfo({
      success: e => {
        this.globalData.StatusBar = e.statusBarHeight;
        let capsule = wx.getMenuButtonBoundingClientRect();
        if (capsule) {
                this.globalData.Custom = capsule;
                this.globalData.CustomBar = capsule.bottom + capsule.top - e.statusBarHeight;
        } else {
                this.globalData.CustomBar = e.statusBarHeight + 50;
        }
      }
    })
},
```

将上述代码与具体页面相结合，可以实现头部功能与高度样式的自定义，效果如图 8-5 所示。

图 8-5　企业宣传小程序头部效果

例如，图 8-5 的左侧案例可以用如下代码实现：

```
<cu-custom isCustom="{{false}}" bgColor="bg-gradual-red"><view slot="content">道可视</view></cu-custom>
```

右侧案例可以用如下代码实现：

```
<cu-custom isCustom="{{true}}" bgColor="bg-gradual-red"><view slot="content">{{pageTitle}}</view></cu-custom>
```

在页面中引用整体布局配置模块的方法如下：

❑ 引入 app 对象：

```
const app = getApp()
```

❑ 对页面内所需变量进行赋值，例如：

```
that.setData({
  barHeight: app.globalData.CustomBar,
})
```

2. 图片轮播功能

图片轮播功能将使用 swiper 标签实现：

```
<swiper style="height:{{pictureHeight}}px; width:{{width}}px" class="square-dot" indicator-dots="{{true}}" circular="{{true}}" autoplay="{{true}}" interval="{{index_active_change_time}}" indicator-color='rgba(255, 255, 255, 1)' indicator-active-color='rgba(255, 255, 255, 0.5)'>
    <swiper-item wx:for="{{imageList}}" wx:key="item">
        <image src="{{item.picture_url}}" style="height:{{pictureHeight}}px; width:{{width}}px" data-target_type="{{item.target_type}}" data-target_id="{{item.target_id}}" data-link="{{item.link}}" data-url="{{item.url}}" data-name="{{item.name}}" bindtap="toContent"></image>
    </swiper-item>
</swiper>
```

上述代码主要用于进行图片轮播的基础配置。

- 轮播样式配置：例如图片轮播下方的圆点，可以通过 indicator-dots="{{true}}" circular="{{true}}" autoplay="{{true}}" interval="{{index_active_change_time}}" indicator-color='rgba(255, 255, 255, 1)' indicator-active-color='rgba(255, 255, 255, 0.5)' 进行显示配置、颜色配置（包括活动时颜色以及静默时颜色）、自定义时间间隔配置等。
- 图片尺寸配置：例如通过对图片属性的描述 style="height:{{pictureHeight}}px; width:{{width}}px"，可以实现图片制定尺寸的播放。

3. 视频间自动播放功能

在首页下方的视频模块中，可能需要循环播放多个视频，这部分功能在前端将以 video 标签形式进行展示：

```
<video style="height:{{videoHeight}}px; width:{{width}}px" src="{{thisVideo.url}}" enable-progress-gesture="{{false}}" controls="{{true}}" bindtouchstart="bindVideoTouchStart" bindtouchend="bindVideoTouchEnd" bindended="nextVideo" loop="{{isloop}}" muted="{{video_voice_muted}}" show-center-play-btn="{{false}}" bindplay="bindVideoPlay" show-play-btn="{{show_play_btn}}" id="bottom_video" autoplay="{{video_auto_play}}">
</video>
```

上面的代码已经隐含了视频结束之后自动触发播放下一个视频的方法，除此之外，需求方还要求通过在视频播放区域向前滑动与向后滑动实现上一个视频或者下一个视频的切换，所以此处将通过 bindVideoTouchStart 和 bindVideoTouchEnd 方法进行判断：

```
bindVideoTouchStart(e) {
    this.setData({
        startX: e.changedTouches[0].pageX,
    })
},
```

```
bindVideoTouchEnd(e) {
    if (e.changedTouches[0].pageY < wx.getSystemInfoSync().windowHeight - 40) {
      if (e.changedTouches[0].pageX - this.data.startX >= 10) {
        this.nextVideo(e)
      } else if (this.data.startX - e.changedTouches[0].pageX >= 10) {
        this.preVideo(e)
      }
    }
  }
```

当向前滑动达到阈值要求时，切换上一个视频，当向后滑动达到阈值要求时，切换下一个视频。以切换上一个视频为例，代码如下：

```
preVideo(e) {
    var id = this.data.thisVideo.id
    var thisVideo
    if (this.data.videoList[0].id == id) {
      thisVideo = this.data.videoList[this.data.videoList.length - 1]
    } else {
      for (let i = 0; i < this.data.videoList.length; i++) {
        if (this.data.videoList[i].id == id) {
          thisVideo = this.data.videoList[i - 1]
          break
        }
      }
    }
    this.setData({
      thisVideo: thisVideo
    })
  }
```

4. 图片手势控制功能

图片页面有两个部分。

- 图片轮播：通过 swiper 实现图片轮播功能。
- 图片操作：通过点击图片，弹出浮层，并通过手势进行图片大小的控制与调整，这里通过 view 的 hidden 属性实现。

这部分的具体布局实现代码如下：

```
<swiper style="height:{{height}}px; width:{{width}}px" class="square-dot"
indicator-dots="{{ true }}" circular="{{ true }}" autoplay="{{ true }}"
interval="2000" indicator-color='rgba(255, 255, 255, 1)' indicator-active-
color='rgba(255, 255, 255, 0.5)'>
    <swiper-item wx:for="{{imageList}}" wx:key="item">
        <image src="{{item.resource}}" style="height:{{height}}px;
width:{{width}}px" data-image-link="{{item.resource}}" bindtap="viewPicture"></
image>
    </swiper-item>
```

```
    </swiper>
    <view class="back" hidden="{{flag}}">
        <view class='front'>
            <scroll-view class='images' scroll-y="true" scroll-x="true"
style="height:100%;width:100%" bindtouchmove="touchmoveCallback" bindtouchstar
t="touchstartCallback" bindtouchend="touchendCallback">
                <image mode='aspectFit' binderror="errImg" src="{{thisPicture}}"
style="width:{{scaleWidth }};height:{{scaleHeight}}" bindload="imgload"></image>
            </scroll-view>
        </view>
    </view>
```

图片轮播部分只需要通过网络请求获取图片列表即可：

```
app.request('/content', {
  'source': {
    "type": "content",
    "id": opts.id
  },
}, 'POST').then(function (result) {
  var imageList = result.message.content
  that.setData({
    width: wx.getSystemInfoSync().windowWidth,
    height: wx.getSystemInfoSync().windowHeight - getApp().globalData.CustomBar,
    imageList: imageList,
    open_compress: result.message.conf.open_compress
  })
})
```

但是，点击图片之后，需要手动完成对图片的手势控制。

1）点击图片之后，弹出浮层，并将轮播图片固定。

```
viewPicture(e) {
  if (this.data.open_compress) {
    this.setData({
      thisPicture: e.currentTarget.dataset.imageLink,
      flag: false
    })
  }
},
```

2）通过 touchstartCallback、touchendCallback、touchmoveCallback 三个方法判断放大与缩小操作。

touchstartCallback 用于判断触碰起点：

```
touchstartCallback: function (e) {
    if (e.touches.length == 1) {
      this.setData({
        thisEndTime: e.timeStamp,
        thisStartX: e.changedTouches[0].clientX,
        thisStartY: e.changedTouches[0].clientY,
      })
```

```
      return
    }
    let xMove = e.touches[1].clientX - e.touches[0].clientX
    let yMove = e.touches[1].clientY - e.touches[0].clientY
    let distance = Math.sqrt(xMove * xMove + yMove * yMove)
    this.setData({
      'distance': distance,
    })
},
```

touchendCallback 用于判断触碰终点：

```
touchendCallback: function (e) {
  if (e.timeStamp - this.data.thisEndTime < 200 && this.data.thisEndTime != 0) {
    var diffX = e.changedTouches[0].clientX - this.data.thisStartX
    var diffY = e.changedTouches[0].clientY - this.data.thisStartY
    diffX = diffX > 0 ? diffX : -diffX
    diffY = diffY > 0 ? diffY : -diffY
    if (diffX < 0.5 && diffY < 0.5) {
      this.setData({
        flag: true,
        'distance': 0,
        'scale': 0.1,
        'scaleWidth': '',
        'scaleHeight': '',
      })
    }
  }
  this.setData({
    thisEndTime: 0,
    thisStartX: 0,
    thisStartY: 0
  })
},
```

touchmoveCallback 通过勾股定理设置图片放大比例与缩小比例：

```
touchmoveCallback: function (e) {
  if (e.touches.length == 1) {
    return
  }
  let xMove = e.touches[1].clientX - e.touches[0].clientX
  let yMove = e.touches[1].clientY - e.touches[0].clientY
  let distance = Math.sqrt(xMove * xMove + yMove * yMove)
  let distanceDiff = distance - this.data.distance;
  let newScale = this.data.scale + 0.003 * distanceDiff
  if (newScale <= 0.3) {
    newScale = 0.3
    this.setData({
      'distance': distance,
      'scale': newScale,
      'scaleWidth': '100%',
```

```
      'scaleHeight': '100%',
      'diff': distanceDiff
    })
  } else {
    if (newScale >= 1) {
      newScale = 1
    }
    let scaleWidth = newScale * this.data.baseWidth + 'px'
    let scaleHeight = newScale * this.data.baseHeight + 'px'

    this.setData({
      'distance': distance,
      'scale': newScale,
      'scaleWidth': scaleWidth,
      'scaleHeight': scaleHeight,
      'diff': distanceDiff
    })
  }
},
```

8.5.4 管理页面

当前项目的管理页面为基础的页面管理,并未采用 Vue.js 及 React.js 实现,而是单纯地通过 DOM 等较为原始的方式实现的。在整个实现过程中,主要有以下几个方面需要注意。

网络请求模块直接采用 window.XMLHttpRequest 实现,以登录功能为例:

```
function login() {
    const username = document.getElementById('username').value
    const password = document.getElementById('password').value
    const token = hex_md5(username + password)
    const xmlhttp = window.XMLHttpRequest ? (new XMLHttpRequest()) : (new ActiveXObject("Microsoft.XMLHTTP"))
    xmlhttp.onreadystatechange = function () {
        if (xmlhttp.readyState == 4 && xmlhttp.status == 200) {
            const body = json.parse(xmlhttp.responseText)
            console.log(body)
            if (!body.error && body.message) {
                setCookie('token', body.message, 60 * 60 * 24 * 30)
                window.location.href = './indexList.html';
            } else {
                document.getElementById('result').innerHTML = `* 登录失败`
            }
        }
    }
    const url = baseUrl + '/login'
    xmlhttp.open("POST", url, true);
    xmlhttp.send(json.stringify({
```

```
        token: token,
        username: username
    }));
}
```

文件上传功能，需要针对大文件上传做相应的优化，包括进度提醒等：

```
function progressFunction(evt) {
    const thisIndex = fileIndexJSON[evt.total]
    const progressBar = document.getElementById(`progressBar_${thisIndex}`);
    const percentageDiv = document.getElementById(`percentage_${thisIndex}`);
    if (evt.lengthComputable) {//
        progressBar.max = evt.total;
        progressBar.value = evt.loaded;
        percentageDiv.innerHTML = Math.round(evt.loaded / evt.total * 100) + "%";
    }

    const time = document.getElementById(`time_${thisIndex}`);
    const nt = new Date().getTime();//获取当前时间
    const pertime = (nt - ot) / 1000; //计算出上次调用该方法时到现在的时间差，单位为s
    ot = new Date().getTime(); //重新赋值时间，用于下次计算

    const perload = evt.loaded - oloaded; //计算该分段上传的文件大小，单位为b
    oloaded = evt.loaded;//重新赋值已上传文件大小，用以下次计算

    //计算上传速度
    let speed = perload / pertime;//单位为b/s
    let bspeed = speed;
    speed = speed > 0 ? speed : 0
    let units = 'b/s';//单位名称
    if (speed / 1024 > 1) {
        speed = speed / 1024;
        units = 'k/s';
    }
    if (speed / 1024 > 1) {
        speed = speed / 1024;
        units = 'M/s';
    }
    speed = speed.toFixed(1);
    //剩余时间
    let resttime = ((evt.total - evt.loaded) / bspeed).toFixed(1);
    resttime = resttime > 0 ? resttime : 999
    time.innerHTML = ',速度: ' + speed + units + ', 剩余时间: ' + resttime + 's';
    if (bspeed == 0) {
        time.innerHTML = '上传已取消';
    }
}
```

除此之外便是对应的状态管理、页面布局等相关内容。这一部分内容如果采用 Vue.js 或者 React.js 将更加便于操作和管理，但是由于本项目只是管理基础的登录 token 等，因此一些简单原生操作也是可以满足要求的，例如对 Cookie 的管理：

```javascript
//获取cookie
function getCookie(name) {
    var nameEQ = name + '='
    var ca = document.cookie.split(';') //把cookie分割成组
    for (var i = 0; i < ca.length; i++) {
        var c = ca[i] //取得字符串
        while (c.charAt(0) == ' ') { //判断一下字符串有没有前导空格
            c = c.substring(1, c.length) //有的话,从第二位开始取
        }
        if (c.indexOf(nameEQ) == 0) { //如果含有我们要的name
            return unescape(c.substring(nameEQ.length, c.length)) //解码并截取我们要的值
        }
    }
    return false
}

//设置cookie
function setCookie(name, value, seconds) {
    seconds = seconds || 0;   //seconds有值就直接赋值,没有为0,这与PHP不一样
    var expires = "";
    if (seconds != 0) {       //设置cookie生存时间
        var date = new Date();
        date.setTime(date.getTime() + (seconds * 1000));
        expires = "; expires=" + date.toGMTString();
    }
    document.cookie = name + "=" + escape(value) + expires + "; path=/";   //转码并赋值
}

//清除cookie
function clearCookie(name) {
    setCookie(name, "", -1);
}
```

基于上述代码,登录时可以直接调用 setCookie('token', body.message, 60 * 60 * 24 * 30) 实现登录状态的确定,在其他页面判断是否登录时可以直接通过获取 Cookie 内容与服务端对比实现:

```javascript
function isLogin() {
    const token = getCookie('token')
    const xmlhttp = window.XMLHttpRequest ? (new XMLHttpRequest()) : (new ActiveXObject("Microsoft.XMLHTTP"))
    xmlhttp.onreadystatechange = function () {
        if (xmlhttp.readyState == 4 && xmlhttp.status == 200) {
            const body = json.parse(xmlhttp.responseText)
            if (!body.error && body.message) {
            } else {
                clearCookie('token')
                window.location.href = './login.html';
            }
```

```
    }
  }
  const url = baseUrl + '/login'
  xmlhttp.open("POST", url, true);
  xmlhttp.send(json.stringify({
      token: token
  }));
}
```

退出登录时,也只需要清理 Cookie:

```
function Logout() {
  clearCookie('token')
  window.location.href = './login.html';
}
```

8.6 项目预览

8.6.1 小程序端

小程序端页面主要包括小程序首页、图片轮播页以及视频详情页、HTML5 页面。

如图 8-6 所示,三个页面分别是视频详情页(两个视频)、产品图片详情页、功能图片详情页。

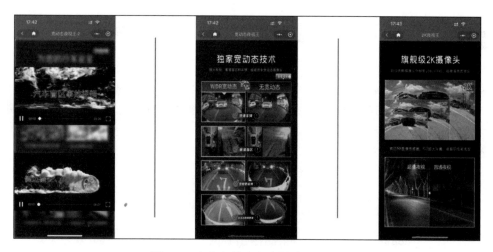

图 8-6　企业宣传小程序端演示图 -1

如图 8-7 所示,三个页面分别是嵌入的 HTML5 页面、小程序首页,以及产品介绍详情页。

图 8-7　企业宣传小程序端演示图 -2

8.6.2　管理端

管理端主要通过基础 DOM 操作和其他 HTML、JavaScript、CSS 的原生操作实现。管理端的登录页面如图 8-8 所示。

图 8-8　企业宣传小程序管理端的登录页面

登录后的页面用于管理首页列表等内容，在该页面可以对首页展示的图片与视频进行排序，也可以设置某个素材是否可见，效果如图 8-9 所示。

在添加首页页面，可以添加标题、目标内容类型、目标内容绑定、排序、是否可见等内容，效果如图 8-10 所示。

在系统管理页面，可以进行账号与密码的修改，以及系统配置的修改，如首页视频最大数量等阈值的修改，效果如图 8-11 所示。

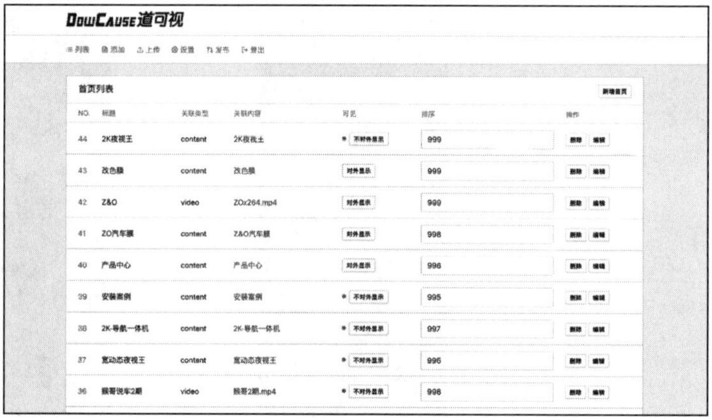

图 8-9 企业宣传小程序管理端登录后的首页列表页面

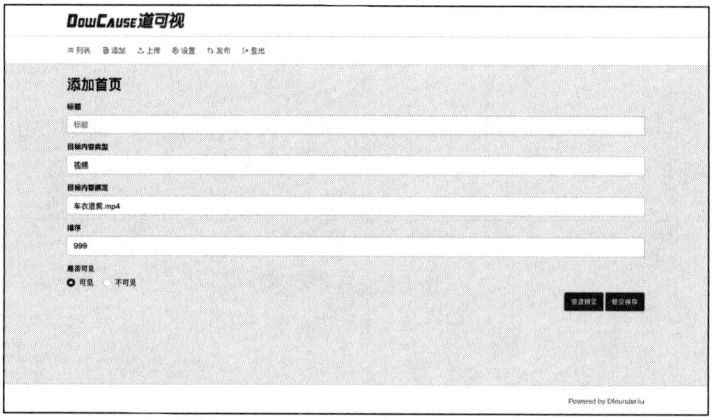

图 8-10 企业宣传小程序管理端的添加首页页面

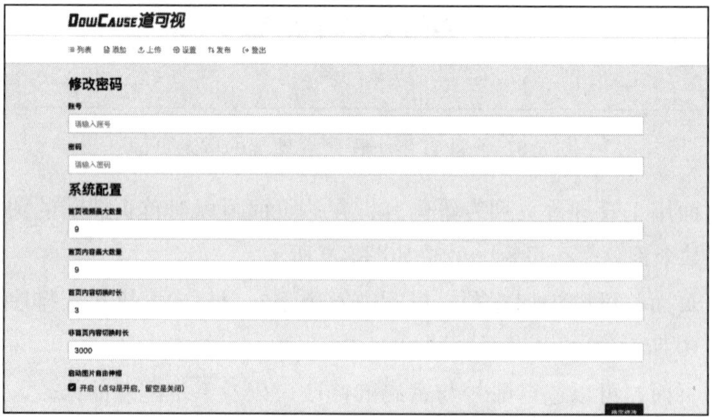

图 8-11 企业宣传小程序管理端的系统管理页面

在发布列表页面,即版本控制页面,每次完成编辑并不会立即生效,而是需要通过填写备注并发布版本才可以生效,如果需要进行回滚操作,只需要选择对应的在用版本即可,效果如图 8-12 所示。

图 8-12　企业宣传小程序管理端的发布列表页面

除了上述基础页面之外,还存在更深一级的部分页面,例如内容管理页面,可以在该页面查看内容列表,并进行相应的新增、删除、编辑等操作,如图 8-13 所示,也可以进行相关关系的绑定,例如对若干图片或视频进行归类,以图片组或者视频组形式进行展示。

图 8-13　企业宣传小程序管理端的内容列表页面

在添加关系页面,可以绑定上下游关系信息,例如某张图片的下游是视频类型的页面,也可以指定具体视频内容,还可以在此处对视频的一些信息进行配置,例如是否自动播放、是否默认声音、是否循环等,效果如图 8-14 所示。

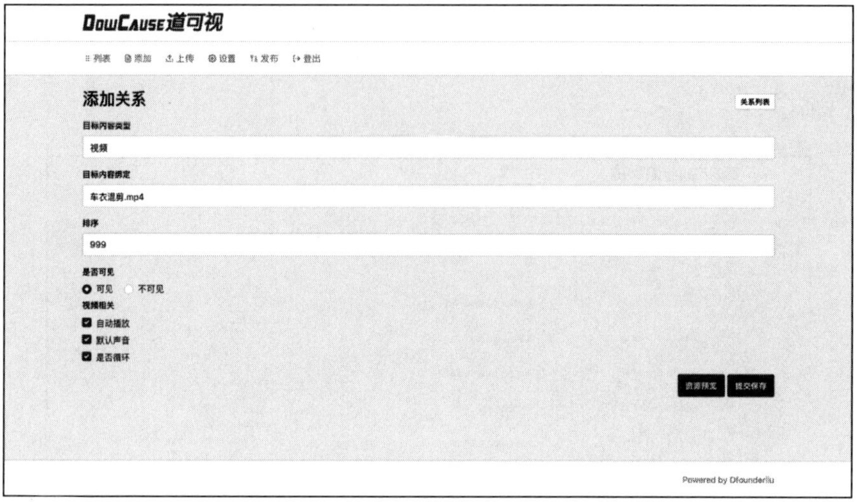

图 8-14　企业宣传小程序管理端的添加关系页面

8.7　总结

　　基于 Serverless 架构实现的 Web 应用后端或移动应用后端服务是非常常见的业务场景，也是目前 Serverless 架构应用最为广泛的场景之一。基于 Serverless 架构的免运维能力与降本增效的特性，开发者可以快速地开发和部署 Web 应用后端或移动应用后端。对于前端开发者而言，过去需要前后端配合的业务逻辑或者功能此刻都可以由前端人员完成，尽管本案例中的后端服务采用了 Python 语言开发，但是这并不意味着前端所熟悉的 Node.js 等开发语言不能发挥作用。据不完全统计，目前在云上的 Serverless 应用中，使用 Node.js 语言进行后端业务逻辑开发的用户占半数以上，由此也可以证明，前端技术栈在小程序与 Serverless 架构的加持下，正在朝着全栈、大前端方向不断过渡和发展。

第 9 章

新一代 UI 云端录制回放解决方案

9.1 背景

一些较大型的企业往往有着丰富的业务场景，存在大量的手工用例，对于一次完整的手工迭代回归，用例执行一次就需要花费 10 人日，对于快速迭代的产品而言，这种投入会极大地增加测试的工作量。在测试初期，很多测试人员就已经注意到这个问题，也在做不同的尝试，但一直没有突破性进展，主要原因有以下几个。

- ❑ UI 用例录制维护成本高：传统 UI 用例录制工具在前端页面发生细小变更时，需要重新进行 UI 用例录制，这就导致 UI 用例直观度较差，可维护性较低。
- ❑ UI 用例录制可用性与稳定性差：传统 UI 用例录制经常会出现各种卡顿现象，例如在登录过程中卡顿等，这种问题会影响用例录制效果，进一步导致测试可信度降低。
- ❑ UI 用例录制自动化效益成本低：传统 UI 用例录制在业务页面频繁变更时，会导致 UI 用例自动化录制效率无法满足业务诉求，进一步导致 UI 用例录制自动化收益成本降低。

综上所述，一套稳定可靠、使用简单且维护成本低的新一代 UI 云端录制回放系统显得尤为重要。所以，新一代 UI 云端录制回放解决方案在整体开发过程中，一直致力于降低用户使用门槛,增强用例的稳定性、易维护性、通用性,形成一套端到端的测试解决方案,解决端到端测试难、不稳定的问题。

9.2 需求明确

总结之前在业务中未能实现 UI 自动化的问题,如图 9-1 所示,根据 UI 自动化平台的考量维度,明确新一代 UI 云端录制回放解决方案的具体需求。

1)门槛低、易用:以往的 UI 测试在脚本理解、环境搭建等方面有一定的学习成本,对录制过程的要求高,这样无疑增加了自动化建设成本。从自动化测试投入产出比(ROI = 手动执行成本 × 执行次数 / 自动化建设成本)公式来看,提高 ROI 有两个方向。

- 增加可执行次数。
- 减少自动化建设成本。

所以,最大限度降低自动化建设成本,成为能否让更多人介入 UI 自动化测试的关键因素。

2)用例稳定性:录制用例的稳定性,直接决定了用户是否使用。以往用例与环境账号深度耦合,用例复用性不佳,对公有云上的数十套环境来说,迁移同样需要花费大量维护时间。

3)用例易维护:一般来说,自动化测试用例维护时间占整个自动化测试时间的 60%,维护时间必不可少,在大部分迭代开发中,前端页面都是细微改动,比如文本修改,以往用户很难通过修改测试代码的方式进行维护,失败后需要重新录制。

4)通用性:将 UI 控件的识别属性作为基础的能力,无论在录制端还是在执行端,如果控件的识别不到位,那么录制场景将无法使用。

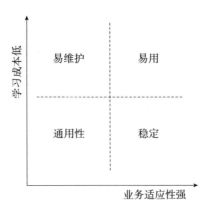

图 9-1　UI 自动化平台的考量维度

9.3 技术选型

在技术选型上，整个项目一方面与 Chrome 生态进行集成，另一方面与开源生态进行联动，同时也创新性地与 Serverless 架构进行结合，核心的技术选型如下：

❑ 通过云上 Serverless 的天然分布式特性，天然具备高并发执行能力，具体来说，执行器基于 Serverless 实现，实例瞬间弹起，提升了并发执行能力，再也不用担心传统 UI 自动化框架资源有限时的任务排队情况。

❑ 采用 Cypress 作为前端 E2E 测试工具与 Chrome 浏览器及其插件机制进行结合，实现项目的测试引擎部分。

关于第 2 种技术选型中的 Cypress，很多读者可能并不熟悉，Cypress 作为下一代 UI 自动化测试框架，其目标是构建更快、更简单以及更可靠的测试脚本。Cypress 运行的时候，只有一个浏览器进程。Webpack 是将测试代码和实际应用代码一起打包，之后在浏览器中执行。Cypress 则是将 JavaScript 代码嵌入浏览器中执行，这样可以直接触发 DOM 事件操作页面元素，免去了进程间通信的开销，比 Selenium Webdriver 更加轻量，执行起来速度更快，受环境的影响更小，也更加稳定。Cypress 在浏览器内部运行的时候，可以把浏览器看作一个白盒，站在全局视角，做一些针对性优化来提升用例执行的速度与稳定性。Cypress 架构如图 9-2 所示。

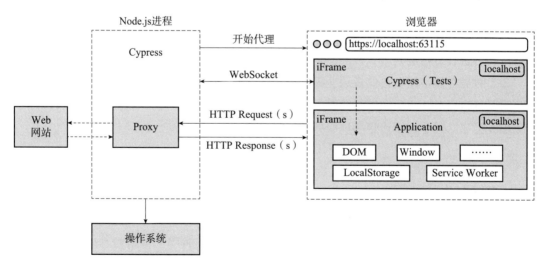

图 9-2　Cypress 架构

Cypress 支持插件录制（录制）和手写脚本（开发）两种方式生成测试用例。Cypress 的测试用例代码量大约是 Selenium Webdriver 的十分之一。录制和开发两种方式的具体内容如下。

- 录制：如果是新人用户期望快速生成脚本，可以使用录制的方式。新一代 UI 云端录制回放解决方案提供了 Chrome 插件，启动录制之后一步步点击页面就可以生成测试用例。录制的优点在于上手快、门槛低，缺点在于生成的脚本质量不高，尤其是 DOM 元素选取相关的代码比较难以理解和维护。
- 开发：不同于 Selenium 支持各种开发语言，Cypress 只支持 JavaScript 语言，使用的是成熟的 JavaScript 技术栈，例如：
    - 测试框架：mocha。
    - 断言支持：chai。
    - 接口的 stub 和 spy：sinon。

除了上面描述的低成本的用例生成能力之外，Cypress 还具备极强的 UI 变化的适应性。传统的页面内容定位的方法大部分是基于 xpath 的元素选择方式，具有维护成本高和健壮性差的问题。Cypress 额外支持了强大的 Jquery 选择器，可帮助用户生成对 UI 变化具有高适应性的测试用例。

为了区别于传统 UI 测试框架，新一代 UI 云端录制回放解决方案基于 Cypress 二次开发测试引擎，拥有全新的 Chrome 录制器扩展插件，以"本地录制，云端回放"的方式，提供了一套完整的录制回放解决方案。在整个项目中，需要配合使用大量的云商产品：

- 函数计算：Serverless 架构计算平台，主要应用在执行器模块，用于对本地录制内容进行分析和处理，以及其他相关执行所需的核心操作。
- 对象存储：用于存储视频、报告等相关资源。
- 日志服务：用于记录系统执行日志，以便后期排障。
- 消息队列：用于连接测试服务与执行器模块。

9.4 项目设计

项目设计主要分为平台服务及 Chrome 录制器扩展程序两个部分，其架构图如图 9-3 所示。

第 9 章 新一代 UI 云端录制回放解决方案 ◆ 295

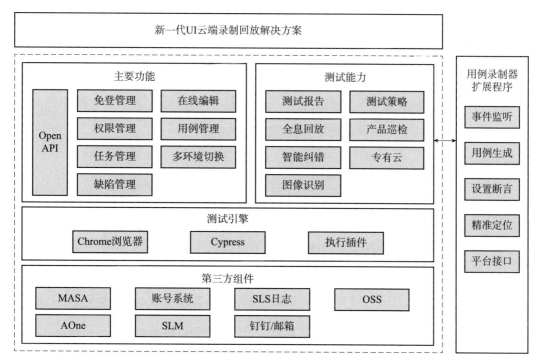

图 9-3 新一代 UI 云端录制回放解决方案架构图

通过对模块以及技术点的结合，新一代 UI 云端录制回放解决方案的使用流程图如图 9-4 所示。

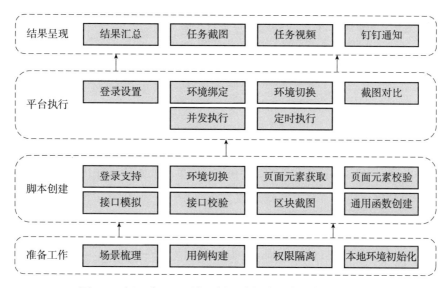

图 9-4 新一代 UI 云端录制回放解决方案的使用流程图

9.5 开发实现

该项目所涉及的模块众多，此处仅以核心录制模块、录制模块关联的功能为例展开介绍：以基于 Cypress 的 E2E 核心技术实现为例进行相关技术探索。

9.5.1 接口测试支持

Cypress 支持对接口请求进行测试，拦截指定的请求并对返回结果进行校验。

- 非存根模式（Without Stubbing）：使用非存根模式，拦截指定请求，例如：

```
cy.route('GET', '/users/').as('getUser')
```

所有 URL 中包含 users 的 GET 请求都可以被拦截。后续可以进一步对请求的响应结果做校验。

- 存根模式（Stubbing）：使用存根模式，可以拦截相应请求并指定返回结果，例如：

```
cy.route('GET', '/users/', { id: 1, name: 'Phoebe' })
```

所有 URL 中包含 users 的 GET 请求都按指定的结果进行返回。采用这种方式，可以避免请求被真正发送到后端服务器。在有数据写入的场景中，可以通过这样的方式避免后端数据被修改。

拦截请求之后，我们可以对捕获到的结果进行校验，例如：

```
cy.wait('@getUser').its('response.body').should( async (body) => {
    const bodyText = await body.text()
    expect(json.parse(bodyText)).to.have.property('success', true)
})
```

9.5.2 本地调试

在本地开发调试用例的时候，Cypress 提供了一个强大的本地执行 IDE：Test Runner。Test Runner 具有以下功能：

- 打印命令执行日志。
- 打印出错信息。友好的出错提示，让问题修复变得容易。
- 提供元素选择器辅助工具。基于最佳实践，推荐 DOM 元素选择器。
- TimeTravel 时间漫游功能。提供每个命令执行前后的截图，以便观察命令的执行效果。

❑ 视频录制。支持对整个用例执行过程生成视频，以便回放用例的执行情况。

一个 Test Runner 打印出错信息的示例如图 9-5 所示。

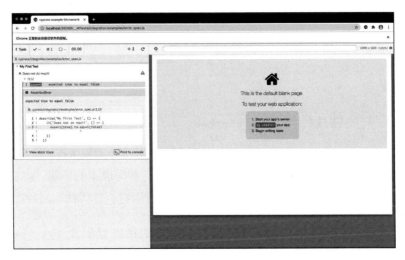

图 9-5　Test Runner 示例

9.5.3　Cypress 测试用例实现示例

开发 Cypress 测试用例的一般流程是：访问页面、定位元素、元素断言验证、接口断言验证。下面给出一个实际场景的脚本示例，具体的开发细节需要参考 Cypress 官方文档。

```
describe('test_name', function () {
    it('what_it_does', function () {
        cy.viewport(1920, 937);
        cy.setCookie('aliyun_lang', 'zh');

        cy.visit('https://mse.console.aliyun.com/?spm=5176.12818093.ProductAndResource-
-ali--widget-product-recent.dre1.3be916d0dx9vsq#/msc/k8s');
        cy.wait(8000);

        cy.get('div.sc-bBrHrO').click();

        cy.get('i.aliyun-widget-icon-refresh').click();

        //请选择集群名称
        cy.get('span.table_search__filter > span.aliyun-widget-select-inner > span.aliyun-widget-input-text-field').click();

        cy.xpath('//span[contains(concat(" ", @class, " "), "aliyun-widget-menu-
```

```
    item-text")]/div[text()="集群ID"]/../descendant::div[text()="集群ID"]').click();
        cy.xpath('//span[text()="k8s-uiautotest-2"]').click();
        cy.get('i.next-icon-arrow-alt-left').click();
    })
})
```

9.5.4 函数计算实现方案

在新一代 UI 云端录制回放解决方案中,大量实现方案选择云原生技术,在核心任务处理模块中,为了提升项目的可用性以及整体性能,并力求性能与成本的平衡,将资源 Serverless 化。该方案与函数计算可以很好地结合在一起,同时兼容固有机器集群与函数计算执行:

- 该方案将测试脚本经过一系列的资源组装,包括免登配置注入、执行参数注入、公共函数解析等,形成函数计算自定义镜像可执行的测试脚本,在测试任务下发给函数计算时带入测试信息。
- 函数计算函数通过异步的方式启动实例,以实现高并发的测试,函数计算执行完成后,将测试结果通过消息队列的方式回传给该方案的后端服务,同时将测试产生的资料(执行日志、Console 日志、Network 日志、视频截图等)上传到 OSS,将 FC 函数日志上传到 SLS。
- 该方案在收到测试结果后会归整测试资料,并将测试结果保存到数据库,后续进行发送告警、测试重试等一系列操作。

整体的新一代 UI 云端录制回放解决方案架构如图 9-6 所示。

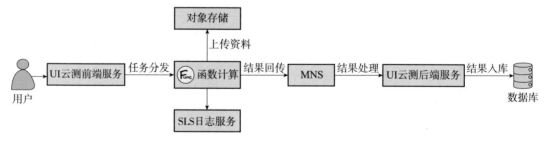

图 9-6　基于函数计算实现的新一代 UI 云端录制回放解决方案架构

通过架构图可以看到,其核心测试模块将由函数计算产品提供支持,通过函数计算:

- 可以大幅增加并发执行量,减少任务堆积,提升用户体验。

❑ 可以构建完善的监控报警体系，增强执行的稳定性，不会出现之前磁盘满、内存不足的现象。

9.6 技术特点

1. 云端执行

如图 9-7 所示，采用云端回放，不需要在本地安装环境，减少了本地环境因素的影响。

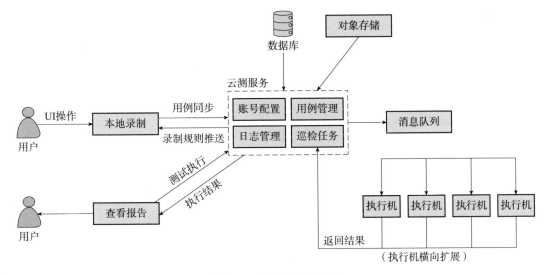

图 9-7 云端执行流程图

2. 效率提升

公有云产品的特征包括多站点（国内十多个 Region）、多环境（日常环境、预发环境等）、多账号（不同的账户测试）。效率提升点主要集中在环境因素、测试执行、录制用例上。测试效率提升点与方法汇总表如表 9-1 所示。

表 9-1 测试效率提升点与方法汇总表

提升点	方式
环境因素	用户只需要关注自己的业务逻辑；测试环境绑定分离，即一套用例可在各个环境中测试；免登热嵌入，将账号与用例剥离，无须配置每个测试用例
测试执行	通过在应用内注入测试脚本的方式（Inject Script），显著提升了执行效率，有效减少了传统网络请求的开销
录制用例	践行 "用即录制" 的原则，在用户常态使用过程就形成了用例

3. 测试脚本

如图 9-8 所示，当前案例所实现的新一代 UI 用例录制系统大幅缩减了用例代码量，只包含当前用例代码，是以往脚本的十分之一，更易维护。

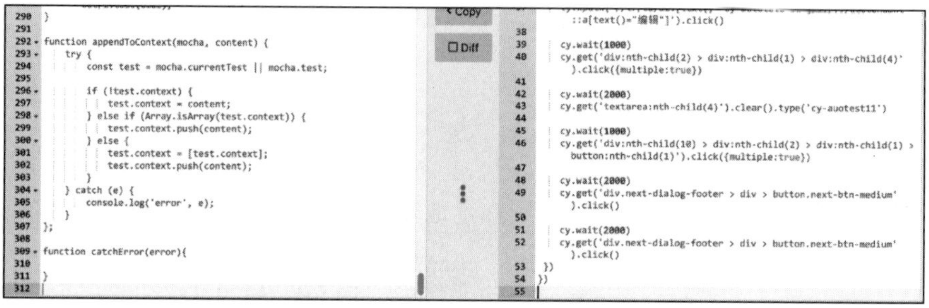

图 9-8　测试脚本代码对比图

4. 前端精准匹配

如图 9-9 所示，根据父兄元素节点唯一性定位匹配控件，解决测试数据干扰问题。

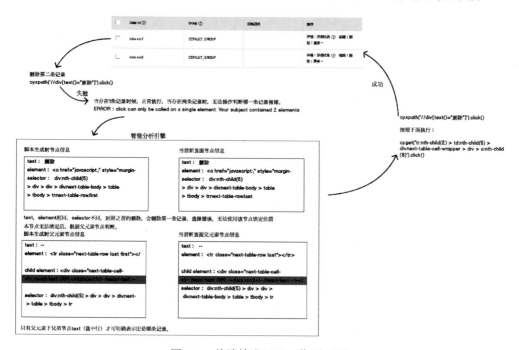

图 9-9　前端精准匹配工作原理图

5. 巡检标准化

如图 9-10 所示，结合 SLA，纳入页面可用性数据指标，监控操控页面白屏问题。

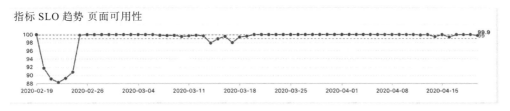

图 9-10　指标 SLO 趋势页面可用性示意图

6.图片对比

为了让用户可以通过自动化流程快速检查 Web 页面所展示的内容是否正常（例如没有移位、不显示等相关问题），新一代 UI 云端录制回放解决方案提供了丰富的图片对比能力。

- ❑ 图片基线对比：用于检查现有的自动化测试抓取的图片与原有的基线图是否一致，适合静态页面或静态数据的对比。
- ❑ 一致性对比：动态抓取两个图片进行对比，用于检查两个环境下同一个页面数据是否一致。
- ❑ 白屏检测：用于检查现有的自动化测试抓取的图片是不是白屏，适合页面白屏检测。

其中，图片基线对比、白屏检测从录制到运行，可以做到全流程整体方案实现。一致性对比，由于是动态检查，需要用户指定具体检查内容。除此之外，还有跨项目对比，即以一个项目生成的图片为全局基线图片，在另一个关联项目中对比使用。

9.7　项目优势

通过该项目，用户不再需要手动编写网页 UI 自动化程序，只需用录制器将操作录制下来，云测平台就能用录制器生成的脚本完成回放巡检。用户在使用时，整个流程也是非常简单和便捷的，只需安装一个 Chrome 插件，再无其他。

通过对 Serverless 架构与云上资源的合理利用，再加上对 Cypress 的灵活应用，整个项目的优势明显。

支持多层 iframe 元素定位，不再担心 xpath 和 CssSelector 难写：写过 UI 自动化的人员应该都清楚，给元素写出可以稳定使用的定位符是一件超级麻烦的事，特别是用到了 iframe 的页面，如图 9-11 所示。

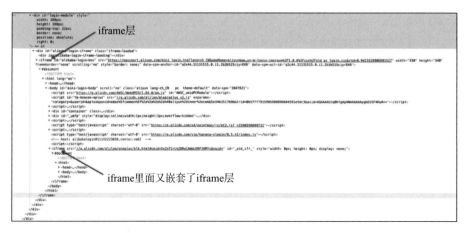

图 9-11　iframe 嵌入效果示意图

现在，我们不再担心，因为录制器完美地解决了这种问题，不管有多少层 iframe，只需要点点点，剩下的事情交给录制器就行了。

- 自动生成用户操作的高亮提示代码，以便用户在查看回放视频时一眼定位问题：项目不仅仅支持查看回放的视频，还支持自动生成元素高亮提示代码，如果在查看回放视频时你看到的是这样的视频，是不是一眼就能看出问题出在哪个步骤？
- 可配置是否保存回放的截图视频，可指定保存的 OSS bucket，不用担心数据安全性。
- 设置巡检定时器及失败通知（钉群）。
- 如图 9-12 所示，可以设定测试方式，如并行还是串行，完美地解决了用例之间有及没有依赖的情况。

图 9-12　测试方式调整示意图

> 并行：项目下的用例随机分配到不同或者相同的执行机器上执行，适用于相互之间没有任何依赖的用例。
> 串行：项目下的用例全部分配到同一台机器上并按照用例 id 顺序执行，适用于用例之间有依赖关系的情况，比如前一个用例的操作是后一个用例的前置条件。

9.8 核心功能体验

9.8.1 图片一致性对比

前文提过，新一代 UI 云端录制回放解决方案具有图片基线对比、一致性检查、白屏检测的能力。在使用过程中，最常用的图片对比断言属性主要有截图对比、白屏检测。二者都可以在录制器断言中直接生成，如图 9-13 所示。整个测试过程中，如果图片断言失败，测试用例执行也是失败的。

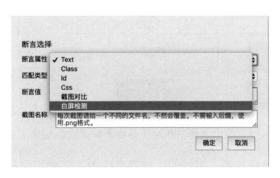

图 9-13　断言属性选择功能

录制后，即可生成测试脚本，图片断言目前已经扩展了几种方式，生成脚本如下：

```
//基线对比，默认情况是基线对比，下面这两者等同
//以第一张固定的图片为基准，可手动替换基线
cy.xpath('//div[text()="配置列表"]').screenshot("我的配置");
cy.xpath('//div[text()="配置列表"]').screenshot("我的配置", { type: 'baseline' });

//只截图，不对比
cy.screenshot("我的配置-基线", { type: 'normal' });

//指定基线对比，比较一致性
//可以在多个环境对图片进行动态对比，满足实时图片对比需求
cy.screenshot("我的配置-基线", { type: 'normal' });
```

```
cy.screenshot("我的配置", { type: 'specBaseline', 'specBaseline': '我的配置-基线'
});

//白屏检测
//白屏检测只展示结果，白屏与否
cy.screenshot("我的配置", { type: 'whiteDetec' });
```

生成测试脚本后，测试执行结果如图 9-14 所示。

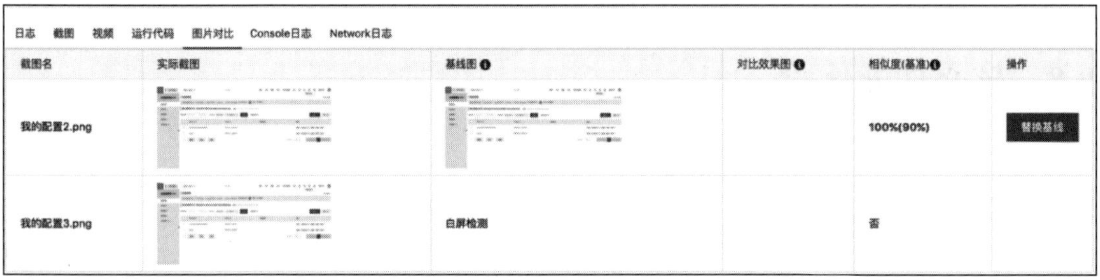

图 9-14　测试执行结果示意图

与普通基线不同，全局基线具有更高的优先级。当项目属性中的所属项目相同时，系统会优先查找全局基线图片进行对比；如果没有找到全局基线，再使用项目基线进行对比。在使用全局基线对比的情况下，基线图以明显的黄色角标标识，如图 9-15 所示。

图 9-15　使用全局基线对比条件下测试执行结果示意图

由于全局基线在项目间使用，因此使用前都必须手工设置为全局基线，且在本张截图无法回退到普通基线，但对截图名称重新命名后，即认为全新截图，全局基线失效。

9.8.2　一键切换浏览器执行用例

目前新一代 UI 云端录制回放解决方案支持除默认 Chrome 浏览器之外的 FireFox、Edge 浏览器运行用例，能在很大限度上满足用户对浏览器兼容性的需求。浏览器切换示意图如图 9-16 所示。

可在日志中查看用例所使用的浏览器。如图 9-17 所示，该 UI 用例录制是在 FireFox 浏览器进行的。

图 9-16　浏览器切换示意图

图 9-17　FireFox 执行结果示意图

同理，也可以在日志中查看 Edge 浏览器执行 UI 用例录制后的结果，如图 9-18 所示。

图 9-18　Edge 执行结果示意图

9.9 总结

端到端测试,尽管其投入与产出的比率可能较低,但它在确保用户直观体验的产品质量方面却起着不可或缺的作用。新一代 UI 云端录制回放解决方案的目标正是降低用户的使用门槛,使其更为便捷和高效。

为了实现这一目标,该方案围绕用户需求展开了一系列创新。其设计理念在于,通过提高产品质量,进一步固化其在开发测试流程中的地位,从而提前发现并解决潜在的质量问题。当然,在推动这一流程持久化的过程中,我们也面临着诸多挑战。

首先,确保平台的稳定性至关重要。只有稳定的基础,才能支撑起持续、高效的测试工作。其次,我们需要建立可信的指标体系,用以客观、准确地评判产品质量,为优化和提升提供依据。基于 Serverless 架构,我们实现了前端效果的测试,这不仅提升了前端质量,还使得项目无须预留大量实例资源,从而实现了"开箱即用"的便捷性。项目得到了云上分布式架构函数计算的强大支持,确保了水平扩展的能力。与此同时,结合按量付费模式,我们为新一代 UI 云端录制回放解决方案的用户提供了更经济、高效的资源利用方案。

对于用户而言,这不仅意味着他们获得了一套高可用、高性能的 UI 云端录制回放解决方案,更意味着他们拥有了一套可靠的技术保障体系,用于监控 UI 质量、性能和稳定性。

第 10 章 Chapter 10

基于 Serverless 架构的轻量 WebIDE 服务

10.1 背景

在云时代，IDE 越来越向轻量化、分布式的方向演进。VSCode、IntelliJ Idea 等知名产品都推出了 WebIDE 版本。在小程序、LowCode/NoCode、在线编程教育、前端一体化开发、大数据处理等领域，WebIDE 都体现了越来越重要的价值。

阿里云函数计算作为阿里云 Serverless 计算平台，一直在努力从产品体验上下功夫，为开发者提供更简单、更方便、更实用的 Serverless 应用开发体验。在过去的一段时间内，阿里云函数计算详情页一直都使用静态代码编辑器，即只可以在线进行代码编辑，而没有对应的计算资源分配，但是在实际生产过程中，开发者往往不仅需要在线编辑代码，还可能涉及在线进行依赖安装、项目构建以及简单调试等操作，所以阿里云函数计算团队预通过提供专业的 WebIDE 功能，为开发者带来更优质的使用体验。

10.2 需求明确

从使用体验角度来看，主要需求如下：

- 为开发者提供一种近似本地代码开发的使用体验，让开发者将更多精力放在业务逻辑上，而不是放在熟悉与了解 WebIDE 功能上。
- WebIDE 要贴合开发者日常使用的行为习惯，要能让开发者快速上手，并进行业务逻辑的开发与更新迭代。

从 WebIDE 功能角度来看，主要需求如下：

- 开发者可以在线进行代码的编辑，编辑后可以保存生效，而无须下载到本地编辑完后再上传。
- 可以为开发者分配对应运行时（即与当前函数 Runtime 一致的环境）的计算资源，开发者可以通过该计算资源实现依赖的安装、代码的构建以及应用的基本调试能力。
- 需要为开发者提供可拓展的能力，例如即便在 Node.js 运行时下，开发者依旧可以快速拓展安装 Python 环境以及 Python 语言对应的开发插件等，以提高开发效率。
- 该 WebIDE 需要支持代码的变更提醒，即在 WebIDE 代码已经修改但未保存的前提下需要告知用户代码已经发生变化，如果代码已经被保存，但是开发者发现需要回滚，可以通过相关软件提供的能力进行代码的回滚等操作。
- WebIDE 要具备数据实时保存功能，即便开发者失误操作导致页面被关闭或者浏览器被关闭，当开发者重新打开 WebIDE 时，依旧可以加载编辑中的代码内容，而不会丢失数据。

从安全以及平台角度来看，主要需求如下：

- 多租安全隔离：WebIDE 要访问用户的核心资产——代码，因此必须做到不同租户间的安全隔离，确保数据安全。
- 资源配额：用户使用资源必须可控，不能拖垮整个系统，影响其他用户。
- 资源利用率高、低成本：绝大多数 WebIDE 的使用是碎片化的，即只在一天甚至几天中的少部分时间使用，因此 WebIDE 实例常驻是不明智的，要为开发者提供一种用户侧即开即用、平台侧成本极低的 WebIDE 能力，即要在性能与成本之间寻找到一个平衡点。

10.3 技术选型

基于"WebIDE 要贴合开发者日常使用的行为习惯"的需求，可以考虑使用开源项目作为 WebIDE 核心模块／前端模块。需要额外注意的是，在选择开源 WebIDE 的时候，需要明确其开源协议是否支持目标使用场景。由于目前 VSCode 的市场份额逐渐提升，且 VSCode 本身是使用 MIT 协议进行开源建设的，因此 WebIDE 模块选择 VSCode 开源项目即可。VSCode 开源项目首页如图 10-1 所示。

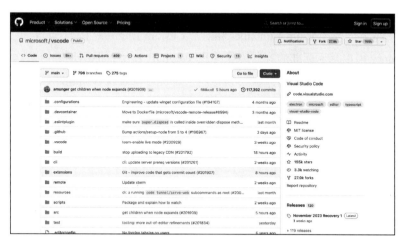

图 10-1　VSCode 开源项目首页

WebIDE 服务的特点决定了它需要一个动态的、细粒度的、多租安全隔离的计算平台。于是，如何在秒级启动一个实例运行，如何针对长尾、低频的 IDE 优化资源利用率，如何保证多租户的安全隔离达到虚拟机级别，真正做到数据安全，就成为非常重要的设计前提，即使基于 Kubernetes 这样的容器平台，要解决上述问题也绝非易事。而 Serverless 计算很好地契合了这些需求特点。以阿里云函数计算为例：

- 为每个用户创建一个单独的服务（阿里云函数计算创建的服务个数没有限制），这些服务下的实例隔离强度达到了虚拟机级别。
- 函数计算的细粒度、按照实际使用时长付费的计费模型，非常契合 IDE 使用碎片化的特点。
- 函数计算能提供所有云服务中最快的实例启动速度，即使 GB 级别的镜像，也可以做到秒级启动。
- 函数计算支持 HTTP、WebSocket 等协议，基于 Custom/Custom Container Runtime 不改一行代码就可以运行 VSCode WebIDE 这样的 Web 应用。

结合"资源利用率高，低成本"的需求，项目可以直接采用 Serverless 架构实现，通过 Serverless 架构的极致弹性能力，在流量峰值时为应用自动增加实例，在流量波谷时为应用自动缩减实例，以平衡性能与成本。根据"多租安全隔离"与"资源配额"需求，可以很明确，Serverless 架构的请求级隔离、函数级隔离可以天然满足类似需求。

综上所述，该 WebIDE 的计算平台将采用函数计算作为技术实现方案。

另外，值得注意的是，阿里云函数计算拥有诸多运行时可供选择，但由于 WebIDE 服务可能涉及对不同运行时的需求，因此考虑 Custom Runtime 和 Custom Container 运行时。其中 Custom Runtime 包括 Python 3.7.4、Node.js 10.16.2、OpenJDK 1.8.0、Ruby 2.7、Nginx 1.10.3、PHP 7.4.12 等环境，与 Custom Container 相比，Custom Runtime 的优点是冷启动足够快。Custom Container 可以基于标准的容器镜像构建 WebIDE 环境，但不足之处是，镜像函数的冷启动对镜像的拉取表现不佳，通常来说，镜像越大，冷启动表现数据越差，在本项目中将选择冷启动更快的 Custom Runtime。

在 Serverless 计算实例中，可选择的集中式存储介质通常只有两种，一种是对象存储 OSS，一种是文件存储 NAS，二者对比如表 10-1 所示。

表 10-1　WebIDE 项目中 OSS 与 NAS 对比

对比项	OSS	NAS
多租隔离	简单易用的权限控制，可以为每个 Object 生成带过期时间的 Signed URL，以便安全的分享	通过 FC Service 的 NAS 配置可以实现不同函数对 NAS 不同目录的挂载，并且 A 函数对 B 函数挂载的 NAS 目录不可见
数据安全	支持服务端数据加密（Server-Side-Encryption）	支持服务端数据加密（Server-Side-Encryption）
读写接口	通过 HTTP API 读写。VSCode 本质是一个桌面软件，不支持 OSS 这样的对象存储 API	通过文件系统 API 读写。兼容 VSCode 这类软件的使用方式
加载速度	需要先将代码下载到本地并解压，加载速度慢	直接挂载，按需读写。加载速度快
Work Space 数据大小限制	实现成本低，FC 函数可以进行磁盘选配	实现成本高

虽然在易用性方面，NAS 硬盘挂载服务具有一定优势，但从更安全的角度或者更高级的功能的角度以及与项目需求更匹配的角度来看，本项目将采用 OSS。

10.4　项目设计

10.4.1　基础架构设计

Serverless 架构看起来很适合构建即开即用、用完即走的轻量 WebIDE 服务，这似乎有些不可思议。毕竟，Serverless 计算的特点是"无状态"，而我们以往对 IDE 的认知是，它是"有状态"的。比如，怎样安全、高效地存储和恢复用户数据，就是本章需要解决的技术难题。

根据需求以及技术选型，对项目技术架构进行细化，如图 10-2 所示。

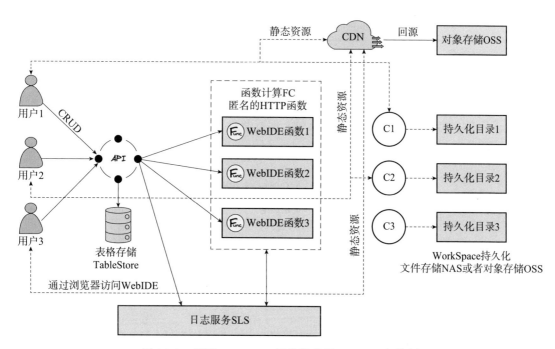

图 10-2　基于 Serverless 架构的多租 WebIDE 架构图

在项目中，用户通过管控 API 进行相关权限的鉴定，通过函数计算进行相应的计算资源分配，通过对象存储进行 WorkSpace 的持久化。整个项目充分利用了云上资源的特性，并与业务需求进行结合，通过产品间的搭配，形成一套完整的、现代化的 WebIDE 架构。

10.4.2　API 设计

针对上述背景与需求信息，对该项目即将实现的功能进行相应的 API 设计。

由于该项目属于多租类项目，即在某个函数计算服务的大账号下，根据不同用户创建不同的实体，并提供对应的功能，因此第一个 API 可以是用户注册接口（CreateUser），该接口详情为 POST /users HTTP/1.1 application/json。该接口的 Request 参数和 Response 结果分别参考表 10-2 和表 10-3。

表 10-2　CreateUser 接口 Request 参数

参数	类型	是否必需	位置	描述
userName	string	是	Body	用户名
userPwd	string	是	Body	用户密码
avatar	string	否	Body	用户头像地址
remark	string	否	Body	用户备注

表 10-3　CreateUser 接口 Response 结果

参数	类型	描述
requestId	string	请求 ID
userId	string	用户 ID

除用户注册接口外，还需要提供诸如用户信息获取（GetUser）接口，接口详情为 GET /users/{id} HTTP/1.1，Request 参数和 Response 结果分别参考表 10-4 和表 10-5。

表 10-4　GetUser 接口 Request 参数

参数	类型	是否必需	位置	描述
id	string	是	Query	用户 ID

表 10-5　GetUser 接口 Response 结果

参数	类型	描述
requestId	string	请求 ID
userId	string	用户 ID
userName	string	用户名
userPwd	string	用户密码
avatar	string	用户头像地址
remark	string	用户备注
registerTime	string	注册时间，date 格式的字符串
state	integer	用户状态（1 可用，2 注销）

用户更新（UpdateUser）接口与用户注册接口类似，接口详情为 PUT /users/{id} HTTP/1.1 application/json，Request 参数和 Response 结果分别参考表 10-6 和表 10-7。

表 10-6　UpdateUser 接口 Request 参数

参数	类型	是否必需	位置	描述
id	string	是	Query	用户 ID
userName	string	否	Body	用户名
userPwd	string	否	Body	用户密码
avatar	string	否	Body	用户头像地址
remark	string	否	Body	用户备注
state	integer	否	Body	用户状态（1 可用，2 注销）

表 10-7 UpdateUser 接口 Response 结果

参数	类型	描述
requestId	string	请求 ID

除上述用户相关接口外，还需要提供删除用户（DeleteUser）、用户登录（LoginUser）、用户退出（LogoutUser）等相关接口，其中删除用户接口详情为 DELETE /users/{id} HTTP/1.1，Request 参数和 Response 结果分别参考表 10-8 和表 10-9。

表 10-8 DeleteUser 接口 Request 参数

参数	类型	是否必需	位置	描述
id	string	是	Query	用户 ID

表 10-9 DeleteUser 接口 Response 结果

参数	类型	描述
requestId	string	请求 ID

用户登录接口详情为 POST /users/login HTTP/1.1 application/json，Request 参数和 Response 结果分别参考表 10-10 和表 10-11。

表 10-10 LoginUser 接口 Request 参数

参数	类型	是否必需	位置	描述
userName	string	是	Body	用户名
userPwd	string	是	Body	用户密码

表 10-11 LoginUser 接口 Response 结果

参数	类型	描述
requestId	string	请求 ID
userId	string	用户 ID
Authorization	string	临时身份令牌，访问工作空间相关接口和用户退出接口时需要使用这个令牌

用户退出接口详情为 POST /users/logout HTTP/1.1 application/json，Request 参数和 Response 结果分别参考表 10-12 和表 10-13。

表 10-12　LogoutUser 接口 Request 参数

参数	类型	是否必需	位置	描述
id	string	是	Body	用户 ID
Authorization	string	是	Header	用户登录认证成功后，获取的临时身份令牌

表 10-13　LogoutUser 接口 Response 结果

参数	类型	描述
requestId	string	请求 ID

除用户相关接口外，还需有工作空间相关接口，包括但不限于创建工作空间（CreateWorkSpace），获取工作空间（GetWorkSpace）以及删除工作空间（DeleteWorkSpace）等接口。创建工作空间本质就是创建 WebIDE 的工作空间，即创建一个 WebIDE 函数，同时将元数据保存到数据库。该接口详情为 POST /workspaces HTTP/1.1 application/json，Request 参数和 Response 结果分别参考表 10-14 和表 10-15。

表 10-14　CreateWorkSpace 接口 Request 参数

参数	类型	是否必需	位置	描述
userId	string	是	Body	用户 id
gitRepoAddr	string	是	Body	用户代码源 git 地址，如果是私有 github/gitee/gitlab 等，可以把 token 一起传过来，public 示例值为 https://github.com/my/xxx.git，private 示例值为 https://oauth2:access_token@github.com/username/xxx.git
branch	string	否	Body	用户代码源 git 分支，默认为 master
commit	string	否	Body	用户指定 git 地址代码源 commit id
Authorization	string	是	Header	用户登录认证成功后，获取的临时身份令牌

表 10-15　CreateWorkSpace 接口 Response 结果

参数	类型	描述
requestId	string	请求 ID
workSpaceId	string	WebIDE 工作空间 ID

获取工作空间是指获取 WebIDE 工作空间的元数据信息，该接口详情为 GET /workspaces/{id} HTTP/1.1，Request 参数和 Response 结果分别参考表 10-16 和表 10-17。

表 10-16 GetWorkSpace 接口 Request 参数

参数	类型	是否必需	位置	描述
id	string	是	Query	WebIDE 工作空间 ID
Authorization	string	是	Header	用户登录认证成功后，获取的临时身份令牌

表 10-17 GetWorkSpace 接口 Response 结果

参数	类型	描述
requestId	string	请求 ID
workSpaceId	string	WebIDE 工作空间 ID
gitRepoAddr	string	用户代码源 git 地址
branch	string	用户代码源 git 分支
commit	string	用户指定 git 地址代码源 commit id

删除工作空间即删除 WebIDE 函数，同时删除数据库中的元数据。该接口详情为 DELETE /workspaces/{id} HTTP/1.1，Request 参数和 Response 结果分别参考表 10-18 和表 10-19。

表 10-18 DeleteWorkSpace 接口 Request 参数

参数	类型	是否必需	位置	描述
id	string	是	Query	WebIDE 工作空间 ID
Authorization	string	是	Header	用户登录认证成功后，获取的临时身份令牌

表 10-19 DeleteWorkSpace 接口 Response 结果

参数	类型	描述
requestId	string	请求 ID

最后一个接口为激活工作空间（ActivateWorkSpace）接口，即调用 WebIDE 函数，返回对应的地址。如果选择 NAS 作为工作空间存储介质：第一次调用时，需要将 git 仓库初始化到 WebIDE 工作区间的目录。如果选择 OSS 作为工作空间存储介质：第一次调用时，需要将 git 仓库初始化到 WebIDE 工作区间的目录，之后需要使用保存到 OSS 对象的预签名地址初始化函数实例的 WebIDE 工作区间的目录。该接口详情为 POST/workspaces/{id}/activation HTTP/1.1 application/json，Request 参数和 Response 结果分别参考表 10-20 和表 10-21。

表 10-20 ActivateWorkSpace 接口 Request 参数

参数	类型	是否必需	位置	描述
id	string	是	Query	WebIDE 工作空间 ID
Authorization	string	是	Header	用户登录认证成功后，获取的临时身份令牌

表 10-21 ActivateWorkSpace 接口 Response 结果

参数	类型	描述
requestId	string	请求 ID
url	string	WebIDE 可访问的 url

10.4.3 数据库设计

由于项目本身具有可插拔能力,可以对函数计算控制台函数详情页进行能力拓展,因此并不需要实现更多复杂的数据逻辑,只需配合一些业务流程处理基础数据逻辑即可,主要包括:

- User 表:用于存储用户信息 / 用户关联信息等(详情参考表 10-22 所示)。
- WordSpace 表:用于存储命名空间信息等(详情参考表 10-23 所示)。

表 10-22 User 表

字段	类型	描述
id	string	主键,用户 ID
user_name	string	用户名
user_pwd	string	用户密码
avatar	string	头像地址
register_time	string	注册时间,date 格式的字符串
state	integer	用户状态(1 可用,2 注销)
remark	string	备注

表 10-23 WorkSpace 表

字段	类型	描述
id	string	主键,WorkSpace ID
userId	string	WorkSpace 归属的用户 ID
vs_token	string	VSCode server 启动设置的 token,用户访问 WebIDE URL 必须携带这个 token 完成权限校验,比如 vs_token 为 123456,WebIDE 的 URL 使用 https://mywebide.abc.com?tkn=123456 时才能正常访问 WebIDE
create_time	string	创建时间,date 格式的字符串
lastmodified_time	string	最后一次修改时间,date 格式的字符串

10.5 开发实现

10.5.1 Reverse Proxy 模块

在将函数计算实例作为 WebIDE 的计算资源，以多租的形式提供给不同的开发者使用时发现：

- 如果使用 OSS 作为 WorkSpace 存储，需要在函数实例生命周期结束的时候，将当前实例磁盘 WorkSpace 的内容保存回 OSS。
- 需要将 WebIDE 与阿里云函数计算控制台进行更好的集成，例如通过某些按钮操作 WebIDE 上的某些模块。
- 需要将 VSCode 的静态资源等进行 CDN 加速，以保证静态资源与动态请求的解耦，在一定程度上提升性能。

所以，可以在 WebIDE 服务外部增加一层逻辑处理模块，以更好地与函数计算控制台融合。WebIDE 函数架构可以参考图 10-3。

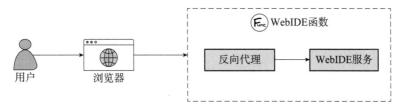

图 10-3　WebIDE 函数架构图

具体代码实现如下：

```
type ServerManager struct {
    VscodeServer *vscode.Server
    Proxy        *httputil.ReverseProxy
}

func (sm *ServerManager) init() func(http.ResponseWriter, *http.Request) {
    return func(w http.ResponseWriter, r *http.Request) {
        glog.Infof("Starting server manager init ...")
        ctx, err = context.New(r)
        if err != nil {
            glog.Errorf("Get context from %s failed. Error: %v", ctxSource, err)
```

```go
            w.WriteHeader(http.StatusForbidden)
            fmt.Fprint(w, err.Error())
            return
        }

        sm.VscodeServer, err = vscode.NewServer(ctx)
        if err != nil {
            glog.Errorf("Create vscode server failed. Error: %v", err)

            w.WriteHeader(http.StatusForbidden)
            fmt.Fprint(w, err.Error())
            return
        }

        url, err := url.Parse("http://" + sm.VscodeServer.Host + ":" + sm.VscodeServer.Port)
        if err != nil {
            glog.Errorf("Parse url %s failed. Error: %v", sm.VscodeServer.Host, err)
            w.WriteHeader(http.StatusInternalServerError)
            fmt.Fprint(w, err.Error())
            return
        }
        sm.Proxy = httputil.NewSingleHostReverseProxy(url)
        glog.Infof("Create reverse proxy succeeded. Url: %s", url)

        w.WriteHeader(http.StatusOK)
        fmt.Fprint(w, "init handler success")
        glog.Infof("Server manager init success.")
    }
}

func (sm *ServerManager) shutdown() func(http.ResponseWriter, *http.Request) {
    return func(w http.ResponseWriter, r *http.Request) {
        glog.Infof("Starting server manager shutdown ...")
        sm.VscodeServer.Shutdown()
        w.WriteHeader(http.StatusOK)
        fmt.Fprint(w, "pre-stop handler success")
        glog.Infof("Server manager shutdown success.")
    }
}

func (sm *ServerManager) process() func(http.ResponseWriter, *http.Request) {
    return func(w http.ResponseWriter, r *http.Request) {
        if r != nil {
            sm.Proxy.ServeHTTP(w, r)
        } else {
            glog.Errorf("The input request parameter is nil!")
        }
    }
}
```

```go
}

func main() {
    flag.Parse()
    defer glog.Flush()

    ex, err := os.Executable()
    if err != nil {
            glog.Fatalf("Failed to get the directory of current running process. Error: %v", err)
    }
    configDir := filepath.Dir(ex)
    configFile := filepath.Join(configDir, "config.yaml")

    viper.SetConfigFile(configFile)

    err = viper.ReadInConfig()
    if err != nil {
            glog.Fatalf("Failed to read ide server config file. Error: %v", err)
    }
    glog.Infof("Reverse proxy read config file from directory: %s", configDir)

    sm := &ServerManager{}

    http.HandleFunc("/initialize", sm.init())

    http.HandleFunc("/pre-stop", sm.shutdown())

    http.HandleFunc("/", sm.process())

    proxyServer := &http.Server{
        Addr:        ":9000",
        IdleTimeout: 5 * time.Minute,
    }
    glog.Infof("Reverse proxy listen at %s ...", proxyServer.Addr)
    glog.Fatalf("Reverse proxy run. Error: %v", proxyServer.ListenAndServe())
}
```

10.5.2 服务安全加固

在函数计算中实现多租 WebIDE 服务时，除了需要正常安全加固之外，还需要注意函数计算本身为开发者提供的环境变量。在阿里云函数计算的开发文档中可以看到它默认集成了以下环境变量：

ALIBABA_CLOUD_ACCESS_KEY_ID：用户角色密钥ID。
ALIBABA_CLOUD_ACCESS_KEY_SECRET：用户角色密钥。
ALIBABA_CLOUD_SECURITY_TOKEN：用户角色临时Token。

这些变量对应的操作权限是 WebIDE 函数所在服务配置的角色对应的权限，即 WebIDE 用户通过打印环境变量等方法，是可以获得具备一定权限的服务端密钥的，此时会让多租的 WebIDE 服务暴露在风险中。所以，在创建 WebIDE 函数时，需要将如下环境变量设置为空：

```
"ALIBABA_CLOUD_ACCESS_KEY_ID": " ",
"ALIBABA_CLOUD_ACCESS_KEY_SECRET": " ",
"ALIBABA_CLOUD_SECURITY_TOKEN": " "
```

除此之外，还推荐服务所配置服务角色权限的设计遵循最小权限原则，同时假定即使临时密钥泄漏也没有安全隐患。

10.6 项目预览

如图 10-4 所示，在阿里云函数计算控制台的函数详情页面，集成 VSCode 开源项目作为 WebIDE，帮助开发者进行项目的开发、构建与调试等。

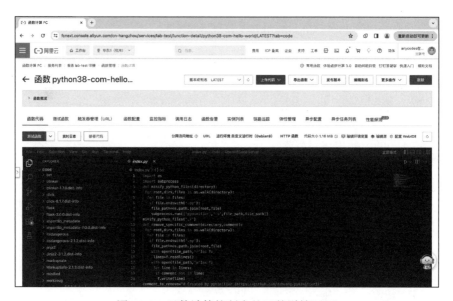

图 10-4 函数计算控制台的函数详情页面

除此之外，还可以将 WebIDE 全屏化，让开发者可以更加专注代码开发、业务逻辑的实现，全屏操作效果如图 10-5 所示。

如图 10-6 所示，除代码编辑功能之外，还可以借助 VSCode 服务与阿里云函数计算实例搭配，为用户提供命令行功能，即通过为用户分配计算资源，可以实现依赖安装、代码调试等功能。

第 10 章 基于 Serverless 架构的轻量 WebIDE 服务 ❖ 321

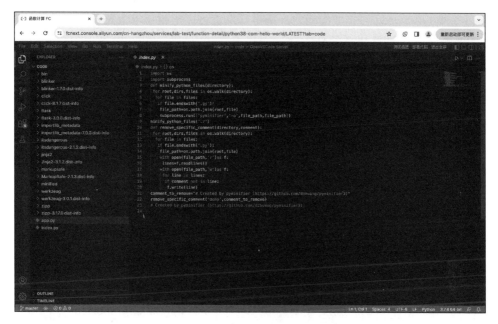

图 10-5 WebIDE 全屏操作效果图

图 10-6 WebIDE 命令行操作效果图

如图 10-7 所示，通过项目与 git 插件的集成，开发者不仅可以快速进行项目的开发和调试，还可以快速与自身的代码仓库做集成。

项目保留了 VSCode 可拓展的能力，使得开发者可以根据需求快速安装各类插件以提升自身的开发效率等，如图 10-8 所示。

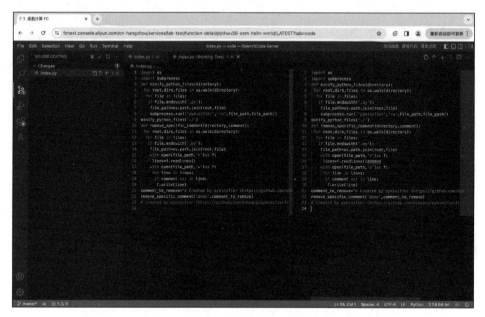

图 10-7　WebIDE 与 git 插件的集成效果图

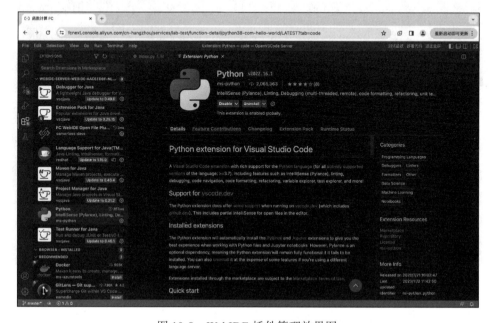

图 10-8　WebIDE 插件管理效果图

10.7 总结

一个好用的 IDE 能让我们事半功倍。在云时代，IDE 正在朝着分布式、轻量化的方向发展。在开发过程中，运行在单机上的传统 IDE 软件仍然重要，但也有很多场景需要使用即开即用、用完即走的轻量 IDE 服务。WebIDE 本质上是一个 SaaS，即使有了 VSCode 这样优秀的轻量 IDE 软件，要打造一个可靠、好用的 Web IDE 服务仍然面临诸多技术挑战。本项目基于 Serverless 架构实现了一个多租的 WebIDE 服务，并在函数计算控制台成功落地。从收益结果看：

- 专注业务开发，不用考虑底层资源等无关业务的东西，大大节约开发及人力成本。
- 弹性、高可用、免运维，函数计算天然具有负载均衡、弹性及高可用能力，配合函数计算优秀的可观测能力，可以真正做到智能化运维，不用担心搞引流活动后 WebIDE 请求突增，后端计算资源不足的情况发生。
- 按量付费，WebIDE 在线编辑函数代码的时间是非常碎片化的，只为真正消耗的资源付费。

综上所述，随着前端技术的不断发展，Serverless 架构已经可以通过与前端技术的搭配，探索更多的领域。通过 Serverless 架构的天然优势，很多传统技术架构所面临的挑战也逐渐迎刃而解。作为优秀的前端开源项目，VSCode 项目与 Serverless 架构的集成与落地也充分说明，Serverless 架构与各领域技术的搭配正在为计算机软件行业提供飞速发展的动力支持。